钢 筋 工 程 实 用 技 术 丛 书

钢筋翻样方法与技巧

（第二版）

上官子昌　主编

GANGJIN FANYANG FANGFA YU JIQIAO

化学工业出版社
·北京·

本书在第一版的基础上，依据现行规范、标准和制图规则，紧密结合工程实际进行编写，全面介绍了钢筋翻样的方法与技巧，并列举了相关实例，实用性强，且便于查阅和携带。全书内容包括钢筋翻样基础知识，框架柱钢筋翻样，框架梁钢筋翻样，剪力墙钢筋翻样，楼板钢筋翻样以及基础钢筋翻样。

本书适合于施工单位、造价咨询单位和建设单位钢筋翻样人员阅读，也适合于结构设计人员及监理人员等参考阅读。

图书在版编目（CIP）数据

钢筋翻样方法与技巧/上官子昌主编．—2版．—北京：化学工业出版社，2017.4（2021.1重印）
（钢筋工程实用技术丛书）
ISBN 978-7-122-29088-5

Ⅰ.①钢…　Ⅱ.①上…　Ⅲ.①配筋工程　Ⅳ.①TU755.3

中国版本图书馆CIP数据核字（2017）第029401号

责任编辑：徐　娟　　　　装帧设计：张　辉
责任校对：王素芹

出版发行：化学工业出版社（北京市东城区青年湖南街13号　邮政编码100011）
印　　刷：北京京华铭诚工贸有限公司
装　　订：三河市振勇印装有限公司
850mm×1168mm　1/32　印张11　字数294千字
2021年1月北京第2版第7次印刷

购书咨询：010-64518888　　　　售后服务：010-64518899
网　　址：http://www.cip.com.cn

定　　价：39.80元　

前言

钢筋工程是结构工程中的重要组成部分，钢筋工程质量的好与坏直接影响结构工程质量，在钢筋工程施工中，不规范的操作、不合格的原材料等原因造成的缺陷都会危害结构，造成质量隐患，钢筋工程的作用举足轻重。钢筋翻样是根据施工图、相关规范、图集、结构受力原理、施工工艺和计算规则计算钢筋的长度、根数、重量并设计出钢筋图形的一项重要工作。

本书第一版于2013年出版，出版后深受读者欢迎。鉴于近年来第一版所涉及的部分图集、规范有所修改，其相关内容已经不能适应发展的需要，因此在第一版的基础上，对其中涉及图集规范的更新内容进行了修订，其中涉及图集16G101-1《混凝土结构施工图平面整体表示方法制图规则和构造详图（现浇混凝土框架、剪力墙、梁、板）》、16G101-2《混凝土结构施工图平面整体表示方法制图规则和构造详图（现浇混凝土板式楼梯）》、16G101-3《混凝土结构施工图平面整体表示方法制图规则和构造详图（独立基础、条形基础、筏形基础、桩基础）》、12G901-1《混凝土结构施工钢筋排布规则与构造详图（现浇混凝土框架、剪力墙、梁、板）》、12G901-2《混凝土结构施工钢筋排布规则与构造详图（现浇混凝土板式楼梯）》、12G901-3《混凝土结构施工钢筋排布规则与构造详图（独立基础、条形基础、筏形基础及桩基承台）》以及国家标准《混凝土结构设计规范（2015年版）》（GB 50010—2010）、《建筑抗震设计规范》（GB 50011—2010）等规范。

本书由上官子昌主编，其他编写人员还有赵春娟、赵慧、马文颖、于涛、夏欣、陶红梅、赵蕾、吕文静、姜媛、罗娜、齐丽娜、张超、张健、成育芳、刘艳君、白雅君、何影、董慧、王红微、李瑞、张黎黎、孙石春、付那仁图雅、李丹、李文华、李凌、杨静、王红、孙喆、谷文来、胡风、徐书婧、朱永新、孙钢、张建铎、郭天琦、温晓杰、刘磊。

在本书的编写过程中，我们得到了有关专家和学者的热情帮助，在此表示感谢。由于编者水平和学识有限，尽管编者尽心尽力，反复推敲核实，仍不免有疏漏或未尽之处，恳请有关专家和读者提出宝贵意见予以批评指正，以便做进一步修改和完善。

编者

2017 年 1 月

第一版前言

随着我国国民经济持续、稳定、快速、健康的发展，钢筋以其优越的材料特性，成为大型建筑首选的结构形式，从而使钢筋在建筑结构中的应用比例越来越高。在施工过程中做到技术先进、经济合理、确保质量地快速施工，对我国的现代化建设事业具有重要的意义。

钢筋工程是主体结构的一个重要分项工程。钢筋翻样是根据施工图、相关规范、图集、结构受力原理、施工工艺和计算规则计算钢筋的长度、根数、重量并设计出钢筋图形的一项重要工作。目前，平法钢筋、钢筋连接等技术发展迅速，涌现出很多的新方法，工艺也在不断改善。而从事钢筋工程的设计、施工人员，对于钢筋翻样理论知识的掌握水平以及方法技巧的运用能力等仍有待提高。为了适应建筑行业迅速发展的势头，以及满足钢筋工程技术工作者与其他相关人员的需要，我们根据国家最新颁布实施的钢筋工程各相关设计规范、施工质量验收规范、规程以及行业标准，编写了这本《钢筋翻样方法与技巧》。

本书以最新的标准、规范为依据，参考 11G101 系列新平法图集，具有很强的针对性和实用性，理论与实践相结合，更注重实际经验的运用；结构体系上重点突出、详略得当，还注意了知识的融贯性，突出整合性的编写原则。

在本书的编写过程中，我们得到了有关专家和学者的热情帮助，在此表示感谢。由于编者水平和学识有限，尽管编者尽心尽力，反复推敲核实，但仍不免有疏漏或未尽之处，恳请有关专家和读者提出宝贵意见予以批评指正，以便做进一步修改和完善。

编者

2012 年 3 月

目 录

1 钢筋翻样基础知识

1.1 钢筋翻样的基本要求

（1）算量全面，精通图纸，不漏项。精通图纸的表示方法，熟悉图纸中使用的标准构造详图，是钢筋算量的前提与依据。

（2）准确，即不少算、不多算、不重算。不同构件的钢筋受力性能不同，构造要求不同，长度与根数也不相同，准确计算出各类构件中的钢筋工程量，是算量的根本任务。

（3）遵从设计，符合规范要求。钢筋翻样和算量计算过程需遵从设计图纸，应符合国家现行规范、规程与标准的要求，才能保证结构中钢筋用量符合要求。

（4）指导性。钢筋的翻样结果将用于钢筋的绑扎与安装，可以用于预算、结算、材料计划与成本控制等方面。另外，钢筋翻样的结果能够指导施工，通过详细准确的钢筋排列图可以避免钢筋下料错误，减少钢筋用量的不必要损失。

1.2 钢筋翻样的基本原则

钢筋混凝土建筑可以分为基础、柱、墙、梁、板及其他零星构件。在翻样前必须对建筑整体性有宏观把握以及三维空间想象。基础、柱、墙、梁、板是建筑的基本构件。楼板承受恒载与活载，主要受弯矩作用，板将荷载传递给梁，无梁结构板的荷载直接传递给柱。梁主要承受弯矩与剪力，梁将荷载转移到柱或墙等竖向构件上。柱主要承受压力。墙除了起围护作用之外还要起承重作用。基础承受竖向构件的荷载并将荷载均匀地传递到地基上。根据力的传递规律确定本体构件与关联构件，即确定谁是谁的支座问题。本体构件的箍筋贯通，关联构件锚入本体构件，箍筋不进入支座，重合部位的钢筋不重复布置。由于构件间存在这种关联，钢筋翻样人员必须考虑构件之间的相互扣减与关联锚固。引起结构产生内力和变形的不仅是荷载，其他原因也可能使结构产生内力和变形。

在宏观把握工程结构主要构件的基础上，需对每一个构件计算的钢筋进行细化，从微观的层面进行分析，例如构件包括受力钢筋、箍筋、分布钢筋、构造钢筋与措施钢筋。然后针对每一种构件具体需要计算哪些钢筋做到心中有数。

1.3 钢筋翻样的基本理论

在翻样技术中融入系统论、信息论与控制论方法，结合传统的方法，形成多元化技术与具有普遍适用性的理论，指导翻样实践。系统论的方法告诉我们系统大于个体之和，系统内的各要素是有序的排列而不是混乱的组合。建筑是一个完整的系统，我们要从系统角度和关系来进行钢筋翻样。

新手刚开始从事钢筋翻样时通常处于混沌状态，仅是孤立地计算每个构件，没有发现构件间的内在规律与逻辑关系，难免丢三落四，准确度无法得到保证。随着时间的推移与经验的积累，他们逐渐掌握翻样的技巧与方法，在计算时头脑中形成整个立体三维建筑模型，有清晰的计算思路，漏项现象大为减少。随着所做工程的逐渐增多，量变达到质变，计算速度越来越快，精确度也越来越高。这个时候不是独立地计算某一构件、某一栋楼，而是将所计算的工程都列在历史工程数据系统中，并对工程类别进行细分，不仅提炼出有价值、有规律性的经验数据，而且充分利用原有的工程数据进行比较与分析。

信息论是研究信息的本质，并且用数学方法研究信息的计量、传递和储存的学科。信息化浪潮汹涌而来，但是钢筋翻样还普遍停留在原始的、落后的手工方式上。手工翻样虽然相对自由，符合人的思维习惯，计算式清晰，对零星构件的计算具有一定的优势，但是它效率低，最致命的是不能进行数据的交换、传递与存储。尽管软件计算有诸多不足，但与手工相比还是具有无可比拟的优点。软件算量是钢筋翻样的最佳选择，亦是衡量钢筋翻样人员能力高低的一项重要指标。图形建模技术的主要优点：一是软件再现工程图纸全部信息，对量不必带一大堆图纸，查找、对量直观、方便；二是自动扣减，计算准确；三是能够导入设计院电子文档或者钢筋软件数据，高效；四是修改汇总十分方便。而缺点是对一些零星构件缺乏灵活性，软件应用入门的门槛较高。

控制论是研究各种系统的控制、调节的一般规律，它的基本概念是信息概念与反馈概念。主要研究方法包括信息方法、黑箱系统辨识法与功能模拟方法。钢筋翻样的主要任务是质量控制、材料控制，在算量阶段也需要控制论的方法，应在算量的精确度与成本之间找到平衡。在钢筋对量时，控制论是一种十分有效的方法论。

钢筋翻样最基本的要求是做到“达”，也就是能达到规范标准，达到验收标准，达到可操作性与施工方便性要求，达到满足计算规则要求，达到节约钢筋的标准。

钢筋翻样具有不可逆性，先有料单后有加工单，然后工人按成型钢筋绑扎，这是不能逆转的施工顺序，不可能抛开料单而直接按图纸施工。因此说钢筋翻样是复杂、烦琐与严谨的技术性工作，施工钢筋翻样的合理性、可操作性以及钢筋预算的精确度基于翻样人员扎实的理论基础以及丰富的施工经验积累。

1.4 钢筋翻样的特性分析

要讲清楚钢筋翻样的原理、方法、特征，必然需联系实际工程，不能从抽象到抽象、从概念到概念、从理论到理论，只能是结合实际。

这里主要通过对地下室外墙的钢筋下料计算方法来说明钢筋翻样的特性。

地下室外墙下料需要计算以下几种钢筋：①墙顶通长钢筋（有的设计成暗梁）；②墙底通长钢筋；③外墙外侧水平钢筋；④外墙内侧水平钢筋；⑤外墙竖向钢筋（内、外侧）；⑥拉钩。

钢筋下料的关键是确定钢筋在什么地方断开，在什么地方搭接或者焊接，不是随便什么地方都可搭接的，一要满足施工质量验收规范要求，搭接位置不宜位于构件的最大弯矩处；二要考虑采购钢筋的长度与允许下料长度的实际可操作性。

我们必须分析与找出构件的最大弯矩处，并且在配置钢筋时避开这个区域。这需掌握钢筋混凝土结构理论和结构力学，不能胡乱瞎配。首先要理解外墙顶部和底部配置的通长钢筋起什么作用，它们以增强墙体作为一根高截面梁抵抗整体弯曲能力，其作用相当于梁的上部钢筋与下部钢筋，而外墙则可看成是基础梁，它的受力特征与楼层框架梁相反，可将它当成倒置的框架梁。这样我们便知道外墙顶部通长筋与下部通长筋如何计算了，外墙顶通长钢筋在支座处搭接（暗梁原理相同），下部通长筋在跨中 1/3 处搭接，而且应相互错开。

外墙外侧水平筋在什么地方搭接呢？首先要分析外墙的受力特征。外墙主要抗外侧的土压力与水压力，弯矩在外墙内侧跨中最大，在外墙外侧支座处最大。根据搭接避开受力最大处原理，外墙外侧水平筋在跨中连接，且要交错搭接。外墙内侧水平筋在支座处锚固，无端柱时伸入暗柱外侧主筋内后弯折 $15d$，有端柱时进去一个锚固长度，如不能满足锚固，则伸到支边弯折 $15d$。墙水平筋根数计算比较简单，N=(墙高－墙顶保护层－水平筋间距/2)/墙水平间距+max(2，基础厚/500)，由于墙顶与墙底配置了通长钢筋，所以不加1。

地下室外墙竖筋需要考虑外墙的水平施工缝高度。外墙施工缝通常位于基础面以上300～500mm处设水平止水带，外墙竖筋直段下料长度l=基础厚－保护层+500+l_{lE}。竖筋应该相互错开，直段下料长=基础厚－保护层+500+2.3l_{lE}（其中0.3l_{lE}为两根钢筋上下错开的距离）。两者均要加底部弯折。有时为了节约钢筋，竖筋一次性升至地下室顶，不用搭接，这对结构受力也是有利的，但是施工不方便。计算外墙竖向分布筋根数时应该扣除墙位置柱宽度，每跨分别计算。若没有转角暗柱，外墙转角处不能重复计算钢筋，最好一个方向算到外边，另一个方向算到内阴角。有时外墙的外侧竖向钢筋与内侧不同，需分别计算，即使钢筋的规格、间距相同，如果弯折长度不同也需分别计算。有时地下室外墙外侧在基础以上1/3墙高度范围内，设计竖向加强钢筋。

拉钩需考虑外墙的保护层，地下室外墙外侧的保护层通常为50mm，一般在保护层内配置直径为4～6mm、间距15～200mm的防裂构造钢筋网片。同时，外墙拉钩需拉住墙的竖筋与水平筋。

外墙的拉钩下料长=墙厚－墙内保护层－墙外保护层+2×11.9d

数量=墙净面积/(拉钩横向间距×拉钩纵向间距)

如果是梅花形布置，数量则加倍。

由于基础与地下室不同时施工，有的施工场地狭小，有的是由钢筋加工厂成型，因此基础和地下室下料计算时应分开。同时必须考虑现场钢筋的定尺长度，进行优化下料使钢筋损耗降至最低点，不必太过拘泥于规范规定，尽量取定尺长度的倍数便可减少废料。所配置的钢筋也要能方便运输、吊装与施工。

其他构件的下料原理基本相同，若掌握了结构受力原理、施工工艺与施工步骤，并且正确理解了设计意图，掌握了正确的计算方法，并且能辅之以计算机技术与相关软件，那么便能攻克钢筋下料难关。

1.5 钢筋的混凝土保护层

1.5.1 钢筋混凝土保护层概念

钢筋的保护层就是指钢筋外边缘与混凝土外表面间的距离。钢筋保护层顾名思义就是保护钢筋，其作用为根据建筑物耐久性要求，在设计年限内防止钢筋产生危及结构安全的锈蚀；其次是保证钢筋与混凝土间有足够的黏结力，保证钢筋与其周围混凝土能够共同工作，并且使钢筋充分发挥计算所需的强度。如果没有钢筋保护层或者钢筋保护层不足，钢筋就会受到水分或者有害气体的侵蚀，会生锈剥落，截面减小，使构件承载能力降低；钢筋生锈以后体积增大，使周围混凝土产生裂缝，裂缝展开之后又促使钢筋进一步锈蚀，形成恶性循环，进一步导致混凝土构件保护层剥落，钢筋截面变小，承载力降低，削弱构件的耐久性。混凝土保护层过小容易导致混凝土对钢筋握裹不好，使钢筋锚固能力降低，影响构件的受力性能。混凝土保护层过大也会降低构件的有效高度与承载力。对有防火要求的建筑物，为保证构件在发生火灾时按照建筑物的防火等级确立的耐火极限时段内构件的保护层对构件不失去作用。

1.5.2 钢筋混凝土保护层原理

钢筋混凝土构件是由钢筋与混凝土组成的复合材料构件。对材料的力学性能而言，钢筋的抗压强度与抗拉强度均很高，有很好的延性，而混凝土只有较高的抗压强度，抗拉强度却相对较低，是非延性材料，为了简化计算，设计时忽略不计，拉应力全部由钢筋来承担。混凝土包裹着钢筋，能够保护钢筋不受侵蚀而生锈变质。钢筋与混凝土的温度膨胀系数大体相同，因此温度变化时，钢筋与混凝土的变形基本一致。混凝土硬化收缩时，由于水泥胶体的黏结力作用，混凝土与钢筋黏结成整体，当构件受力后一起变形而不会分离。钢筋与混凝土的弹性模量比较接近，两者间有较好的化学胶合力、机械咬合力与销栓力，这样既可发挥各自的受力性能，又能很好地协调工作，共同承担结构构件所需承受的外部荷载。而对于受力钢筋混凝土构件截面设计而言，受拉的钢筋离受压区越远，其单位面积的钢筋所能够承受的外部弯矩也越大，这样钢筋发挥的力学效能也就越高。因此一般来讲，钢筋混凝土构件受拉钢筋总是应该尽量靠近受拉一侧混凝土构件的边缘。如果钢筋混凝土构件的钢筋位置放置错误或钢筋的保护层过大，轻则降低钢筋混凝土构件的承载能力，重则会发生重大事故。

混凝土水泥中含有氧化钙而呈碱性，其在钢筋表面形成碱性薄膜而保护钢筋免遭酸性介质的侵蚀，起到“钝化”保护作用。但是混凝土具有先天性缺陷，混凝土中作为骨料的砂石体积基本稳定，而水泥胶体在凝固硬化的过程中失水与胶体结晶固化，体积缩小而导致收缩。收缩变形在受约束的条件下会引起拉应力，在界面上形成许多裂隙，这些不连续的裂隙在受力或者收缩、温度作用下会互相贯通，形成裂纹并且延伸到结构混凝土的表面。由于混凝土浇捣时产生的离析、泌水现象，同时搅拌、浇筑与振捣时混凝土中还会夹入气体而形成气泡、孔穴，致使混凝土产生裂隙与毛细孔，成为有害介质入侵的通道，使构件外部的水汽通过裂缝与细孔进入混凝土内部，中和混凝土的碱性，导致混凝土的碳化现象。当碳化深度到达钢筋表面，便会消除和破坏钢筋表面的钝化膜，使钢筋的锈蚀成为可能。钢筋锈蚀后体积膨胀将混凝土胀裂，又反过来加速腐蚀速度，造成保护层的剥落，这样会形成恶性循环。混凝土最小保护层可延长碳化到达钢筋表面的时间，满足结构耐久性要求。

当钢筋混凝土构件的受拉钢筋与钢筋混凝土构件边缘间的距离小于最小保护层厚度时容易导致以下后果。

① 降低钢筋与混凝土间的黏结力。

② 钢筋混凝土构件中钢筋的主要成分铁在常温下容易被氧化，特别是在高温或者潮湿的环境中。

③ 造成钢筋露筋或者钢筋混凝土构件受力时表面混凝土剥落。

④ 随着时间的推移，钢筋混凝土构件表面的混凝土会逐渐碳化，在钢筋混凝土构件工作寿命内保护层混凝土失去了保护作用，从而造成钢筋锈蚀、有效截面减小、力学效能降低、钢筋与混凝土间失去黏结力。这样构件整体性会受到破坏，甚至还会造成整个钢筋混凝土构件的破坏。

1.5.3 钢筋混凝土保护层作用

钢筋混凝土构件中的受力钢筋外边缘至构件的表面有一定厚度，称为混凝土保护层。它能保证钢筋和混凝土之间有良好的黏结性，防止钢筋的锈蚀氧化。

构件中普通钢筋及预应力筋的混凝土保护层厚度应满足下列要求。

① 构件中受力钢筋的保护层厚度不应小于钢筋的公称直径 d。

② 设计使用年限为 50 年的混凝土结构，最外层钢筋的保护层厚度应符合表 1-1 的规定。设计使用年限为 100 年的混凝土结构，最外层钢筋的保护层厚度不应小于表 1-1 中数值的 1.4 倍。

表 1-1 混凝土保护层的最小厚度 *c* 单位：mm

环境类别	板、墙	梁、柱
一类	15	20
二类 a	20	25
二类 b	25	35
三类 a	30	40
三类 b	40	50

注：1. 表中混凝土保护层厚度指最外层钢筋外边缘至混凝土表面的距离，适用于设计使用年限为 50 年的混凝土结构。

2. 构件中受力钢筋的保护层厚度不应小于钢筋的公称直径。

3. 一类环境中，设计使用年限为 100 年的结构最外层钢筋的保护层厚度不应小于表中数值的 1.4 倍；二、三类环境中，设计使用年限为 100 年的结构应采取专门的有效措施。

4. 混凝主强度等级不大于 C25 时，表中保护层厚度数值应增加 5。

5. 基础底面钢筋的保护层厚度，有混凝土垫层时应从垫层顶面算起，且不应小于 40。

混凝土结构的环境类别见表1-2。

表1-2 混凝土结构的环境类别

环境类别	条件
一类	室内干燥环境；无侵蚀性静水浸没环境
二类 a	室内潮湿环境；非严寒和非寒冷地区的露天环境；非严寒和非寒冷地区与无侵蚀性的水或土壤直接接触的环境；严寒和寒冷地区的冰冻线以下与无侵蚀性的水或土壤直接接触的环境
二类 b	干湿交替环境；水位频繁变动环境；严寒和寒冷地区的露天环境；严寒和寒冷地区冰冻线以上与无侵蚀性的水或土壤直接接触的环境
三类 a	严寒和寒冷地区冬季水位变动区环境；受除冰盐影响环境；海风环境
三类 b	盐渍土环境；受除冰盐作用环境；海岸环境
四类	海水环境
五类	受人为或自然的侵蚀性物质影响的环境

注：1. 室内潮湿环境是指构件表面经常处于结露或湿润状态的环境。

2. 严寒和寒冷地区的划分应符合现行国家标准《民用建筑热工设计规范》（GB 50176—2016）的有关规定。

3. 海岸环境和海风环境宜根据当地情况，考虑主导风向及结构所处迎风、被风部位等因素的影响，由调查研究和工程经验确定。

4. 受除冰盐影响环境是指受到除冰盐盐雾影响的环境；受除冰盐作用环境是指被除冰盐溶液溅射的环境以及使用除冰盐地区的洗车房、停车楼等建筑。

5. 暴露的环境是指混凝土结构表面所处的环境。

1.5.4 钢筋混凝土保护层控制措施

在施工过程中，对于不同构件，不同生产工艺流程，应该采取不同的控制措施来确保混凝土保护层达到一定厚度，保证混凝土构件的施工质量。

一般采用混凝土垫块控制普通钢筋混凝土结构的混凝土保护层厚度，使用时，直接把预先按设计要求制作好的垫块放在主筋与模板之间，并且加以固定。对于悬挑构造，可以用 $\phi 8 \sim 12mm$ 的钢筋制作成支架或者马凳，以保证上部受力主筋或者双层钢筋板内两层钢筋网片的位置正确及有适当的保护层厚度。

1.6 钢筋的锚固

当纵向受拉普通钢筋末端采用弯钩或机械锚固措施时，包括弯钩或锚固端头在内的锚固长度（投影长度）可取为基本锚固长度 l_{ab} 的 60%。弯钩和机械锚固的形式（图 1-1）和技术要求应符合表 1-3 的规定。

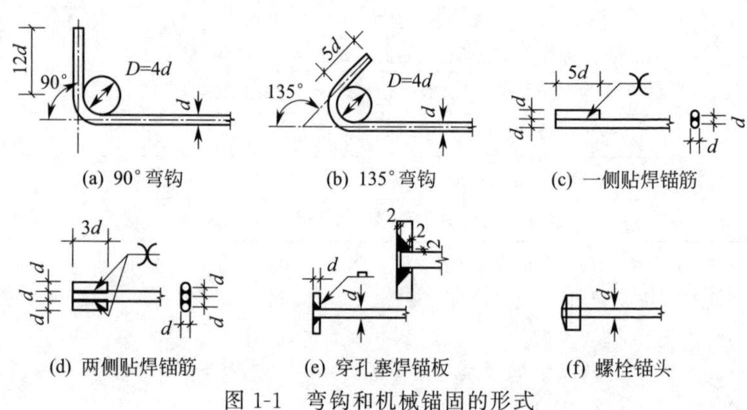

图 1-1 弯钩和机械锚固的形式

D—机械直径；*d*—钢筋直径

表 1-3 钢筋弯钩和机械锚固的形式和技术要求

锚固形式	技 术 要 求
90°弯钩	末端 90°弯钩，弯钩内径 4d，弯后直段长度 12d
135°弯钩	末端 135°弯钩，弯钩内径 4d，弯后直段长度 5d
一侧贴焊锚筋	末端一侧贴焊长 5d 同直径钢筋
两侧贴焊锚筋	末端两侧贴焊长 3d 同直径钢筋
穿孔塞焊锚板	末端与厚度 d 的锚板穿孔塞焊
螺栓锚头	末端旋入螺栓锚头

注：1. 焊缝和螺纹长度应满足承载力要求。

2. 螺栓锚头和焊接锚板的承压净面积不应小于锚固钢筋截面积的 4 倍。

3. 螺栓锚头的规格应符合相关标准的要求。

4. 螺栓锚头和焊接锚板的钢筋净间距不宜小于 4d，否则应考虑群锚效应的不利影响。

5. 截面角部的弯钩和一侧贴焊锚筋的布筋方向宜向截面内侧偏置。

混凝土结构中的纵向受压钢筋，当计算中充分利用其抗压强度时，锚固长度不应小于相应受拉锚固长度的70%。

受压钢筋不应采用末端弯钩和一侧贴焊锚筋的锚固措施。

承受动力荷载的预制构件，应将纵向受力普通钢筋末端焊接在钢板或角钢上，钢板或角钢应可靠地锚固在混凝土中。钢板或角钢的尺寸应按计算确定，其厚度不宜小于10mm。

其他构件中受力普通钢筋的末端也可通过焊接钢板或型钢实现锚固。

1.7 钢筋的接头

在施工过程中，对于定尺钢筋的使用，往往需要在适当的部位对钢筋进行接头，以满足不同长度钢筋的使用要求，接头形式主要有绑扎接头和焊接接头。不管是何种形式的接头，它的使用范围及接头的加工都应遵守如下规定。

1.7.1 钢筋接头的使用范围

钢筋连接可采用绑扎搭接、机械连接或焊接。机械连接接头及焊接接头的类型及质量应符合国家现行有关标准的规定。

混凝土结构中受力钢筋的连接接头宜设置在受力较小处。在同一根受力钢筋上宜少设接头。在结构的重要构件和关键传力部位，纵向受力钢筋不宜设置连接接头。

轴心受拉及小偏心受拉杆件的纵向受力钢筋不得采用绑扎搭接；其他构件中的钢筋采用绑扎搭接时，受拉钢筋直径不宜大于25mm，受压钢筋直径不宜大于28mm。

1.7.2 绑扎接头的搭接长度

纵向受拉钢筋绑扎搭接接头的搭接长度，应根据位于同一连接区段内的钢筋搭接接头面积百分率按下列公式计算，且不应小于300mm。

$$l_l = \zeta_l l_a$$

式中 l_l——纵向受拉钢筋的搭接长度；

l_a——受拉钢筋锚固长度；

ζ_l——纵向受拉钢筋搭接长度修正系数，按表 1-4 取用；当纵向搭接钢筋接头面积百分率为表 1-4 的中间值时，修正系数可按内插取值。

表 1-4 纵向受拉钢筋搭接长度修正系数

纵向搭接钢筋接头面积百分率/%	≤25	50	100
ζ_l	1.2	1.4	1.6

构件中的纵向受压钢筋当采用搭接连接时，其受压搭接长度不应小于纵向受拉钢筋搭接长度的 70%，且不应小于 200mm。

1.7.3 钢筋接头的面积规定

同一构件中相邻纵向受力钢筋的绑扎搭接接头宜互相错开。钢筋绑扎搭接接头连接区段的长度为 1.3 倍搭接长度，凡搭接接头中点位于该连接区段长度内的搭接接头均属于同一连接区段（图1-2）。同一连接区段内纵向受力钢筋搭接接头面积百分率为该区段内有搭接接头的纵向受力钢筋与全部纵向受力钢筋截面面积的比值。当直径不同的钢筋搭接时，按直径较小的钢筋计算。

位于同一连接区段内的受拉钢筋搭接接头面积百分率：对梁类、板类及墙类构件，不宜大于 25%；对柱类构件，不宜大于 50%。当工程中确有必要增大受拉钢筋搭接接头面积百分率时，对梁类构件，不宜大于 50%；对板、墙、柱及预制构件的拼接处，可根据实际情况放宽。

并筋采用绑扎搭接连接时，应按每根单筋错开搭接的方式连接。接头面积百分率应按同一连接区段内所有的单根钢筋计算。并筋中钢筋的搭接长度应按单筋分别计算。

纵向受力钢筋的机械连接接头宜相互错开。钢筋机械连接区段

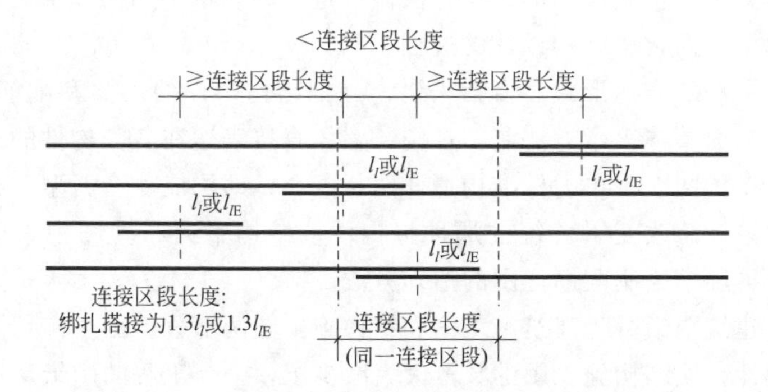

图 1-2　同一连接区段内纵向受拉钢筋的绑扎搭接接头

l_l—纵向受拉钢筋搭接长度；l_{lE}——纵向受拉钢筋抗震搭接长度

注：图中所示同一连接区段内的搭接接头钢筋为两根，当钢筋直径相同时，钢筋搭接接头面积百分率为 50%

的长度为 $3.5d$，d 为连接钢筋的较小直径。凡接头中点位于该连接区段长度内的机械连接接头均属于同一连接区段。

位于同一连接区段内的纵向受拉钢筋接头面积百分率不宜大于 50%；但对板、墙、柱及预制构件的拼接处，可根据实际情况放宽。纵向受压钢筋的接头百分率可不受限制。

机械连接套筒的保护层厚度宜满足有关钢筋最小保护层厚度的规定。机械连接套筒的横向净间距不宜小于 25mm；套筒处箍筋的间距仍应满足相应的构造要求。

直接承受动力荷载结构构件中的机械连接接头，除应满足设计要求的抗疲劳性能外，位于同一连接区段内的纵向受力钢筋接头面积百分率不应大于 50%。

1.8　平法原理

1.8.1　平法的基本概念

平法是指混凝土结构施工图平面整体表示方法。平法对我国目前混凝土结构施工图的设计方法做了重大的改革，加快了结构设计的速度，简化了结构设计的过程。

平法的表达形式，概括来讲，是把结构构件的尺寸和配筋等，按照平面整体表示方法制图规则，整体直接表达在各类构件的结构平面布置图上，再与标准构造详图相配合，即构成一套新型完整的结构设计。改变了传统的那种将构件从结构平面布置图中索引出来，再逐个绘制配筋详图的烦琐方法。

建筑图纸分为建筑施工图和结构施工图两部分。由于实行了平法设计，使结构施工图的数量大大减少了，一个工程的图纸从过去的百十来张变成了二三十张，不但画图的工作量减少了，结构设计的后期计算也被免去了，这使得结构设计减少了大量枯燥无味的工作，极大地解放了结构设计师的生产力，加快了结构设计的进度。而且，使用平法这一标准的设计方法来规范设计师的行为，在一定程度上还提高了结构设计的质量。

1.8.2 平法的基本原理

平法把全部设计过程和施工过程作为一个完整的主系统，主系统由基础结构、柱墙结构、梁结构、板结构等多个子系统构成，各子系统有明确的层次性、关联性和相对完整性。

（1）层次性。基础→柱、墙→梁→板，均为完整的子系统。

（2）关联性。柱、墙以基础为支座→柱、墙与基础关联，梁以柱为支座→梁与柱关联，板以梁为支座→板与梁关联。

（3）相对完整性。基础自成体系；柱、墙自成体系；梁自成体系；板自成体系。

1.8.3 平法的应用原理

（1）平法将结构设计分为“创造性”设计内容和“重复性”（非创造性）设计内容两个部分，两部分呈对应互补的关系，合并构成完整的结构设计。

（2）设计工程师以数字化、符号化的平面整体设计制图规则完成创造性设计内容部分。

(3) 重复性设计内容部分主要是节点构造和杆件构造，以《广义标准化》方式编制成符合国家建筑标准构造的设计。

由于平法设计的图纸具有这样的特性，因此在计算钢筋工程量时，应结合平法的基本原理准确理解数字化、符号化的内容，方能正确地计算钢筋工程量。

1.8.4 平法制图与传统的图示方法之间的区别

(1) 如框架图中的梁和柱，若用平法制图中的钢筋图示方法，施工图只需绘制梁、柱平面图，无需绘制梁、柱中配置钢筋的立面图（梁不画截面图；柱在其平面图上，只需按照编号的不同，各取一个在原位放大画出带有钢筋配置的柱截面图即可）。

(2) 传统框架图中的梁和柱，既要画梁、柱平面图，同时还需要绘制梁、柱中配置钢筋的立面图及其截面图；而在平法制图中的钢筋配置，省略这些图，只需要查阅《混凝土结构施工图平面整体表示方法制图规则和构造详图》便可。

(3) 传统的混凝土结构施工图，可直接从绘制的详图中读取钢筋配置尺寸，而平法制图则需查找《混凝土结构施工图平面整体表示方法制图规则和构造详图》中相应的详图，且钢筋的配置尺寸和大小尺寸，均用“相关尺寸”（跨度、锚固长度、搭接长度、钢筋直径等）为变量的函数来表达，而不是用具体的数字，这体现了标准图的通用性。总的来讲，平法制图简化了混凝土结构施工图的内容。

(4) 柱与剪力墙的平法制图均用施工图列表注写方式表示其相关规格和尺寸。

(5) 平法制图中的突出特点表现在梁的“集中标注”和“原位标注”上。“集中标注”是指从梁平面图的梁处引铅垂线至图的上方注写梁的编号、跨数、截面尺寸、挑梁类型、箍筋直径、箍筋间距、箍筋肢数、梁侧面纵向构造钢筋或受扭钢筋的直径和根数、通长筋的直径和根数等。若“集中标注”中有通长筋，则“原位标注”中的负筋数包含通长筋的数。“原位标注”可分为以下两种：

① 标注在柱子附近且在梁上方，是承受负弯矩的箍筋直径和根数，它的钢筋布置在梁的上部；

② 标注在梁中间且下方的钢筋，是承受正弯矩的，它的钢筋布置在梁下部。

(6) 在传统混凝土结构施工图中，计算斜截面抗剪强度时，会在梁中配置45°或60°的弯起钢筋。但在“平法制图”中，梁无需配置这种弯起钢筋。平法制图中的斜截面抗剪强度，由加密的箍筋来承受。

1.8.5 应用平法应注意的问题

应用平法不仅表示平面尺寸，还表示竖向尺寸。

在竖向尺寸中，最重要的是“层高”。一些竖向的构件（如框架柱、剪力墙等）都与层高有着密切关系。“建筑层高”是指从本层的地面到上一层地面的高度。“结构层高”是指本层现浇楼板上表面到上一层现浇楼板上表面的高度。若各楼层的地面做法一样，则各楼层的“结构层高”与“建筑层高”是一致的。

某些特殊的“层高”要加以关注：当存在地下室时，“一层”的层高指的是地下室顶板到一层顶板的高度；“地下室”的层高指的是筏板上表面到地下室顶板的高度。

若不存在地下室，建筑图纸所标注的“一层”层高则是指“从±0.000到一层顶板的高度”，但如果要计算“一层”层高，就应采用“从筏板上表面到一层顶板的高度”，而不能采用“从±0.000到一层顶板的高度”。不然在计算“一层”的柱纵筋长度和基础梁上的柱插筋长度时就会出错。

此外，“竖向尺寸”还表现在一些“标高”的标注上。例如，剪力墙洞口的中心标高标注为“－1.800”，是指该洞口的中心标高比楼面标高（即顶板上表面）“低了1.800m”。

梁集中标注的“梁顶相对标高高差”，是指梁顶面的标高同楼面标高的高差。若标注的梁顶相对标高高差为“－0.100”，则表示该梁顶比楼面标高低了0.100m；若此项标注缺省，则表示“梁顶与楼面标高等高”。

1.8.6　框架的构件要素及次梁

1.8.6.1　框架的构件要素

在框架结构中，根据构件所处的位置及钢筋配置的不同，构件可做如下分类。

（1）框架梁。框架梁可分为屋面框架梁和楼层框架梁。

（2）框架柱。框架柱可分为顶层角柱、顶层边柱、顶层中柱、中层角柱、中层边柱、中层中柱、底层角柱、底层边柱、底层中柱。

（3）基础梁和筏形基础。

（4）承台、承台梁和桩基础。

框架结构的骨架，如图1-3所示。

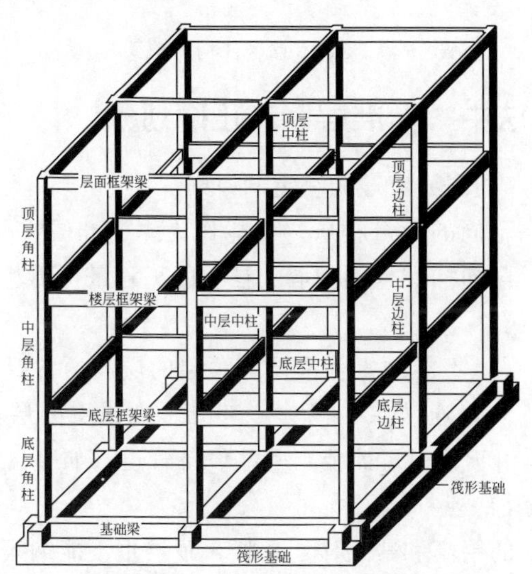

图1-3　框架示意（柱均为框架柱）

1.8.6.2 次梁

构成框架的元素是框架柱和框架梁。次梁和框架梁不同，框架梁的支点是框架柱，而次梁的支点是框架梁。这使得它们的钢筋配置也不一样。图 1-4 表示的是次梁支撑在框架梁上。

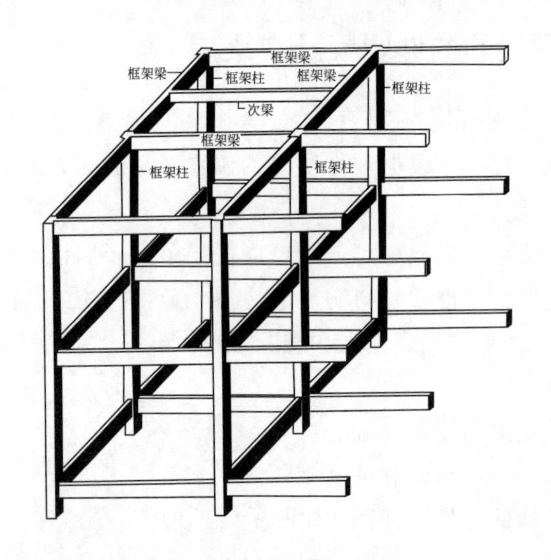

图 1-4 次梁示意（柱均为框架柱）

1.8.7 平法中“标准层”的正确划分

“标准层”的划分应遵循一定的原则。

(1) 层高不同的两个楼层，不能作为“标准层”。层高不同的两个楼层，其竖向构件（例如墙、柱）的工程量也不相同，故不能作为“标准层”。

(2) “顶层”不能纳入标准层。顶层的层高通常要比普通楼层层高高一些，如普通楼层层高为 3.00m，则顶层的层高可能会是 3.20m，这是由于顶层可能要走一些设备管道（如暖气的回水管），所以层高会增加一些。

就算顶层的层高和普通楼层一样，顶层也不能纳入标准层，这是因为在框架结构中，顶层的框架梁和框架柱需进行“顶梁边柱”

的特殊处理。

(3) 可以根据框架柱的变截面情况来决定“标准层”的划分。

柱变截面包含几何截面的改变和柱钢筋截面的改变两种意思。通常，可以把属于“同一柱截面”的楼层划入一个“标准层”。即处于同一标准层的各个楼层上的对应框架柱的几何截面和柱钢筋截面是一致的。

(4) 框架柱变截面的“关节”楼层不能纳入标准层。

(5) 根据剪力墙的变截面情况修正“标准层”的划分。

剪力墙变截面包含墙厚度的改变和墙钢筋截面的改变两种意思。通常可以把属于“同一剪力墙截面”的楼层划入一个“标准层”。

(6) 剪力墙变截面的“关节”楼层不能纳入标准层。

(7) 在剪力墙中，还应注意墙身与暗柱的变截面情况是否一样。若不一样，则不能划入同一个标准层内。

1.9 平法下钢筋计算的一般流程

1.9.1 阅读和审查图纸的基本要求

通常所说的图纸是指土建施工图纸。施工图常可以分为“建施”和“结施”，“建施”是指建筑施工图，“结施”是指结构施工图。钢筋计算主要使用的是结构施工图。如果房屋的结构比较复杂，单看结构施工图不容易看懂时，则可以结合建筑施工图的平面图、立面图和剖面图，以便于理解某些构件的位置和作用。

看图纸一定要注意阅读最前面的“设计说明”，因为里面有许多重要的信息和数据，其中还会包含一些在具体构件图纸上没有画出的工程做法。对钢筋计算来说，设计说明中的重要信息和数据有：房屋设计中采用的设计规范和标准图集、混凝土强度等级、抗震等级（以及抗震设防烈度）、钢筋的类型、分布钢筋的直径和间距等。认真阅读设计说明，可对整个工程有一个总体的印象。

要认真阅读图纸目录，根据目录对照具体的每一张图纸，查看手中的施工图纸有无缺漏。

浏览每一张结构平面图。先明确每张结构平面图所适用的范围：是几个楼层共用一张结构平面图，还是每一个楼层分别使用一张结构平面图；再对比不同的结构平面图，查看它们之间的联系和区别、各楼层之间的结构的异同点，以便于划分“标准层”，制订钢筋计算的计划。

平法施工图主要通过结构平面图来表示。但对于某些复杂的或者特殊的结构或构造，设计师常会给出构造详图，在阅读图纸时要注意观察和分析。

在阅读和检查图纸的过程中，要把不同的图纸进行对照和比较，要善于读图纸，更要善于发现图纸中的问题。施工图是进行施工和工程预算的依据，如果图纸出错了，后果会很严重。在对照比较结构平面图、建筑平面图、立面图和剖面图的过程中，要注意平面尺寸的对比和标高尺寸的对比。

1.9.2 阅读和审查平法施工图的注意事项

现在的施工图纸都采用平面设计，故在阅读和检查图纸的过程中，应结合平法技术的要求进行图纸的阅读和审查，详细说明如下。

(1) 构件编号的合理性和一致性。例如，把某根“非框架梁”命名为“LL1”，这是许多设计人员很容易犯的错误。非框架梁的编号是“L”，故这根非框架梁只能编号为“L1”，而“LL1”是剪力墙结构中的“连梁”的编号。

又如，一个4跨框架梁KL1，其跨度分别为：3000mm、3600mm、3000mm、3600mm，而同样编号为KL1的另一个4跨框架梁，其跨度分别为：3600mm、3000mm、3000mm、3600mm。显然，这两个梁第1跨和第2跨的跨度不相同，因此这两根梁不能同时编号为“KL1”。

(2) 平法梁集中标注信息是否完整和正确。例如，抗震框架梁上部通长筋集中标注为“(2ϕ16)”，设计者想要表达成“两根ϕ16钢筋同支座负筋按架立筋搭接”，但他忽略了抗震框架梁不能没有上部通长筋，故上述的集中标注只能是“2ϕ16”，且在实际施工中，这两根ϕ16 钢筋和支座负筋只能按照上部通长筋与支座负筋搭接，搭接长度为 l_{lE}，而不能按架立筋与支座负筋搭接。

又如，梁的侧面构造钢筋缺乏集中标注。16G101-1 图集中规定，梁的截面高度大于等于 450mm 就需要设置侧面构造钢筋，且还规定施工人员不允许自行设计梁的侧面构造钢筋，因为图集上没有给出任何设计的依据。

(3) 平法梁原位标注是否完整和正确。例如，多跨梁中间的“短跨”不在跨中上部进行上部纵筋的原位标注，这是图纸上容易出现的问题。一个三跨的框架梁，第一跨和第三跨的跨度为 6000mm，中间的第二跨跨度为 1600mm；在第一跨和第三跨的左右支座上有原位标注 6ф24 4/2，而第二跨的上部没有任何原位标注，这样标注表达的意思是：第一跨右支座的支座负筋和第三跨左支座的支座负筋均需伸入第二跨近 2000mm 的长度，这两种钢筋在第二跨内重叠，不仅造成了钢筋的浪费，还带来了施工上的困难。合理的设计标注方法是：在第二跨的跨中上部进行原位标注 6ф24 4/2，这样，第一跨右支座的支座负筋贯通第二跨，一直伸入至第三跨左支座上，形成穿越三跨的局部贯通。所以，多跨梁中间的短跨，一般都需要在上部跨中进行原位标注。

又如，悬挑端缺乏原位标注，这也是某些图纸上容易出现的问题。框架梁的悬挑端应该具有众多的原位标注：在悬挑端的上部跨中进行上部纵筋的原位标注、悬挑端下部钢筋的原位标注、悬挑端箍筋的原位标注、悬挑端梁截面尺寸的原位标注等。

(4) 关于平法柱编号的一致性问题。同一根框架柱在不同的楼层时应统一柱编号。如框架柱 KZ1 在柱表中开列三行，每行的编号都应是 KZ1，这样就能方便地看出同一根 KZ1 在不同楼层上的柱截面变化。而不能把同一根框架柱，在一层时编号为 KZ1、在二层时编号为 KZ2、在三层时编号为 KZ3、……这样会给柱表的编制带来困难，也会给软件的处理带来困难。

(5) 柱表中的信息是否完整和正确。在阅读和检查图纸时，既要检查平面图中的所有框架柱是否在柱表中存在，又要检查柱表中的柱编号是否全部标注在平面图中。

如果在柱表中，某个框架柱在第 N 层就已经到顶了，要注意检查第 $N+1$ 层以上各楼层的平面图上是否还出现这个框架柱的标注。

对于“梁上柱”，也应注意检查柱表和平面图标注的一致性。

1.9.3 平法钢筋计算的计划与部署

在充分地阅读和研究图纸的基础之上，就可以制订平法钢筋计算的计划与部署。这主要是楼层划分中如何才能正确划定“标准层”的问题。

在楼层划分时，要比较各楼层的结构平面图的布局，查看是否有相似的楼层，虽不能纳入同一个“标准层”进行处理，但可以在分层计算钢筋时，尽可能利用前面某一楼层的计算成果。在运行平法钢筋计算软件中，也可使用“楼层拷贝”的功能，把前面某一个楼层的平面布置连同钢筋标注一起拷贝过来，稍加修改，便能计算出新楼层的钢筋工程量。

在楼层划分时，有些楼层一般需要单独进行计算，这些楼层主要包括：基础、地下室、一层、中间的柱（墙）变截面楼层以及顶层。

在钢筋计算之前，还需准备好进行钢筋计算的基础数据，包括：抗震等级和抗震设防烈度、混凝土强度等级、各类构件钢筋的类型、各类构件的保护层厚度、各类构件的钢筋搭接长度和锚固长度、分布钢筋的直径和间距等。

1.9.4 工程钢筋表

工程钢筋表是工程结构中的一个重要文件。传统的工程结构设计方法，由设计院提供结构平面图、构造详图、工程钢筋表等一整套工程施工图。而平法设计方法，设计院只需提供结构平面图，施工员、钢筋工和预算员可从平法标准图集中查找相应的节点构造详图，自己动手绘制工程钢筋表。

工程钢筋表的项目有：构件编号、构件数量、钢筋编号、钢筋规格、钢筋根数、钢筋形状、每根长度、每构件长度、每构件质量、总质量等。

其中　　　每构件长度＝每根长度×钢筋根数

每构件质量＝每构件长度×该钢筋的每米质量

总质量＝单个构件的所有钢筋的质量之和×构件数量

钢筋形状是指每种钢筋的大样图，在图中标注钢筋的细部尺寸，这是钢筋计算的主要内容之一。

每根长度＝钢筋细部尺寸之和

钢筋根数也是钢筋计算的主要内容之一。

由此可以看到，计算出“每根长度”和“钢筋根数”，就等于计算出了钢筋工程量。

1.9.5 钢筋下料表

钢筋下料表是工程施工必须用到的表格，尤其是钢筋工更需要这样的表格，因为它可指导钢筋工进行钢筋下料。

（1）钢筋下料表与工程钢筋表的异同点。钢筋下料表的内容和工程钢筋表相似，也具有下列项目：构件编号、构件数量、钢筋编号、钢筋规格、钢筋形状、钢筋根数、每根长度、每构件长度、每构件质量以及总质量。

其中，钢筋下料表的构件编号、构件数量、钢筋编号、钢筋规格、钢筋形状、钢筋根数等项目与工程钢筋表完全一致，但在“每根长度”这个项目上，钢筋下料表和工程钢筋表有很大的不同：

① 工程钢筋表中某根钢筋的“每根长度”是指钢筋形状中各段细部尺寸之和；

② 而钢筋下料表某根钢筋的“每根长度”是指钢筋各段细部尺寸之和减掉在钢筋弯曲加工中的弯曲伸长值。

（2）钢筋的弯曲加工操作。在弯曲钢筋的操作中，除直径较小的钢筋（通常是直径 6mm、8mm、10mm 的钢筋）采用钢筋扳子进行手工弯曲外，直径较大的钢筋均采用钢筋弯曲机进行钢筋弯曲的工作。

钢筋弯曲机的工作盘上有成型轴和心轴，工作台上还有挡铁轴用来固定钢筋。在弯曲钢筋时，工作盘转动，靠成型轴和心轴的力矩使钢筋弯曲。钢筋弯曲机工作盘的转动可以变速，工作盘转速快，可弯曲直径较小的钢筋；工作盘转速慢，可弯曲直径较大的钢筋。

在弯曲不同直径的钢筋时，心轴和成型轴可以更换不同的直径。更换的原则是：考虑弯曲钢筋的内圆弧，心轴直径应是钢筋直径的 2.5～3 倍，同时，钢筋在心轴和成型轴之间的空隙不超过 2mm。

（3）钢筋的弯曲伸长值。钢筋弯曲之后，其长度会发生变化。一根直钢筋，弯曲几道以后，测量几个分段的长度相加起来，其总长度会大于直钢筋原来的长度，这就是“弯曲伸长”的影响。

弯曲伸长的原因有：

① 钢筋经过弯曲后，弯角处不再是直角，而是圆弧，但在量度钢筋的时候，是从钢筋外边缘线的交点量起的，这样就会把钢筋量长了；

② 测量钢筋长度时，是以外包尺寸作为量度标准，这样就会把一部分长度重复测量，尤其是弯曲 90°及 90°以上的钢筋；

③ 钢筋在实施弯曲操作时，在弯曲变形的外侧圆弧上会发生一定的伸长。

实际上，影响钢筋弯曲伸长的因素有很多，钢筋种类、钢筋直径、弯曲操作时选用的钢筋弯曲机的心轴直径等，均会影响到钢筋的弯曲伸长率。因此，应在钢筋弯曲实际操作中收集实测数据，根据施工实践的资料来确定具体的弯曲伸长率。

几种角度的钢筋弯曲伸长率（d 为钢筋直径），见表 1-5。

表 1-5　几种角度的钢筋弯曲伸长率（d 为钢筋直径）

弯曲角度	30°	45°	60°	90°	135°
伸长率	$0.35d$	$0.5d$	$0.85d$	$2d$	$2.5d$

1.9.6　钢筋下料长度计算

1.9.6.1　结构施工图中的钢筋尺寸

结构施工图中所标注的钢筋尺寸是钢筋的外皮尺寸。它和钢筋的下料尺寸不一样。

钢筋材料明细表（表1-6）中简图栏的钢筋长度 l_1，如图1-5所示。这个尺寸 l_1 是出于构造的需要来标注的。所以钢筋材料明细表中所标注的尺寸就是这个尺寸。上述情况下，钢筋的边界线是从钢筋外皮到混凝土外表面的距离，通常以这个距离来考虑标注钢筋尺寸。故这里的 l_1 指的是设计尺寸，而不是钢筋加工下料的施工尺寸，见图1-6。

表1-6　钢筋材料明细表

钢筋编号	简　　图	规　　格	数　　量
①	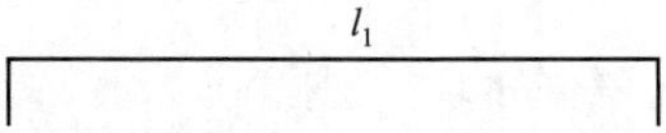 l_1	ϕ22	2

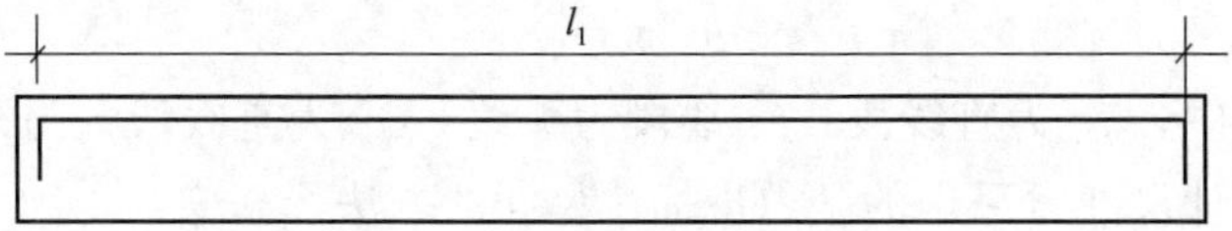

l_1

图1-5　简图栏的钢筋长度

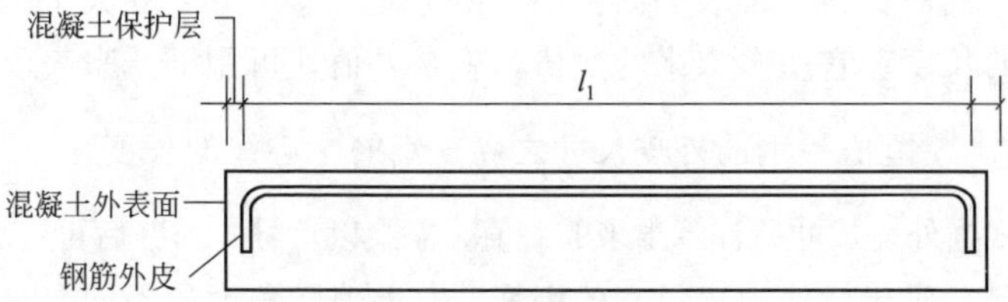

混凝土保护层

l_1

混凝土外表面

钢筋外皮

图1-6　钢筋长度 l_1 说明

要注意的是，钢筋混凝土结构图中标注的钢筋尺寸是设计尺寸，不是下料尺寸。也就是说简图栏的钢筋长度 l_1 不能直接拿来下料。

1.9.6.2 钢筋下料长度计算假说

钢筋加工变形以后，钢筋中心线的长度是不改变的。

如图 1-7 所示，结构施工图上所示受力主筋的尺寸界限是钢筋的外皮。

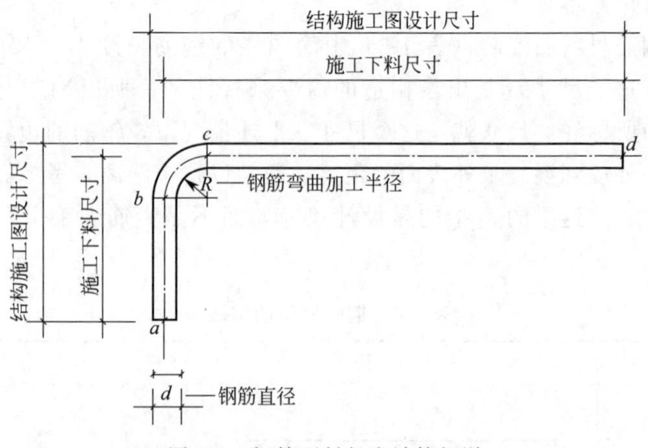

图 1-7 钢筋下料长度计算假说

钢筋加工下料的实际施工尺寸为

$$ab+bc+cd$$

式中，ab 为直线段；bc 线段为弧线；cd 为直线段。另外，箍筋的设计尺寸常采用的是内皮标注尺寸的方法。

1.9.6.3 差值的加工意义

在钢筋材料明细表的简图中，所标注外皮尺寸之和大于钢筋中心线的长度。它所多出来的数值，就是差值，可用下式来表示：

差值＝钢筋外皮尺寸之和－钢筋中心线的长度

根据外皮尺寸所计算出来的差值，需乘以负号“－”后再运算。

（1）对于标注内皮尺寸的钢筋，其差值随角度的不同，有可能是正，也有可能是负。

（2）对于围成圆环的钢筋，内皮尺寸小于钢筋中心线的长度，故它不会是负值，如图 1-8 所示。

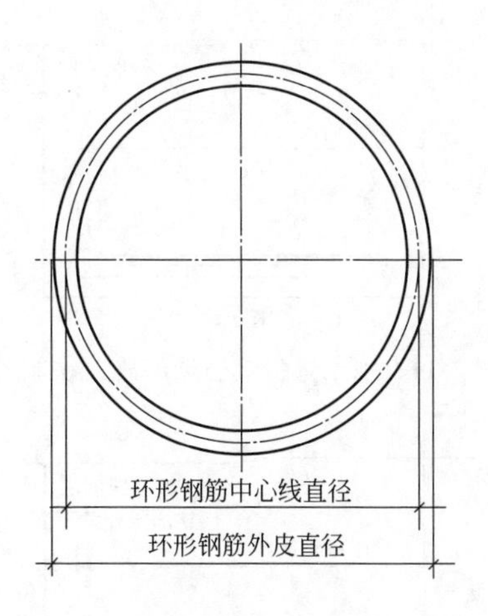

图 1-8　围成圆环的钢筋差值示意

1.9.7　钢筋设计尺寸和施工下料尺寸

（1）同样长梁中，有加工弯折的钢筋和直形钢筋，参见图 1-9 和图 1-10。

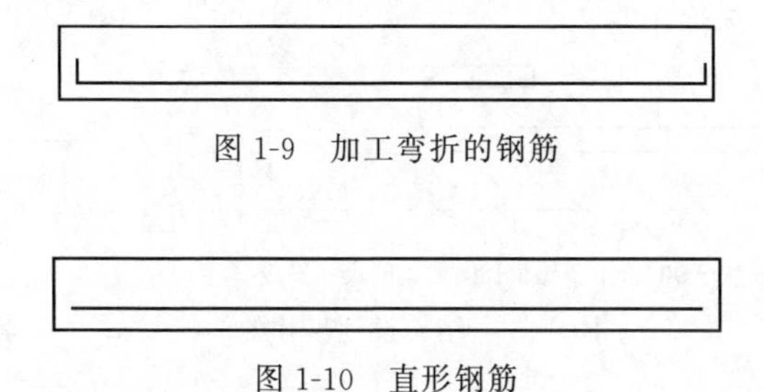

图 1-9　加工弯折的钢筋

图 1-10　直形钢筋

虽然图 1-9 中的钢筋和图 1-10 中的钢筋两端都有相同距离的保护层，但它们中心线的长度并不相同。图 1-11 和图 1-12 是把图 1-9 和图 1-10 端部放大后的效果。

在图 1-11 中，右边钢筋中心线到梁端的距离是保护层加 1/2 钢筋直径。考虑两端时，其中心线长度比图 1-12 中的短一个直径。

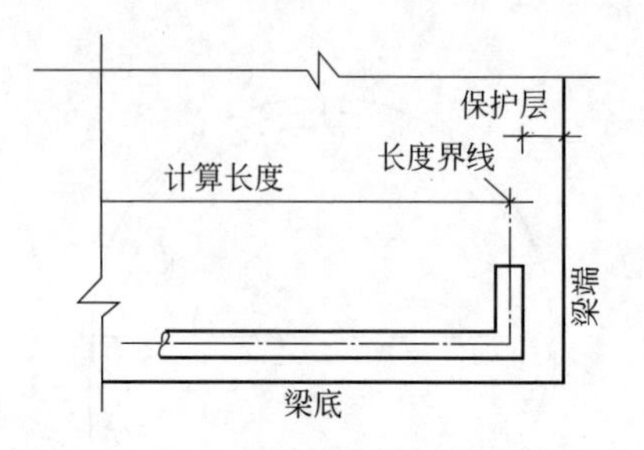

图 1-11　加工弯折钢筋端部放大效果图

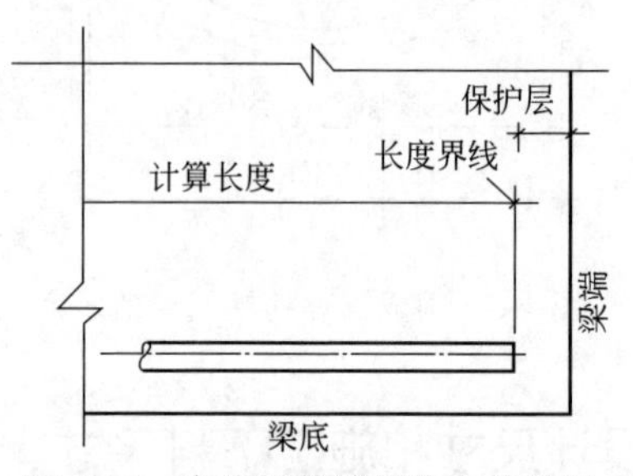

图 1-12　直形钢筋端部放大效果图

（2）大于 90°且小于或等于 180°弯钩的设计标注尺寸。图 1-13 通常是结构设计尺寸的标注方法，也与保护层有关；图 1-14 常用在拉筋尺寸标注上。

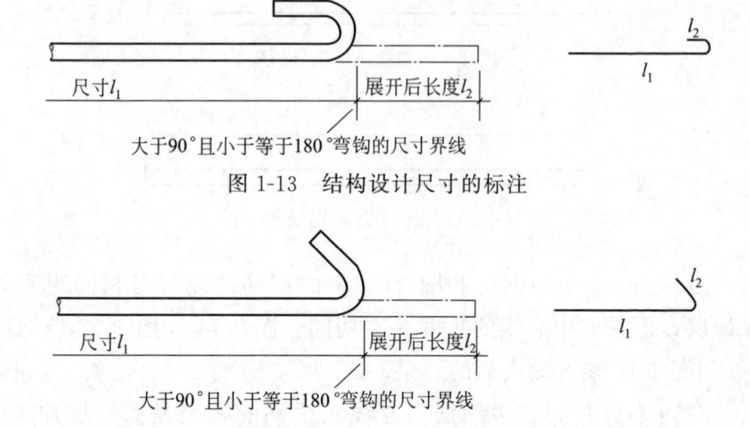

图 1-13　结构设计尺寸的标注

图 1-14　拉筋尺寸标注

（3）内皮尺寸。梁和柱中的箍筋常用内皮尺寸标注。因为梁、柱侧面的高、宽尺寸，各减去保护层厚度就是箍筋的高、宽内皮尺寸。内皮尺寸如图 1-15 所示。

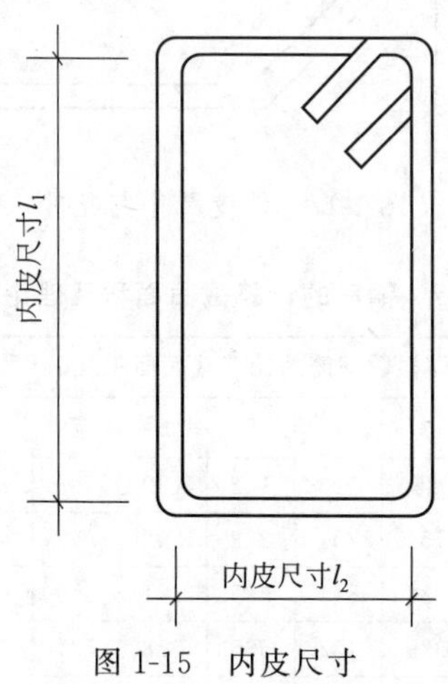

图 1-15　内皮尺寸

（4）用于 30°、60°、90°斜筋的辅助尺寸。遇到有弯折的斜筋需要标注尺寸时，除沿斜向标注它的外皮尺寸之外，还要把斜向尺寸当作直角三角形的斜边，另外还需标注出它的两个直角边的尺寸（k_1和 k_2），见图 1-16。

从图 1-16 上并不能看出是外皮尺寸。如果再看图 1-17，就知道它是外皮尺寸了。

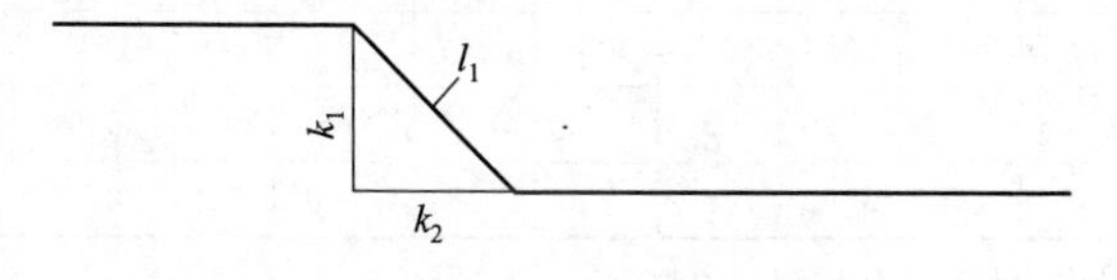

图 1-16　外皮尺寸标注

1.9.8　钢筋计算常用数据

1.9.8.1　钢筋的计算截面面积及理论质量

钢筋的计算截面面积及理论质量见表 1-7。

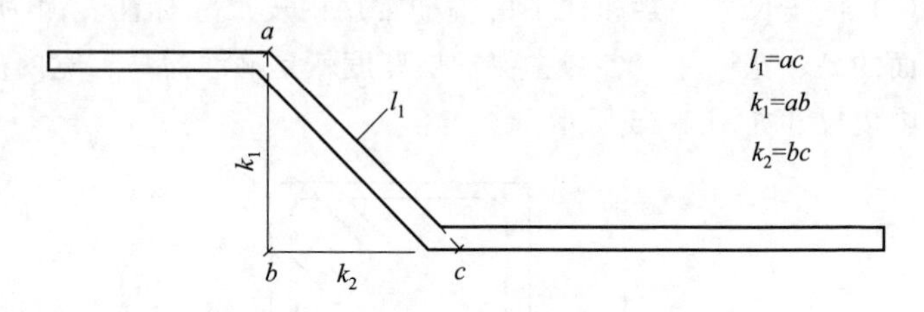

图 1-17　外皮尺寸直观图

表 1-7　钢筋的计算截面面积及理论质量

公称直径/mm	不同根数钢筋的计算截面面积/mm^2									单根钢筋理论质量/(kg/m)
	1	2	3	4	5	6	7	8	9	
6	28.3	57	85	113	142	170	198	226	255	0.222
8	50.3	101	151	201	252	302	352	402	453	0.395
10	78.5	157	236	314	393	471	550	628	707	0.617
12	113.1	226	339	452	565	678	791	904	1017	0.888
14	153.9	308	461	615	769	923	1077	1231	1385	1.21
16	201.1	402	603	804	1005	1206	1407	1608	1809	1.58
18	254.5	509	763	1017	1272	1527	1781	2036	2290	2.00(2.11)
20	314.2	628	942	1256	1570	1884	2199	2513	2827	2.47
22	380.1	760	1140	1520	1900	2281	2661	3041	3421	2.98
25	490.9	982	1473	1964	2454	2945	3436	3927	4418	3.85(4.10)
28	615.8	1232	1847	2463	3079	3695	4310	4926	5542	4.83
32	804.2	1609	2413	3217	4021	4826	5630	6434	7238	6.31(6.65)
36	1017.9	2036	3054	4072	5089	6107	7125	8143	9161	7.99
40	1256.6	2513	3770	5027	6283	7540	8796	10053	11310	9.87(10.34)
50	1963.5	3928	5892	7856	9820	11784	13748	15712	17676	15.42(16.28)

注：括号内为预应力螺纹钢筋的数值。

1.9.8.2　混凝土保护层

纵向受力的普通钢筋及预应力钢筋，其混凝土保护层厚度（钢筋外边缘至混凝土表面的距离）不应小于钢筋的公称直径，且应符合表 1-1 的规定。

1.9.8.3 受拉钢筋锚固长度

受拉钢筋基本锚固长度见表1-8。

表1-8 受拉钢筋基本锚固长度 l_{ab}

钢筋种类	混凝土强度等级								
	C20	C25	C30	C35	C40	C45	C50	C55	≥C60
HPB300	39*d*	34*d*	30*d*	28*d*	25*d*	24*d*	23*d*	22*d*	21*d*
HRB335、HRBF335	38*d*	33*d*	29*d*	27*d*	25*d*	23*d*	22*d*	21*d*	21*d*
HRB400、HRBF400 RRB400	—	40*d*	35*d*	32*d*	29*d*	28*d*	27*d*	26*d*	25*d*
HRB500、HRBF500	—	48*d*	43*d*	39*d*	36*d*	34*d*	32*d*	31*d*	30*d*

抗震设计时受拉钢筋基本锚固长度见表1-9。

表1-9 抗震设计时受拉钢筋基本锚固长度 l_{abE}

钢筋种类		混凝土强度等级								
		C20	C25	C30	C35	C40	C45	C50	C55	≥C60
HPB300	一、二级	45*d*	39*d*	35*d*	32*d*	29*d*	28*d*	26*d*	25*d*	24*d*
	三级	41*d*	36*d*	32*d*	29*d*	26*d*	25*d*	24*d*	23*d*	22*d*
HRB335 HRBF335	一、二级	44*d*	38*d*	33 *d*	31*d*	29*d*	26*d*	25*d*	24*d*	24*d*
	三级	40*d*	35*d*	31*d*	28*d*	26*d*	24*d*	23*d*	22*d*	22*d*
HRB400 HRBF400	一、二级	—	46*d*	40*d*	37*d*	33*d*	32*d*	31*d*	30*d*	29*d*
	三级	—	42*d*	37*d*	34*d*	30*d*	29*d*	28*d*	27*d*	26*d*
HRB500 HRBF500	一、二级	—	55*d*	49*d*	45*d*	41*d*	39*d*	37*d*	36*d*	35*d*
	三级	—	50*d*	45*d*	41*d*	38*d*	36*d*	34*d*	33*d*	32*d*

注：1. 四级抗震时，$l_{abE}=l_{ab}$。

2. 当锚固钢筋的保护层厚度不大于5*d*时，锚固钢筋长度范围内应设置横向构造钢筋，其直径不应小于*d*/4（*d*为锚固钢筋的最大直径）；对梁、柱等构件间距不应大于5*d*，对板、墙等构件间距不应大于10*d*，且均不应大于100（*d*为锚固钢筋的最小直径）。

受拉钢筋锚固长度见表1-10。

受拉钢筋抗震锚固长度见表1-11。

1.9.8.4 纵向受拉钢筋搭接长度

纵向受拉钢筋搭接长度见表1-12。

纵向受拉钢筋抗震搭接长度见表1-13。

表 1-10 受拉钢筋锚固长度 l_a

钢筋种类	混凝土强度等级																
	C20	C25		C30		C35		C40		C45		C50		C55		≥C60	
	d≤25mm	d≤25mm	d>25mm	d≤25mm	d>25mm	d≤25mm	d>25mm	d≤25mm	d>25mm	d≤25mm	d>25mm	d≤25mm	d>25mm	d≤25mm	d>25mm	d≤25mm	d>25mm
HPB300	39d	34d	—	30d	—	28d	—	25d	—	24d	—	23d	—	22d	—	21d	—
HRB335、HRBF335	38d	33d	—	29d	—	27d	—	25d	—	23d	—	22d	—	21d	—	21d	—
HRB400、HRBF400 RRB400	—	40d	44d	35d	39d	32d	35d	29d	32d	28d	31d	27d	30d	26d	29d	25 d	28d
HRB500、HRBF500	—	48d	53d	43d	47d	39d	43d	36d	40d	34d	37d	32d	35d	31d	34d	30d	33d

表 1-11 受拉钢筋抗震锚固长度 l_{aE}

钢筋种类及抗震等级		混凝土强度等级																
		C20	C25		C30		C35		C40		C45		C50		C55		≥C60	
		$d\leqslant$25mm	$d\leqslant$25mm	$d>$25mm	$d\leqslant$25mm	$d>$25mm	$d\leqslant$25mm	$d>$25mm	$d\leqslant$25mm	$d>$25mm	$d\leqslant$25mm	$d\leqslant$25mm	$d>$25mm	$d\leqslant$25mm	$d>$25mm	$d\leqslant$25mm	$d>$25mm	$d\leqslant$25mm
HPB300	一、二级	45d	39d	—	35d	—	32d	—	29d	—	28d	—	26d	—	25d	—	24d	—
	三级	41d	36d	—	32d	—	29d	—	26d	—	25d	—	24d	—	23d	—	22d	—
HRB335 HRBF335	一、二级	44d	38d	—	33d	—	31d	—	29d	—	26d	—	25d	—	24d	—	24d	—
	三级	40d	35d	—	30d	—	28d	—	26d	—	24d	—	23d	—	22d	—	22d	—
HRB400 HRBF400	一、二级	—	46d	51d	40d	45d	37d	40d	33d	37d	32d	36d	31d	35d	30d	33d	29d	32d
	三级	—	42d	46d	37d	41d	34d	37d	30d	34d	39d	33d	28d	32d	27d	30d	26d	29d
HRB500 HRBF500	一、二级	—	55d	61d	49d	54d	45d	49d	41d	46d	39d	43d	37d	40d	36d	39d	35d	38d
	三级	—	50d	56d	45d	49d	49d	45d	38d	42d	36d	39d	34d	37d	33d	36d	32d	35d

注：1. 当为环氧树脂涂层带肋钢筋时，表中数据尚应乘以 1.25。

2. 当纵向受拉钢筋在施工过程中易受扰动时，表中数据尚应乘以 1.1。

3. 当锚固长度范围内纵向受力钢筋周边保护层厚度为 $3d$、$5d$（d 为锚固钢筋的直径）时，表中数据可分别乘以 0.8、0.7；中间时按内插值。

4. 当纵向受拉普通钢筋锚固长度修正系数（注 1～注 3）多于一项时，可按连乘计算。

5. 受拉钢筋的锚固长度 l_a、l_{aE}计算值不应小于 200。

6. 四级抗震时，$l_{aE}=l_a$。

7. 当锚固钢筋的保护层厚度不大于 $5d$ 时，锚固钢筋长度范围内应设置横向构造钢筋，其直径不应小于 $d/4$（d 为锚固钢筋的最大直径）；对梁、柱等构件间距不应大于 $5d$，对板、墙等构件间距不应大于 $10d$，且均不应大于 100（d 为锚固钢筋的最小直径）。

表 1-12　纵向受拉钢筋搭接长度 l_l

钢筋种类及同一区段内搭接钢筋面积百分率		混凝土强度等级																
		C20	C25		C30		C35		C40		C45		C50		C55		≥C60	
		$d\leqslant$25mm	$d\leqslant$25mm	$d>$25mm	$d\leqslant$25mm	$d>$25mm	$d\leqslant$25mm	$d>$25mm	$d\leqslant$25mm	$d>$25mm	$d\leqslant$25mm	$d\leqslant$25mm	$d>$25mm	$d\leqslant$25mm	$d>$25mm	$d\leqslant$25mm	$d>$25mm	$d\leqslant$25mm
HPB300	≤25%	47d	41d	—	36d	—	34d	—	30d	—	29d	—	28d	—	26d	—	25d	—
	50%	55d	48d	—	42d	—	39d	—	35d	—	34d	—	32d	—	31d	—	29d	—
	100%	62d	54d	—	48d	—	45d	—	40d	—	38d	—	37d	—	35d	—	34d	—
HRB335 HRBF335	≤25%	46d	40d	—	35d	—	32d	—	30d	—	28d	—	26d	—	25d	—	25d	—
	50%	53d	46d	—	41d	—	38d	—	35d	—	32d	—	31d	—	29d	—	29d	—
	100%	61d	53d	—	46d	—	43d	—	40d	—	37d	—	35d	—	34d	—	34d	—
HRB400 HRBF400 RRB400	≤25%	—	48d	53d	42d	47d	38d	42d	35d	38d	34d	37d	32d	36d	31d	35d	30d	34d
	50%	—	56d	62d	49d	55d	45d	49d	41d	45d	39d	43d	38d	42d	36d	41d	35d	39d
	100%	—	64d	70d	56d	62d	51d	56d	46d	51d	45d	50d	43d	48d	42d	46d	40d	45d
HRB500 HRBF500	≤25%	—	58d	64d	52d	56d	47d	52d	43d	48d	41d	44d	38d	42d	37d	41d	36d	40d
	50%	—	67d	74d	60d	66d	55d	60d	50d	56d	48d	52d	45d	49d	43d	48d	42d	46d
	100%	—	77d	85d	69d	75d	62d	69d	58d	64d	54d	59d	51d	56d	50d	54d	48d	53d

注：1. 表中数值为纵向受拉钢筋绑扎搭接接头的搭接长度。

2. 两根不同直径钢筋搭按时，表中 d 取较细钢筋直径。

3. 当为环氧树脂涂层带肋钢筋时，表中数据尚应乘以 1.25。

4. 当纵向受拉钢筋在施工过程中易受扰动时，表中数据尚应乘以 1.1。

5. 当搭接长度范围内纵向受力钢筋周边保护层厚度为 $3d$、$5d$（d 为搭接钢筋的直径）时，表中数据尚可分别乘以 0.8、0.7；中间时按内插值。

6. 当上述修正系数（注 3～注 5）多于一项时，可按连乘计算。

7. 任何情况下，搭接长度不应小于 300。

表 1-13 纵向受拉钢筋抗震搭接长度 l_{lE}

钢筋种类及同一区段内搭接钢筋面积百分率			混凝土强度等级																
			C20	C25		C30		C35		C40		C45		C50		C55		≥C60	
			$d\leqslant$ 25mm	$d\leqslant$ 25mm	$d>$ 25mm	$d\leqslant$ 25mm	$d>$ 25mm	$d\leqslant$ 25mm	$d>$ 25mm	$d\leqslant$ 25mm	$d>$ 25mm	$d\leqslant$ 25mm	$d\leqslant$ 25mm	$d>$ 25mm	$d\leqslant$ 25mm	$d>$ 25mm	$d\leqslant$ 25mm	$d>$ 25mm	$d\leqslant$ 25mm
一、二级抗震等级	HPB300	≤25%	54d	47d	—	42d	—	38d	—	35d	—	34d	—	31d	—	30d	—	29d	—
		50%	63d	55d	—	49d	—	45d	—	41d	—	39d	—	36d	—	35d	—	34d	—
	HRB335 HRBF335	≤25%	53d	46d	—	40d	—	37d	—	35d	—	31d	—	30d	—	29d	—	29d	—
		50%	62d	53d	—	46d	—	43d	—	41d	—	36d	—	35d	—	34d	—	34d	—
	HRB400 HRBF400	≤25%	—	55d	61d	48d	54d	44d	48d	40d	44d	38d	43d	37d	42d	36d	40d	35d	38d
		50%	—	64d	71d	56d	63d	52d	56d	46d	52d	45d	50d	43d	49d	42d	46d	41d	45d
	HRB500 HRBF500	≤25%	—	66d	73d	59d	65d	54d	59d	49d	55d	47d	52d	44d	48d	43d	47d	42d	46d
		50%	—	77d	85d	69d	76d	63d	69d	57d	64d	55d	60d	52d	56d	50d	55d	49d	53d
三级抗震等级	HPB300	≤25%	49d	43d	—	38d	—	35d	—	31d	—	30d	—	29d	—	28d	—	26d	—
		50%	57d	50d	—	45d	—	41d	—	36d	—	35d	—	34d	—	32d	—	31d	—
	HRB335 HRBF335	≤25%	48d	42d	—	36d	—	34d	—	31d	—	29d	—	28d	—	26d	—	26d	—
		50%	56d	49d	—	42d	—	39d	—	36d	—	34d	—	32d	—	31d	—	31d	—
	HRB400 HRBF400	≤25%	—	50d	55d	44d	49d	41d	44d	36d	41d	35d	40d	34d	38d	32d	36d	31d	35d
		50%	—	59d	64d	52d	57d	48d	52d	42d	48d	41d	46d	39d	45d	38d	42d	36d	41d
	HRB500 HRBF500	≤25%	—	60d	67d	54d	59d	49d	54d	46d	50d	43d	47d	41d	44d	40d	43d	38d	42d
		50%	—	70d	78d	63d	69d	57d	63d	53d	59d	50d	55d	48d	52d	46d	50d	45d	49d

注：1. 表中数值为纵向受拉钢筋绑扎搭接接头的搭接长度。

2. 两根不同直径钢筋搭接时，表中 d 取较细钢丝直径。

3. 档位环氧树脂涂层带肋钢筋时，表中数据尚应乘以 1.25。

4. 当纵向受拉钢筋在施工过程中易受扰动时，表中数据尚应乘以 1.1。

5. 当搭接长度范围内纵向受力钢筋周边保护层厚度为 $3d$、$5d$（d 为搭接钢筋的直径）时，表中数据尚可分别乘以 0.8、0.7：中间时按内插值。

6. 当上述修正系数（注 3～注 5）多于一项时，可按连乘计算。

7. 任何情况下，搭接长度不应小于 300。

8. 四级抗震等级时，$l_{lE}=l_l$。

1.9.8.5 钢筋混凝土结构伸缩缝最大间距

钢筋混凝土结构伸缩缝最大间距见表 1-14。

表 1-14 钢筋混凝土结构伸缩缝最大间距 单位：m

结构类别		室内或土中	露天
排架结构	装配式	100	70
框架结构	装配式	75	50
	现浇式	55	35
剪力墙结构	装配式	65	40
	现浇式	45	30
挡土墙、地下室墙壁等类结构	装配式	40	30
	现浇式	30	20

注：1. 装配整体式结构的伸缩缝间距，可根据结构的具体情况取表 1-14 中装配式结构与现浇式结构之间的数值。

2. 框架-剪力墙结构或框架-核心筒结构房屋的伸缩缝间距，可根据结构的具体布置情况取表 1-14 中框架结构与剪力墙结构之间的数值。

3. 当屋面无保温或隔热措施时，框架结构、剪力墙结构的伸缩缝间距宜按表 1-14 中露天栏的数值取用。

4. 现浇挑檐、雨罩等外露结构的局部伸缩缝间距不宜大于 12m。

1.9.8.6 现浇钢筋混凝土房屋适用的最大高度

现浇钢筋混凝土房屋适用的最大高度见表 1-15。

表 1-15 现浇钢筋混凝土房屋适用的最大高度 单位：m

结构类型		烈度				
		6	7	8(0.2g)	8(0.3g)	9
框架		60	50	40	35	24
框架－抗震墙		130	120	100	80	50
抗震墙		140	120	100	80	60
部分框支抗震墙		120	100	80	50	不用采用
筒体	框架核心筒	150	130	100	90	70
	筒中筒	180	150	120	100	80
板柱-抗震墙		80	70	55	40	不用采用

注：1. 房屋高度指室外地面到主要屋面板板顶的高度（不包括局部突出屋顶部分）。

2. 框架-核心筒结构指周边稀柱框架与核心筒组成的结构。

3. 部分框支抗震墙结构指首层或底部两层为框支层的结构，不包括仅个别框支墙的情况。

4. 表中框架，不包括异形柱框架。

5. 板柱-抗震墙结构指板柱、框架和抗震墙组成抗侧力体系的结构。

6. 乙类建筑可按本地区抗震设防烈度确定其适用的最大高度。

7. 超过表 1-15 内高度的房屋，应进行专门研究和论证，采取有效的加强措施。

2.1 框架柱钢筋识读

2.1.1 列表注写方式

平法柱的注写方式分为列表注写方式和截面注写方式。施工图大都采用列表注写方式。

列表注写方式，系在柱平面布置图上，分别在同一个编号的柱中选择一个（有时要选择几个）截面标注几何参数代号，在柱表中注写柱号、柱段起止标高、几何尺寸（含柱截面对轴线的偏心情况）与配筋的具体数值，并配以各种柱截面形状及配筋类型图的方式，来表达柱平法施工图。

列表注写方式是通过把各种柱的编号、截面尺寸、偏中情况、角部纵筋、柱截面宽 b 边一侧中部筋、柱截面高 h 边一侧中部筋、箍筋类型号和箍筋规格间距注写在一个“柱表”上，集中反映同一个柱在不同楼层上的“变截面”情况；同时，在结构平面图上标注每个柱的编号。

2.1.2 截面注写方式

柱构件截面注写方式，系在分标准层绘制的柱平面布置图的柱截面上，分别从同一编号的柱中选择一个截面，以直接注写截面尺寸和配筋具体数值的方式来表达柱平法施工图。柱截面注写方式表示方法与识图，如图 2-1 所示。

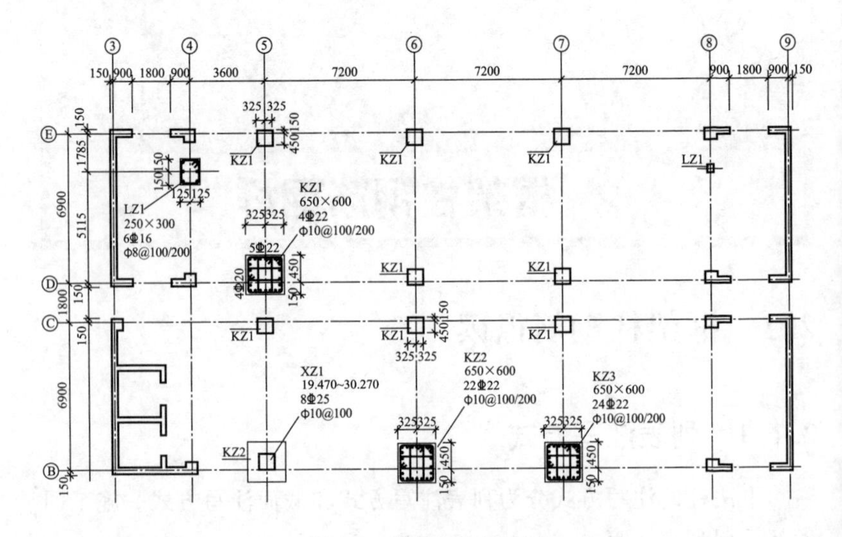

图 2-1　柱截面注写方式

柱截面注写方式的识图，从柱平面图和层高标高表两个方面对照阅读。

2.1.3　列表注写方式识图要点

2.1.3.1　截面尺寸

矩形截面尺寸用 $b \times h$ 表示，其中 $b=b_1+b_2$，$h=h_1+h_2$，圆形柱截面尺寸由“D”打头注写圆形柱直径，仍用 b_1、b_2、h_1、h_2 表示圆形柱与轴线的位置关系，如图 2-2 所示。

2.1.3.2　芯柱

若某柱带有芯柱，则在柱平面图引出注写芯柱编号。

芯柱的起止标高按设计标注。

芯柱识图如图 2-3 所示。

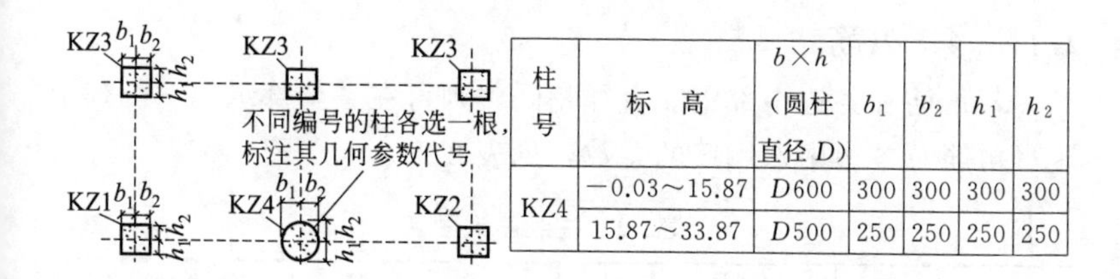

柱号	标　高	$b \times h$（圆柱直径 D）	b_1	b_2	h_1	h_2
KZ4	−0.03～15.87	D600	300	300	300	300
	15.87～33.87	D500	250	250	250	250

图 2-2　截面尺寸示意

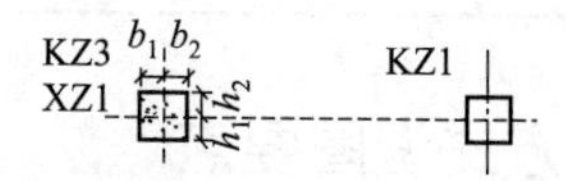

柱号	标　高	$b \times h$（圆柱直径 D）	b_1	b_2	h_1	h_2	全部纵筋	角筋	b 边一侧中部筋	h 边一侧中部筋	箍筋
KZ3	−0.03～15.87	600×600	300	300	300	300	—	4⏀25	2⏀25	2⏀25	—
XZ1	−0.03～8.67	—	—	—	—	—	8⏀25	—	—	—	ϕ10@100

图 2-3　芯柱识图

芯柱截面尺寸无需标注，16G101-1 第 70 页描述了芯的截面尺寸不小于柱相应边截面尺寸的 1/3，且不小于 250mm。

芯柱与轴线的位置与柱对应，不进行标注。

芯柱配筋由设计者确定。

2.1.3.3　箍筋

箍筋间距区分加密与非加密时，用“/”隔开。当箍筋沿柱全高为一种间距时，则不使用“/”。

若是圆柱的螺旋箍筋，以“L”打头注写箍筋信息，见表 2-1。

表 2-1　箍筋识图

柱号	标　高	$b \times h$（圆柱直径 D）	b_1	b_2	h_1	h_2	箍　筋	备　注
KZ1	−0.03～15.87	600×600	300	300	300	300	ϕ10@100/200	箍筋区分加密区和非加密区
KZ2	−0.03～15.87	D500	250	250	250	250	Lϕ10@100/200	采用螺旋箍筋
KZ3	−0.03～15.87	500×500	250	250	250	250	ϕ10@200	柱全高只有一种箍筋间距

2.1.3.4 纵筋

若角筋和各边中部钢筋直径相同，则可在“全部纵筋”一列中注写角筋及各边中部钢筋的总数，见表 2-2。

表 2-2 柱纵筋识图

柱号	标　高	$b\times h$(圆柱直径 D)	b_1	b_2	h_1	h_2	全部纵筋	角筋	b 边一侧中部筋	h 边一侧中部筋
KZ1	−0.03～15.87	600×600	300	300	300	300		4φ25	2φ25	2φ25
KZ2	−0.03～15.87	500×500	250	250	250	250	8φ25			

2.1.4 截面注写方式识图要点

2.1.4.1 配筋信息

配筋信息的识图要点见表 2-3。

表 2-3 配筋信息识图要点

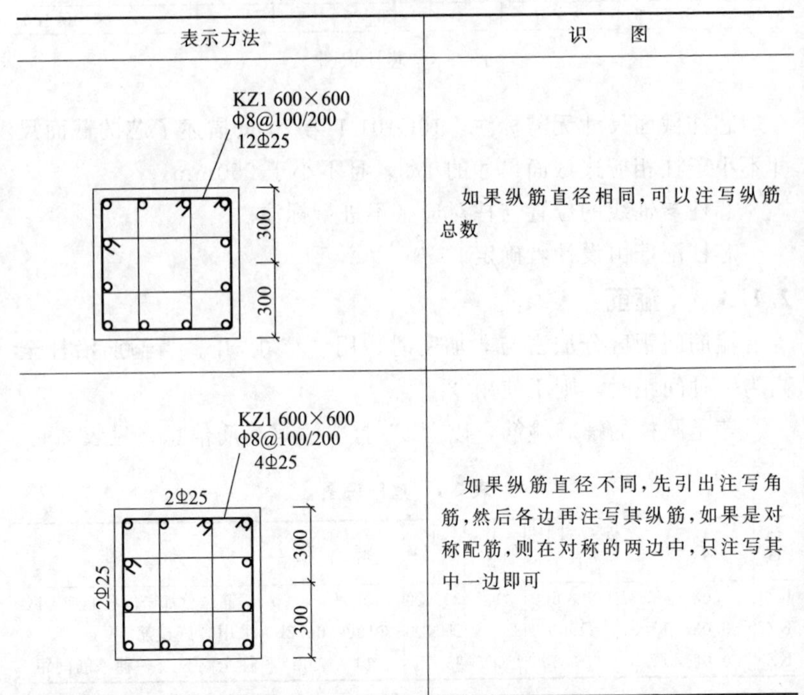

表示方法	识　图
KZ1 600×600 φ8@100/200 12Φ25 300 300	如果纵筋直径相同，可以注写纵筋总数
KZ1 600×600 φ8@100/200 4Φ25 2Φ25 2Φ25 300 300	如果纵筋直径不同，先引出注写角筋，然后各边再注写其纵筋，如果是对称配筋，则在对称的两边中，只注写其中一边即可

续表

表示方法	识　图
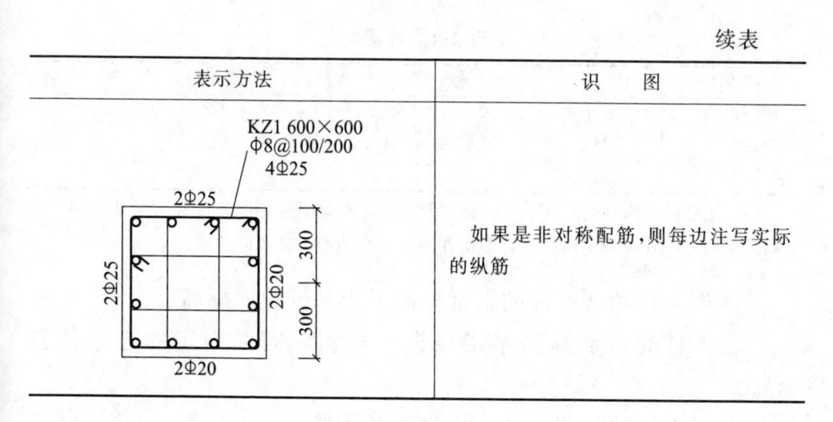	如果是非对称配筋，则每边注写实际的纵筋

2.1.4.2　芯柱

截面注写方式中，若某柱带有芯柱，则直接注写在截面中，注写芯柱编号和起止标高，如图 2-4 所示。芯柱的构造尺寸按 16G101-1 第 70 页的说明。

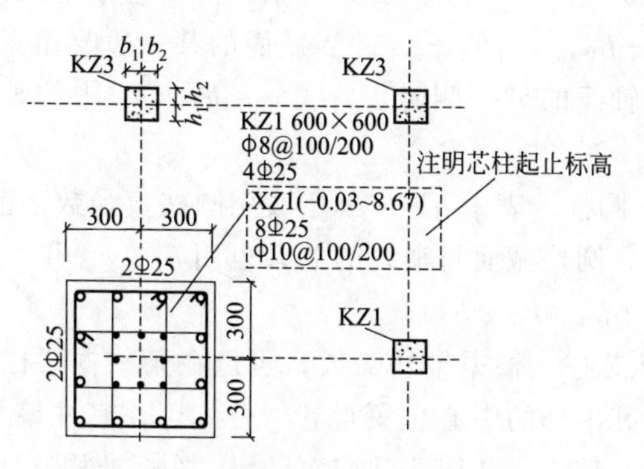

图 2-4　截面注写方式的芯柱表达

2.1.5　柱表内容

柱表所包括的内容如下。

（1）柱编号。由类型代号和序号组成，具体见表 2-4。

（2）各段柱的起止标高。自柱根部位往上以变截面位置或截面未变但配筋改变处为分界分段注写。

表 2-4　柱编号

柱类型	代　号	序　号	柱类型	代　号	序　号
框架柱	KZ	××	梁上柱	LZ	××
转换柱	ZHZ	××	剪力墙上柱	QZ	××
芯柱	XZ	××			

注：编号时，当柱的总高、分段截面尺寸和配筋均对应相同，仅截面与轴线的关系不同时，仍可将其编为同一柱号，但应在图中注明截面与轴线的关系。

① 框架柱和转换柱的根部标高系指基础顶面标高。

② 芯柱的根部标高系指根据结构实际需要而定的起始位置标高。

③ 梁上柱的根部标高系指梁顶面标高。

④ 剪力墙上柱的根部标高为墙顶面标高。

(3) 截面尺寸

① 对于矩形柱，注写柱截面尺寸 $b \times h$ 及与轴线关系的几何参数代号 b_1、b_2 和 h_1、h_2 的具体数值，需对应于各段柱分别注写。其中 $b=b_1+b_2$，$h=h_1+h_2$。当截面的某一边收缩变化至与轴线重合或偏到轴线的另一侧时，b_1、b_2、h_1、h_2 中的某项为零或为负值。

② 对于圆柱，表中 $b \times h$ 一栏改用圆柱直径数字前加 d 表示。为表达简单，圆柱截面与轴线的关系也用 b_1、b_2 和 h_1、h_2 表示，并使 $d=b_1+b_2=h_1+h_2$。

③ 对于芯柱，根据结构需要，可以在某些框架柱的一定高度范围内，在其内部的中心位置设置（分别引注其柱编号）。芯柱中心应与柱中心重合，并标注其截面尺寸，按标准构造详图施工；当设计者采用与本构造详图不同的做法时，应另行注明。芯柱定位随框架柱走，不需要注写其与轴线的几何关系。

(4) 柱纵筋。当柱纵筋直径相同，各边根数也相同时（包括矩形柱、圆柱和芯柱），将纵筋注写在“全部纵筋”一栏中，除此之外，柱纵筋分角筋、截面 b 边中部筋和 h 边中部筋三项分别注写（对于采用对称配筋的矩形截面柱，可仅注写一侧中部筋，对称边省略不注；对于采用非对称配筋的矩形截面柱，必须每侧均注写中部筋）。

值得注意的是，柱表中对柱角筋、截面b边中部筋和h边中部筋三项分别注写是必要的，因为这三种纵筋的钢筋规格有可能不同。

（5）箍筋类型。注写箍筋类型号及箍筋肢数，在箍筋类型栏内注写按（7）规定的箍筋类型号与肢数。常见箍筋类型号所对应的箍筋形状见图2-5。

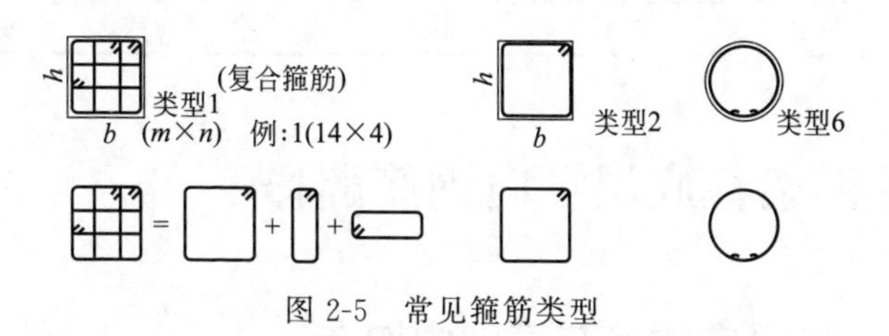

图2-5　常见箍筋类型

（6）箍筋注写。包括钢筋级别、直径与间距。

用斜线“/”区分柱端箍筋加密区与柱身非加密区长度范围内箍筋的不同间距。施工人员需根据标准构造详图的规定，在规定的几种长度值中取其最大者作为加密区长度。

当框架节点核心区内箍筋与柱端箍筋设置不同时，应在括号中注明核心区箍筋直径及间距。

当箍筋沿柱全高为一种间距时，则不使用“/”线。

当圆柱采用螺旋箍筋时，需在箍筋前加“L”。

（7）箍筋图形。具体工程所设计的各种箍筋类型图以及箍筋复合的具体方式，需画在表的上部或图中的适当位置，并在其上标注与表中对应的b、h和类型号。

确定箍筋肢数时要满足对柱纵筋至少“隔一拉一”以及箍筋肢距的要求。

2.1.6　列表注写方式与截面注写方式的区别

柱列表方式与截面注写方式的区别，见表2-5。从表2-5中可以看出，截面注写方式不再单独注写箍筋类型图和柱列表，而是直接在柱平面图上的截面注写，包括列表注写中箍筋类型图及柱列表的内容。

表 2-5 柱列表注写方式与截面注写方式的区别

列表注写方式	截面注写方式
柱平面图	柱平面图＋截面注写
层高与标高表	层高与标高表
箍筋类型图	—
柱列表	

2.2 框架柱底层纵向钢筋翻样

2.2.1 柱纵向钢筋在基础中构造

现已发布 16G101-3 图集（独立基础、条形基础、筏形基础及桩基承台），框架柱插筋的构造故应符合 16G101-3 图集的规定。

16G101—3 图集第 66 页“柱纵向钢筋在基础中构造”如图 2-6 所示。

(1) 图 2-6 中 h_j 为基础底面至基础顶面的高度。柱下为基础梁时，h_j 为梁底面至顶面的高度。当柱两侧基础梁标高不同时取较低标高。

(2) 锚固区横向箍筋应满足直径≥$d/4$（d 为插筋最大直径），间距≤$5d$（d 为插筋最小直径）且≤100mm 的要求。

(3) 当柱纵筋在基础中保护层厚度不一致（如纵筋部分位于梁中，部分位于板内），保护层厚度不大于 $5d$ 的部分应设置锚固区横向钢筋。

(4) 当符合下列条件之一时，可仅将柱四角纵筋伸至底板钢筋网片上或者筏形基础中间层钢筋网片上（伸至钢筋网片上的柱纵筋间距不应大于 1000），其余纵筋锚固在基础顶面下 l_{aE} 即可。

① 柱为轴心受压或小偏心受压，基础高度或基础顶面至中间

层钢筋网片顶面距离不小于 1200mm；

② 柱为大偏心受压，基础高度或基础顶面至中间层钢筋网片顶面距离不小于 1400mm。

（5）图中 d 为柱纵筋直径。

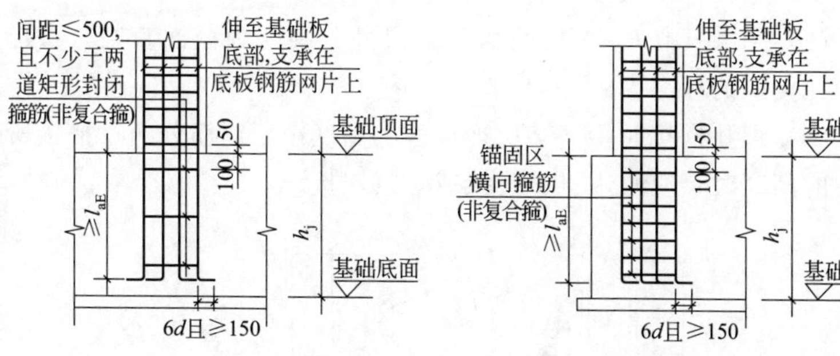

(a) 保护层厚度＞5d;基础高度满足直锚　　(b) 保护层厚度≤5d;基础高度满足直锚

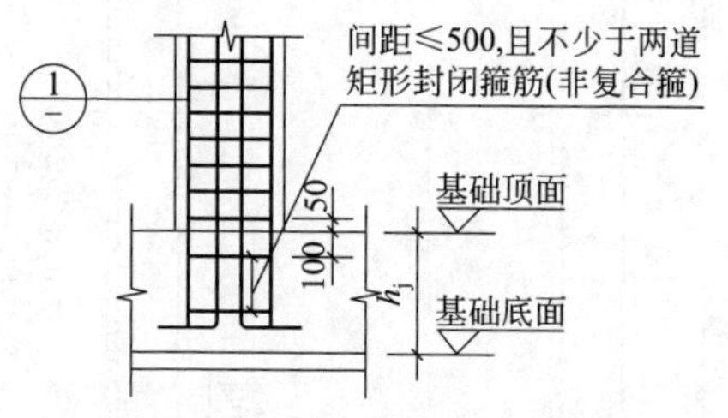

(c) 保护层厚度＞5d;基础高度不满足直锚

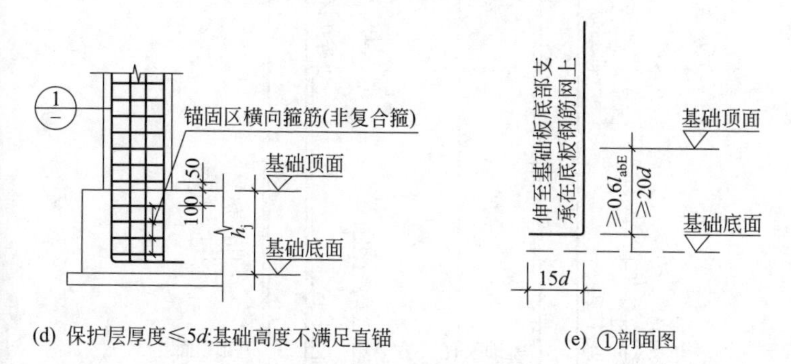

(d) 保护层厚度≤5d;基础高度不满足直锚　　(e) ①剖面图

图 2-6　柱插筋在基础中的锚固

2.2.2 地下室框架柱钢筋的构造

地下室抗震 KZ 的纵向钢筋连接构造见图 2-7。

（1）图 2-7 中钢筋连接构造用于嵌固部位不在基础顶面情况下地下室部分（基础顶面至嵌固部位）的柱。

（2）图 2-7 中 h_c 为柱截面长边尺寸（圆柱为截面直径），H_n 为所在楼层的柱净高。

（3）绑扎搭接时，当某层连接区的高度小于纵筋分两批搭接所需要的高度时，应改用机械连接或焊接连接。

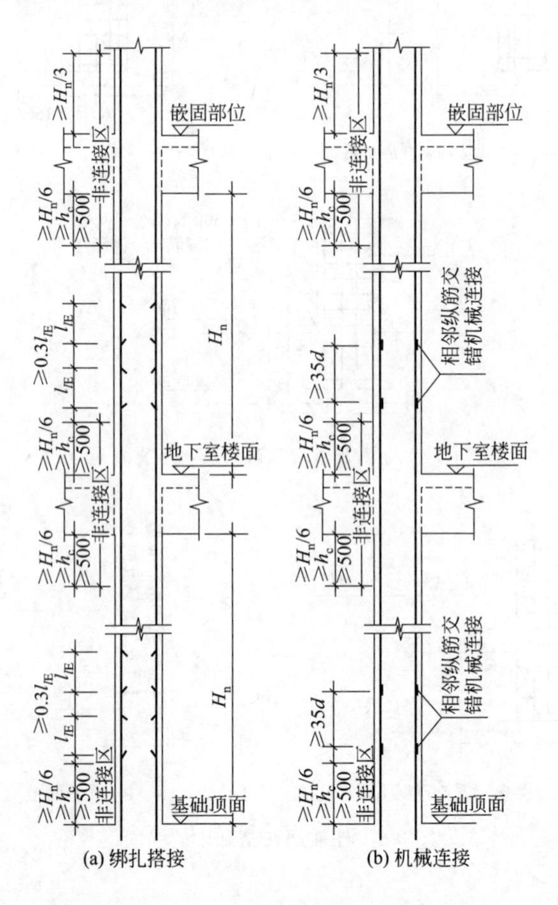

(a) 绑扎搭接　　(b) 机械连接

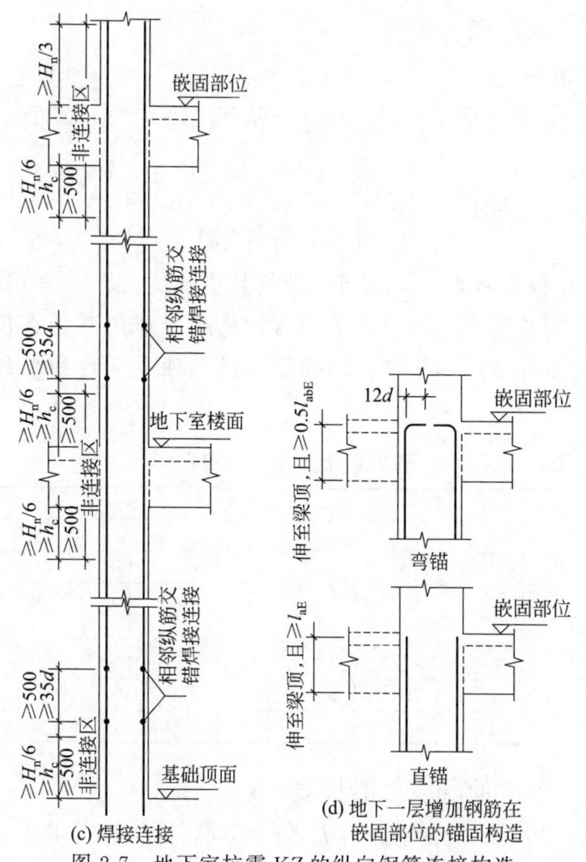

(c) 焊接连接

(d) 地下一层增加钢筋在嵌固部位的锚固构造

图 2-7　地下室抗震 KZ 的纵向钢筋连接构造

（4）地下一层增加钢筋在嵌固部位的锚固构造仅用于按《建筑抗震设计规范》（GB 50011—2010）第 6.1.14 条在地下一层增加的钢筋。由设计指定，未指定时表示地下一层比上层柱多出的钢筋。

2.2.3　插筋翻样方法

插筋外包尺寸 L_1＝基础顶面内长 L_{1b}＋基础顶面以上的长 L_{1a}

(2-1)

其中 $L_{1b}=12d$（或设计值）为插筋“脚”长，保护层厚：有垫层时取 40mm，无垫层时取 70mm。

2.2.3.1 基础顶面内长

独立基础：

$$L_{1b}=\text{基础底板厚}-\text{保护层厚}-\text{基础底板中双向筋直径} \quad (2\text{-}2)$$

桩基：

$$L_{1b}=\text{承台厚}-100\times\text{桩头伸入承台长}-\text{承台中下部双向筋直径} \quad (2\text{-}3)$$

此外，根据基础的厚度与基础的类型，L_{1b} 及 L_2 有相应组合，见表 2-6，其中竖直长度≥$20d$ 与弯钩长度为 $35d$ 减竖直长度且≥150mm 的条件，适用于柱、墙插筋在桩基独立承台和承台梁中的锚固。

表 2-6 L_{1b}、L_2 的组合

序号	插筋锚固长度	
	L_{1b}	L_2
1	≥$0.5L_{aE}$	$12d$ 且≥150mm
2	≥$0.6L_{aE}$	$12d$ 且≥150mm
3	≥$0.7L_{aE}$	$12d$ 且≥150mm
4	≥$0.8L_{aE}$	$12d$ 且≥150mm
5	≥L_{aE}（$35d$ 独立承台中用）	—
6	≥$20d$	$35d$－竖直长度且≥150mm

2.2.3.2 基础顶面以上的长度

根据框架柱纵向钢筋连接方式的不同，即构造要求不同，基础顶面以上的插筋长度是不一样的。

（1）抗震情况

① 纵向钢筋绑扎搭接

长插筋：

$$l_{1aE}=H_n/3+L_{lE}+0.3L_{lE}+L_{lE}=H_n/3+2.3L_{lE} \quad (2\text{-}4)$$

短插筋：

$$l_{1aE}=H_n/3+L_{lE} \quad (2\text{-}5)$$

式中 H_n——第一层梁底至基础顶面的净高；

$H_n/3$——非搭接区。

长插筋采用绑扎时需注意钢筋的直径大小，否则直径大的可能进入楼面处的非搭接区，有这种情况时，应采用机械连接或者焊接连接。另外，构造要求中“≥0”一般取零。

② 纵向钢筋焊接连接（机械连接与其类似）

长插筋：　$l_{1aE}=H_n/3+\max(500,35d)$　(2-6)

短插筋：　$l_{1aE}=H_n/3$　(2-7)

因此，插筋的加工尺寸 L_1 的计算方法如下。

a. 绑扎搭接

ⅰ. 独立基础

长插筋：

L_1＝基础底板厚－保护层厚－基础底板中双向筋直径＋$H_n/3+2.3L_{lE}$　(2-8)

短插筋：

L_1＝基础底板厚－保护层厚－基础底板中双向筋直径＋$H_n/3+L_{lE}$　(2-9)

ⅱ. 桩基

长插筋：

L_1＝承台厚－100×桩头伸入承台长－承台中下部双向筋直径＋$H_n/3+2.3L_{lE}$　(2-10)

短插筋：

L_1＝承台厚－100×桩头伸入承台长－承台中下部双向筋直径＋$H_n/3+L_{lE}$　(2-11)

b. 焊接连接

ⅰ. 独立基础

长插筋：

L_1＝基础底板厚－保护层厚－基础底板中双向筋直径＋$H_n/3+\max(500,35d)$　(2-12)

短插筋：

L_1＝基础底板厚－保护层厚－基础底板中双向筋直径＋$H_n/3$　(2-13)

ⅱ. 桩基

长插筋：

$$L_1=承台厚-100\times 桩头伸入承台长-承台中下部双向筋直径+H_n/3+\max(500,35d) \tag{2-14}$$

短插筋：

$$L_1=承台厚-100\times 桩头伸入承台长-承台中下部双向筋直径+H_n/3 \tag{2-15}$$

(2) 非抗震情况

① 纵向钢筋绑扎搭接情况

长插筋：

$$L_{1a}=L_l+0.3L_l+L_l=2.3L_l \tag{2-16}$$

短插筋：

$$L_{1a}=L_l \tag{2-17}$$

② 纵向钢筋焊接连接情况（机械连接与其类似）

长插筋：

$$L_{1a}=500+\max(500,35d) \tag{2-18}$$

短插筋：

$$L_{1a}=500 \tag{2-19}$$

因此，插筋的加工尺寸 L_1 的计算方法如下。

a. 绑扎搭接

ⅰ. 独立基础

长插筋：

$$L_1=基础底板厚-保护层厚-基础底板中双向筋直径+2.3L_l \tag{2-20}$$

短插筋：

$$L_1=基础底板厚-保护层厚-基础底板中双向筋直径+L_l \tag{2-21}$$

ⅱ. 桩基

长插筋：

$$L_1=承台厚-100\times 桩头伸入承台长-承台中下部双向筋直径+2.3L_l \tag{2-22}$$

短插筋：

$$L_1 = 承台厚 - 100 \times 桩头伸入承台长 - 承台中下部双向筋直径 + L_l \tag{2-23}$$

b. 焊接连接

ⅰ. 独立基础

长插筋：

$$L_1 = 基础底板厚 - 保护层厚 - 基础底板中双向筋直径 + 500 + \max(500, 35d) \tag{2-24}$$

短插筋：

$$L_1 = 基础底板厚 - 保护层厚 - 基础底板中双向筋直径 + 500 \tag{2-25}$$

ⅱ. 桩基

长插筋：

$$L_1 = 承台厚 - 100(桩头伸入承台长) - 承台中下部双向筋直径 + 500 + \max(500, 35d) \tag{2-26}$$

短插筋：

$$L_1 = 承台厚 - 100 \times 桩头伸入承台长 - 承台中下部双向筋直径 + 500 \tag{2-27}$$

2.2.4 底层及伸出二层楼面纵向钢筋翻样方法

2.2.4.1 抗震情况

(1) 绑扎搭接

柱纵筋：

$$L_1(L) = 2/3H_n + 梁高\ h + \max(H_n/6, h_c, 500) + L_{lE} \tag{2-28}$$

(2) 焊接连接

柱纵筋：

$$L_1(L) = 2/3H_n + 梁高\ h + \max(H_n/6, h_c, 500) \tag{2-29}$$

2.2.4.2 非抗震情况

(1) 绑扎搭接

柱纵筋：

$$L_1(L) = 基础顶面至第二层楼面长 + L_1 \tag{2-30}$$

（2）焊接连接

柱纵筋：

$$L_1(L)=\text{基础顶面至第二层楼面长} \tag{2-31}$$

2.3 框架柱中间层纵向钢筋翻样

2.3.1 中间层纵向钢筋构造

2.3.1.1 楼层中框架柱纵筋基本构造

楼层中框架柱纵筋基本构造，见图 2-8。

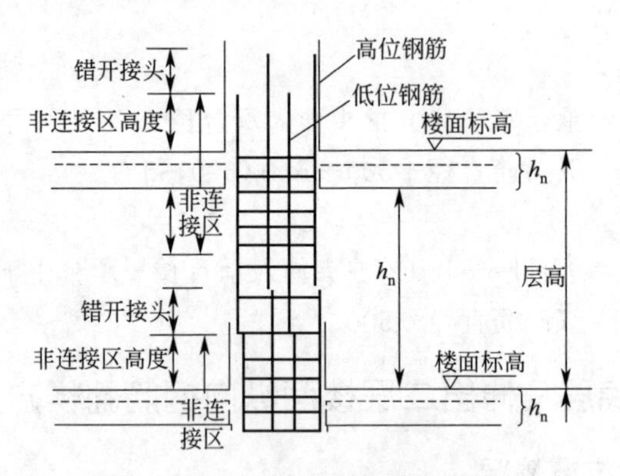

图 2-8　楼层中框架柱纵筋基本构造

其构造要点包括：

（1）低位钢筋长度＝本层层高－本层下端非连接区高度＋伸入上层的非连接区高度；

（2）非连接区高度取值：楼层中 $\max(h_n/6, h_c, 500)$；基础顶面嵌固部位：$h_n/3$。

2.3.1.2 框架柱中间层变截面钢筋构造

（1）框架柱中间层变截面钢筋构造（一）。框架柱中间层变截面（$\Delta/h_b>1/6$），平法施工图见图 2-9，钢筋构造见图 2-10。其构造要点包括：

① $\Delta/h_b>1/6$，因此下层柱纵筋断开收头，上层柱纵筋伸入下层；

② 下层柱纵筋伸至该层顶$+12d$；

③ 上层柱纵筋伸入下层 $1.2l_{aE}$。

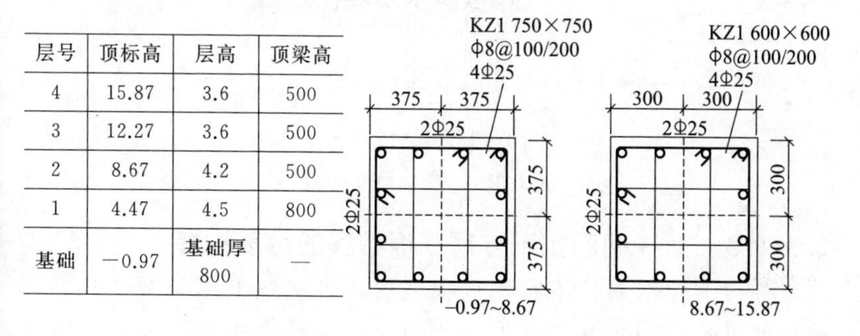

层号	顶标高	层高	顶梁高
4	15.87	3.6	500
3	12.27	3.6	500
2	8.67	4.2	500
1	4.47	4.5	800
基础	−0.97	基础厚 800	—

图 2-9 框架柱中间层变截面（$\Delta/h_b>1/6$）平法施工图

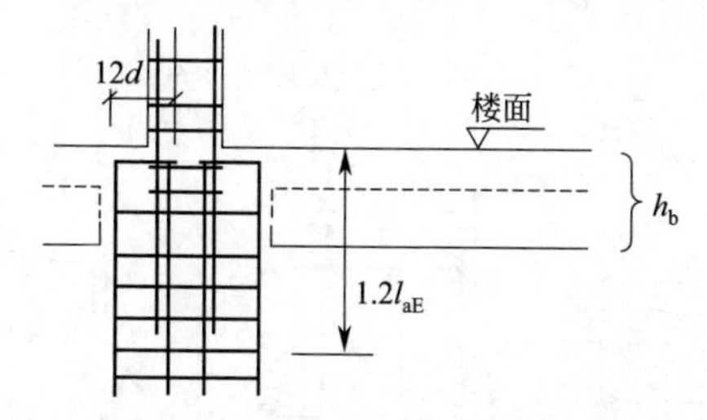

图 2-10 框架柱中间层变截面（$\Delta/h_b>1/6$）钢筋构造

（2）框架柱中间层变截面钢筋构造（二）。框架柱中间层变截面（$\Delta/h_b\leqslant1/6$），平法施工图见图 2-11，钢筋构造见图 2-12。其构造要点主要是$\Delta/h_b\leqslant1/6$，因此下层柱纵筋斜弯连续伸入上层，不断开。

层号	顶标高	层高	顶梁高
4	15.87	3.6	500
3	12.27	3.6	500
2	8.67	4.2	500
1	4.47	4.5	500
基础	−0.97	基础厚 800	—

KZ1 650×650
Φ8@100/200
4Φ25
325 325
2Φ25
2Φ25
325
325
-0.97~8.67

KZ1 600×600
Φ8@100/200
4Φ25
300 300
2Φ25
2Φ25
300
300
8.67~15.87

图 2-11 框架柱中间层变截面（$\Delta/h_b\leqslant1/6$）平法施工图

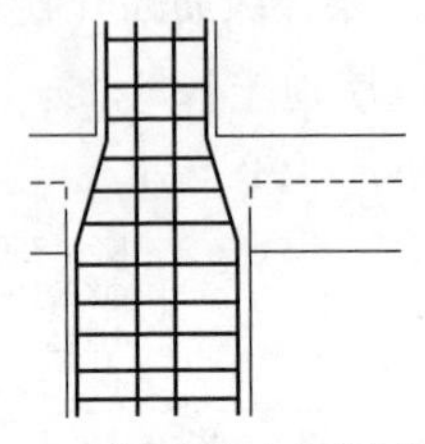

图 2-12　框架柱中间层变截面（$\Delta/h_b \leqslant 1/6$）钢筋构造

2.3.1.3　上柱钢筋比下柱钢筋根数多的钢筋构造

如果上柱钢筋比下柱钢筋根数多，平法施工图见图 2-13，钢筋构造见图 2-14。其构造要点主要是上层柱多出的钢筋伸入下层 $1.2l_{aE}$（注意起算位置）。

层号	顶标高	层高	顶梁高
4	15.87	3.6	500
3	12.27	3.6	500
2	8.67	4.2	500
1	4.47	4.5	500
基础	−0.97	基础厚800	—

KZ1 600×600
Φ8@100/200
4Φ25
300　300
2Φ25
2Φ25
300
300
−0.97~8.67

KZ1 600×600
Φ8@100/200
4Φ25
300　300
2Φ25
2Φ25
300
300
8.67~15.87

图 2-13　上柱钢筋比下柱钢筋根数多平法施工图

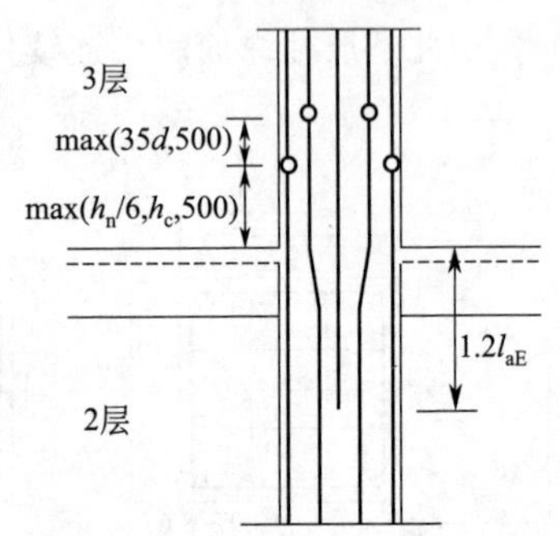

图 2-14　上柱钢筋比下柱钢筋根数多钢筋构造

2.3.1.4　下柱钢筋比上柱钢筋根数多的钢筋构造

如果下柱钢筋比上柱钢筋根数多，平法施工图见图 2-15，钢筋构造见图 2-16。其构造要点主要是下层柱多出的钢筋伸入上层 $1.2l_{aE}$（注意起算位置）。

层号	顶标高	层高	顶梁高
4	15.87	3.6	500
3	12.27	3.6	500
2	8.67	4.2	500
1	4.47	4.5	500
基础	−0.97	基础厚 800	—

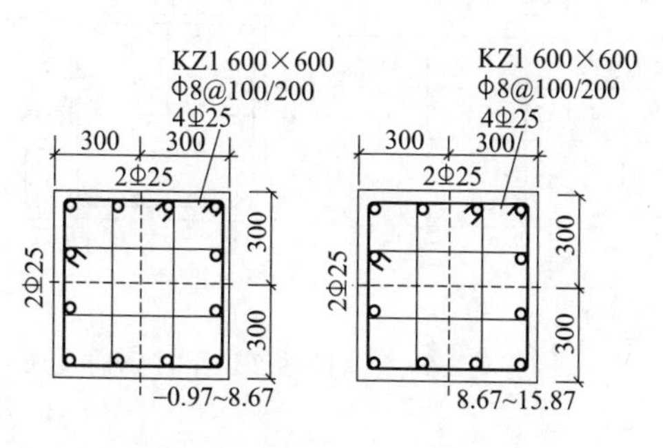

图 2-15　下柱钢筋比上柱钢筋根数多平法施工图

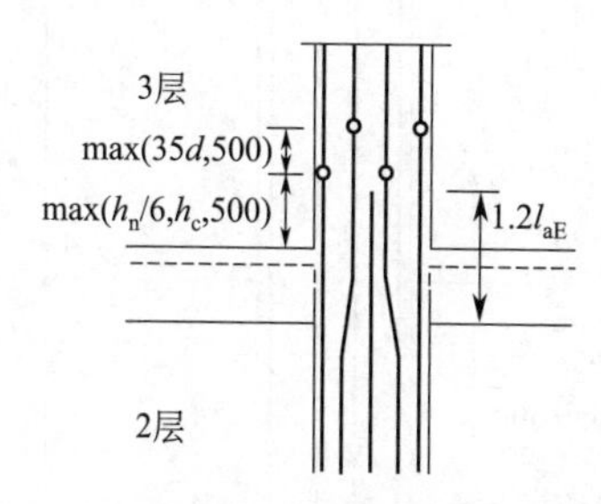

图 2-16　下柱钢筋比上柱钢筋根数多钢筋构造

2.3.1.5　上柱钢筋比下柱钢筋直径大的钢筋构造

如果上柱钢筋比下柱钢筋直径大的平法施工图见图 2-17，钢筋构造见图 2-18。其构造要点主要是上层较大直径钢筋伸入下层的上端非连接区与下层较小直径的钢筋连接。

2.3.1.6　下柱钢筋比上柱钢筋直径大的钢筋构造

下柱钢筋直径比上柱钢筋大的钢筋构造如图 2-19 所示。当两种不同直径的钢筋绑扎搭接时，按小不按大，其搭接长度按小直径的相应倍数。

层号	顶标高	层高	顶梁高
4	15.87	3.6	500
3	12.27	3.6	500
2	8.67	4.2	500
1	4.47	4.5	500
基础	－0.97	基础厚 800	—

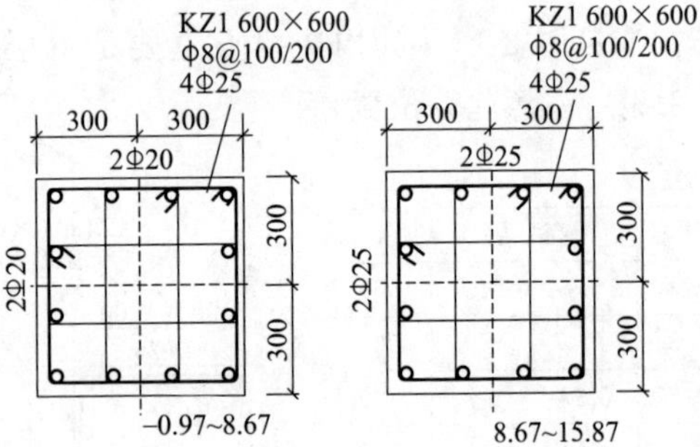

KZ1 600×600
ϕ8@100/200
4Φ25
300 300
2Φ20
2Φ20
300
300
-0.97~8.67

KZ1 600×600
ϕ8@100/200
4Φ25
300 300
2Φ25
2Φ25
300
300
8.67~15.87

图 2-17 上柱钢筋比下柱钢筋直径大的平法施工图

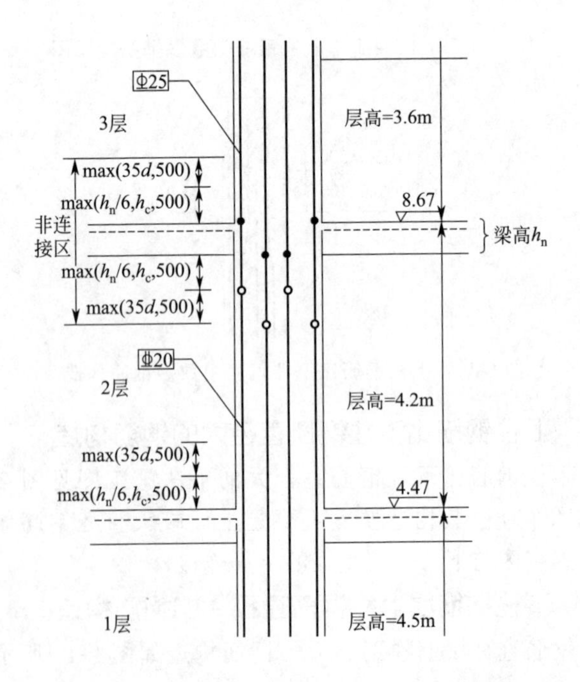

图 2-18 上柱钢筋比下柱钢筋直径大的钢筋构造

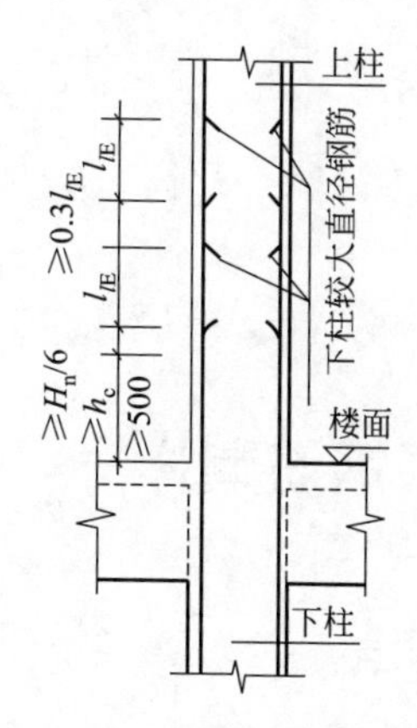

图 2-19　下柱钢筋比上柱钢筋直径大的钢筋构造

2.3.2　中间层纵向钢筋翻样方法

2.3.2.1　抗震情况

(1)绑扎搭接

① 中间层层高不变时

$$L_1(L)=H_n+\text{梁高}\ h+L_{lE} \tag{2-32}$$

② 相邻中间层层高有变化时

$$L_1(L)=H_{n下}-\max(H_{n下}/6,h_c,500)+\text{梁高}\ h+\max(H_{n上}/6,\ h_c,\ 500)+L_{lE} \tag{2-33}$$

式中　$H_{n下}$——相邻两层下层的净高；

$H_{n上}$——相邻两层上层的净高。

(2) 焊接连接

① 中间层层高不变时

$$L_1(L)=H_n+\text{梁高}\ h(\text{即层高}) \tag{2-34}$$

② 相邻中间层层高有变化时

$$L_1(L)=H_{n下}-\max(H_{n下}/6,h_c,500)+\text{梁高}\ h+\max(H_{n上}/6,\ h_c,\ 500) \tag{2-35}$$

2.3.2.2 非抗震情况

（1）绑扎搭接

$$L_1(L)=\text{层高}+L_1 \tag{2-36}$$

（2）焊接连接

$$L_1(L)=\text{层高} \tag{2-37}$$

2.4 框架柱顶层钢筋翻样

2.4.1 顶层钢筋构造

2.4.1.1 顶层柱类型

根据柱的平面位置，将柱分为边、中、角柱，其钢筋伸到顶层梁板的方式和长度不同，如图 2-20 所示。

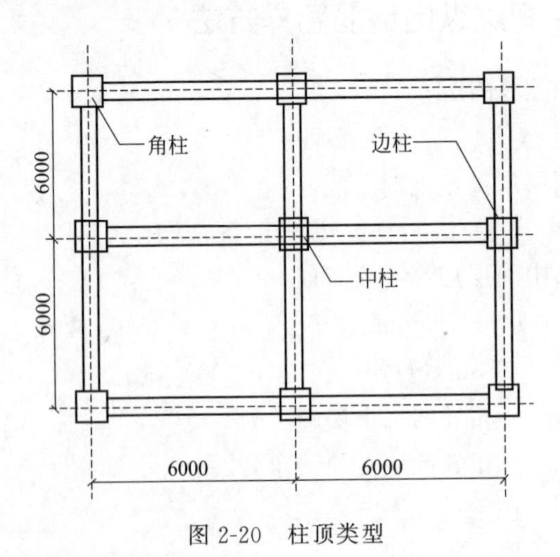

图 2-20 柱顶类型

2.4.1.2 顶层中柱钢筋构造

（1）顶层中柱钢筋构造（一）（16G101-1 第 68 页）。直锚长度 $<l_{aE}$，平法施工图见图 2-21，钢筋构造见图 2-22。其构造要点主要是 $l_{aE}=33d>$ 梁高 700mm。因此，顶层中柱全部纵筋伸至柱顶弯折 $12d$。

层号	顶标高	层高	顶梁高
4	15.87	3.6	700
3	12.27	3.6	700
2	8.67	4.2	700
1	4.47	4.5	700
基础	−0.97	基础厚 800	—

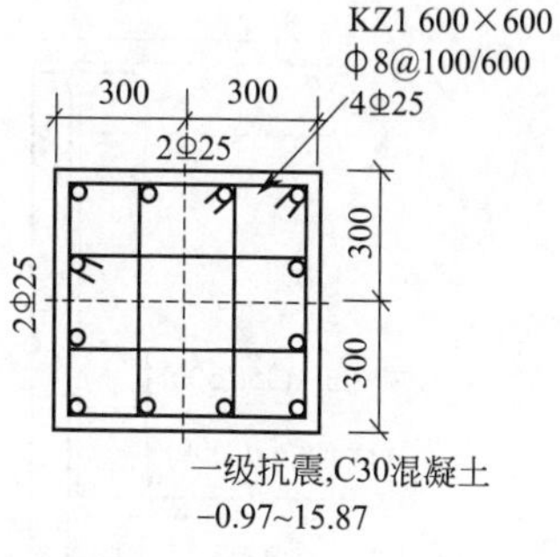

图 2-21　直锚长度＜l_{aE}平法施工图

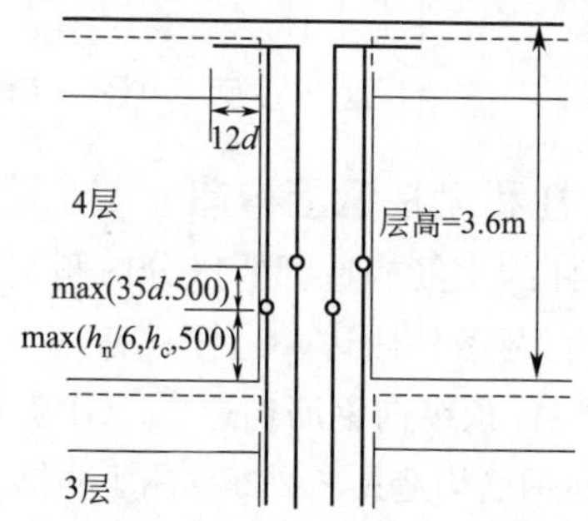

图 2-22　直锚长度＜l_{aE}顶层中柱钢筋构造

（2）顶层中柱钢筋构造（二）（16G101-1 第 68 页）。直锚长度≥l_{aE}，平法施工图见图 2-23，钢筋构造见图 2-24。其构造要点主要是l_{aE}＝33d＜梁高 900mm。因此，顶层中柱全部纵筋伸至柱顶直锚。

注：对照 12G901-1 第 2～28 页，直锚时，柱纵筋伸至柱顶保护层位置，而不只是取 l_{aE}。

层号	顶标高	层高	顶梁高
4	15.87	3.6	700
3	12.27	3.6	700
2	8.67	4.2	700
1	4.47	4.5	700
基础	−0.97	基础厚 800	—

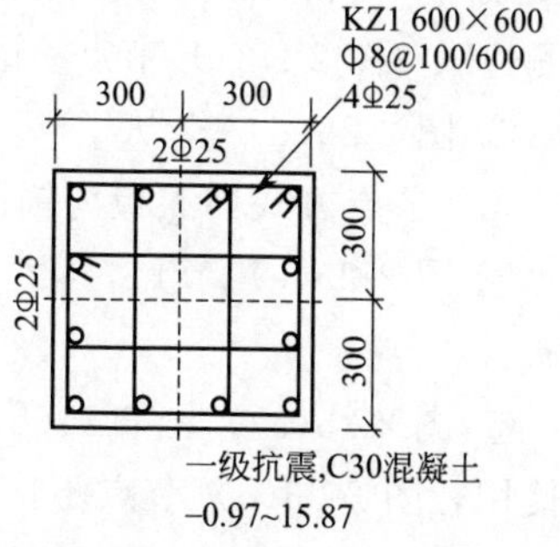

图 2-23　直锚长度≥l_{aE}的平法施工图

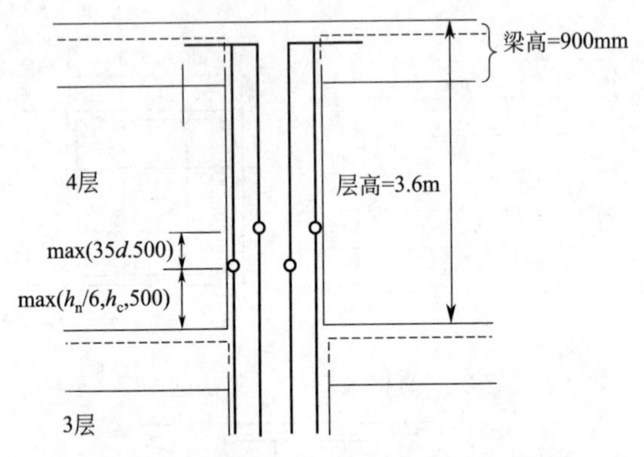

图 2-24　直锚长度≥l_{aE}顶层中柱钢筋构造

2.4.1.3　顶层边柱和角柱钢筋构造

顶层边柱和角柱的钢筋构造都要区分内侧钢筋和外侧钢筋。它们的区别是：角柱有两条外侧边，边柱只有一条外侧边。

（1）边柱和角柱柱顶纵向钢筋构造。16G101-1 图集关于抗震 KZ 边柱和角柱柱顶纵向钢筋构造见图 2-25（用于非抗震时 l_{abE}改为 l_{ab}）。

① 图 2-25(a) 节点外侧伸入梁内钢筋不小于梁上部钢筋时，可以弯入梁内作为梁上部纵向钢筋。

② 图 2-25(b) 和图 2-25(c) 节点，区分了外侧钢筋从梁底算起 1.5l_{abE}是否超过柱内侧边缘；没有超过的，弯折长度需≥15d，总长≥1.5l_{abE}。不管是否超过柱内侧边缘，当外侧配筋率＞1.2%分批截断，需错开 20d。图 2-25(b) 节点从梁底算起 1.5l_{abE}超过柱内侧边缘，图 2-25(c) 节点从梁底算起 1.5l_{abE}未超过柱内侧边缘。

③ 图 2-25(d) 节点，当现浇板厚度不小于 100 时，也可按图 2-25(b) 节点方式伸入板内锚固，且伸入板内长度不宜小于 15d。

④ 图 2-25(e) 节点，梁、柱纵向钢筋搭接接头沿节点外侧直线布置。

⑤ 图 2-25(a)、图 2-25(b)、图 2-25(c)、图 2-25(d) 节点应配合使用，图 2-25(d) 节点不应单独使用（仅用于未伸入梁内的柱外侧纵筋锚固），伸入梁内的柱外侧纵筋不宜少于柱外侧全部纵筋

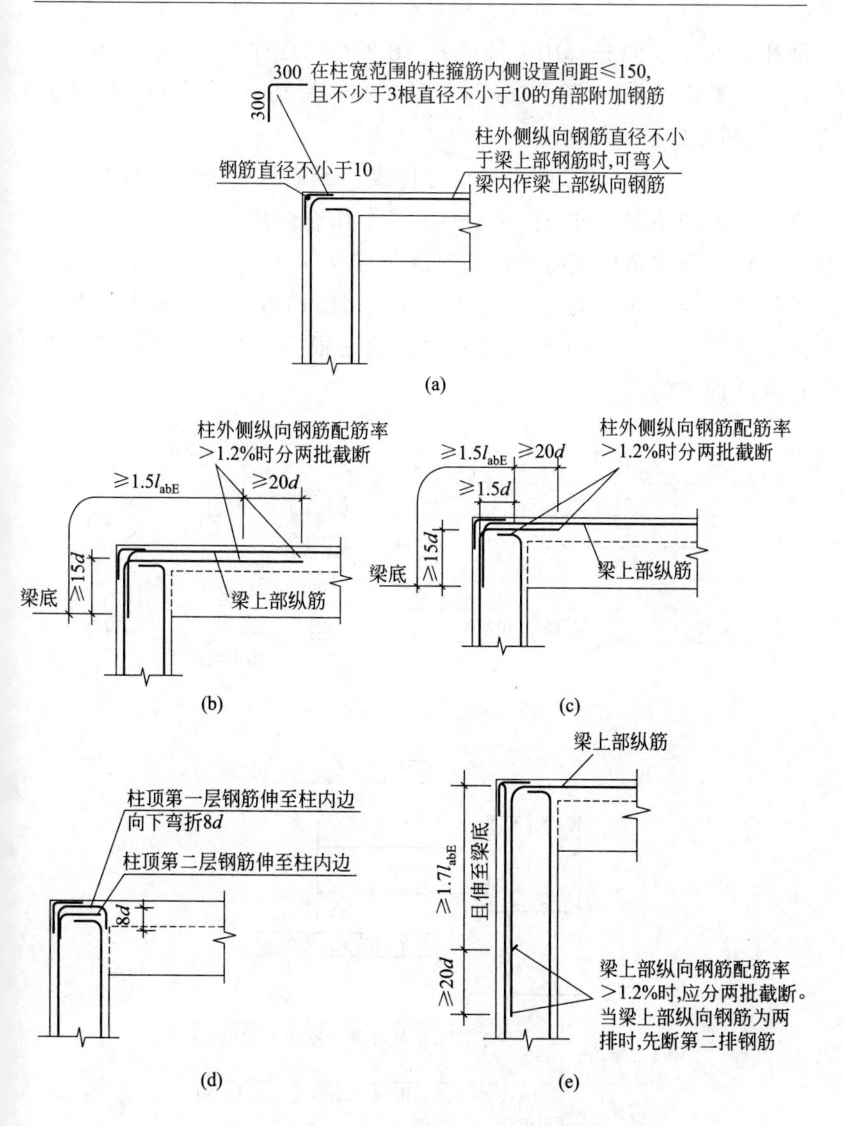

图 2-25 抗震 KZ 边柱和角柱柱顶纵向钢筋构造

注：图(a) 中柱筋作为梁上部钢筋使用；图(b) 从梁底算起 1.5l_{abE}超过柱内侧边缘；图(c) 从梁底算起 1.5l_{abE}未超过柱内侧边缘；图(d) 当现浇板厚度不小于 100 时，也可按图（b）节点方式伸入板内锚固，且伸入板内长度不宜小于 15d；图(e) 梁、柱纵向钢筋搭接接头沿节点外侧直线布置

面积的65%。可选择图2-25(b)+图2-25(d)或图2-25(c)+图2-25(d)或图2-25(a)+图2-25(b)+图2-25(d)或图2-25(a)+图2-25(c)+图2-25(d)的做法。

⑥图2-25(e)节点用于梁、柱纵向钢筋接头沿节点柱顶外侧直线布置的情况，可与图2-25(a)节点组合使用。

(2)顶层角柱钢筋构造。顶层角柱钢筋平法施工图见图2-26，外侧钢筋与内侧钢筋分解见图2-27，钢筋构造要点与钢筋效果见图2-28。图2-26～图2-28所示的图例是根据16G101-1第67页节点演化而来的。

层号	顶标高	层高	顶梁高
4	15.87	3.6	700
3	12.27	3.6	700
2	8.67	4.2	700
1	4.47	4.5	700
基础	−0.97	基础厚800	—

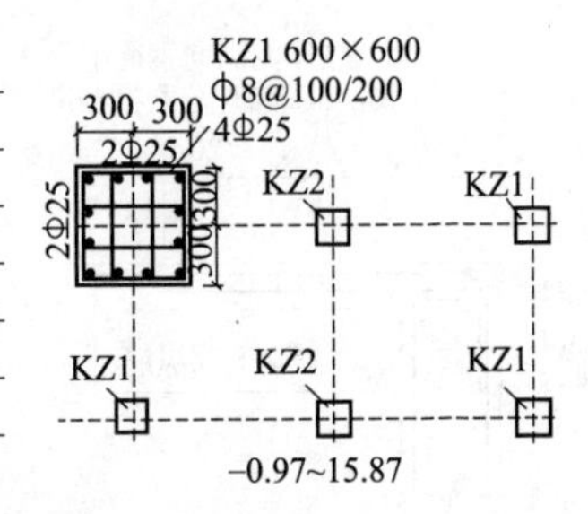

图2-26　顶层角柱钢筋平法施工图

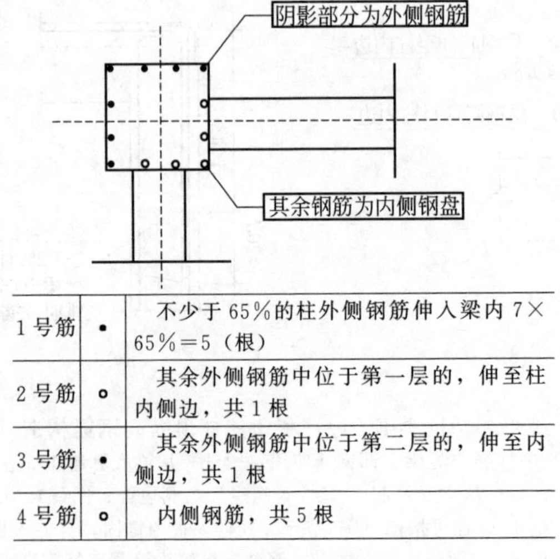

1号筋	•	不少于65%的柱外侧钢筋伸入梁内7×65%=5(根)
2号筋	∘	其余外侧钢筋中位于第一层的，伸至柱内侧边，共1根
3号筋	•	其余外侧钢筋中位于第二层的，伸至内侧边，共1根
4号筋	∘	内侧钢筋，共5根

图2-27　外侧钢筋与内侧钢筋分解

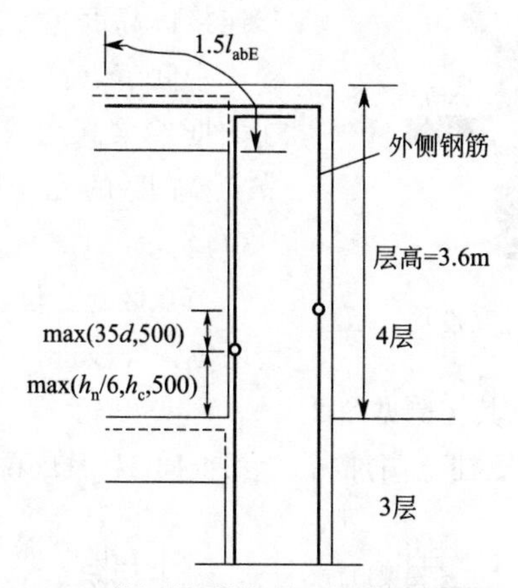

(a) 65%的柱外侧纵筋(5根)从梁起算收头1.5l_{abE}

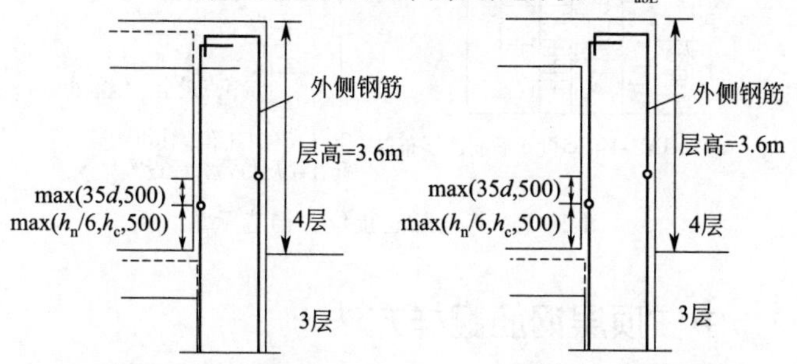

(b) 其余35%的外侧钢筋中，位于第一层的，伸至柱内侧边下弯8d

(c) 其余35%的外侧钢筋中，位于第二层的，伸至柱内侧边

图 2-28 钢筋构造要点与钢筋效果图

2.4.1.4 框架柱箍筋构造

框架柱箍筋长度：矩形封闭箍筋长度$=2\times[(b-2c+d)+(h-2c+d)]+2\times11.9d$。

（1）基础内箍筋根数（加密区范围）。间距≤500且不少于两道矩形封闭箍筋。其构造见图 2-29。

注：基础内箍筋为非复合箍。

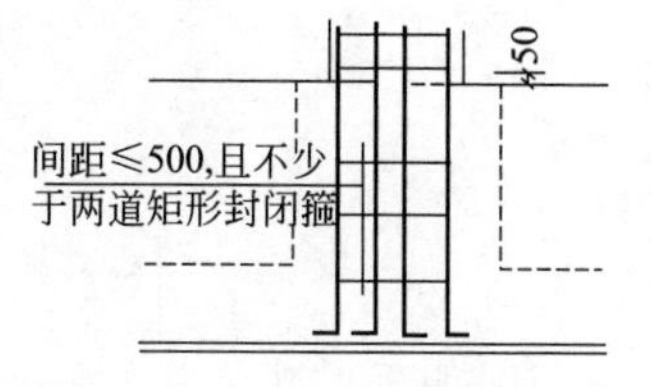

图 2-29 基础内箍筋构造

（2）地下室框架柱箍筋根数（加密范围）。加密区为地下室框架柱纵筋

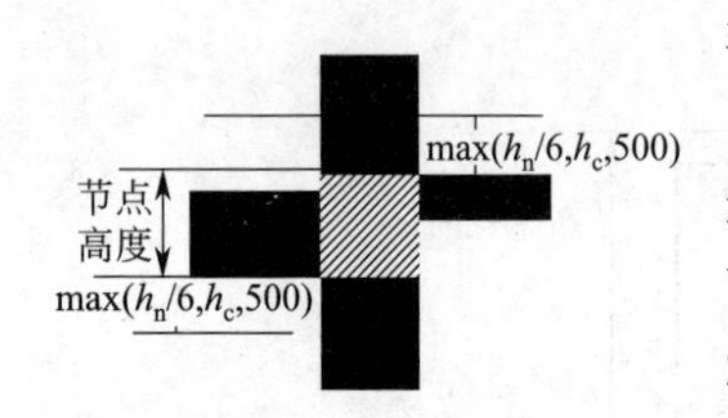

图 2-30 中间节点高度构造示意

非连接区高度。

中间节点高度：当与框架柱相连的框架梁高度或标高不同，注意节点高度的范围。其构造见图 2-30。

节点区起止位置：框架柱箍筋在楼层位置分段进行布置，楼面位置起步距离为 50mm。其构造见图 2-31。

特殊情况：短柱全高加密，参照 16G101-1 第 66 页。

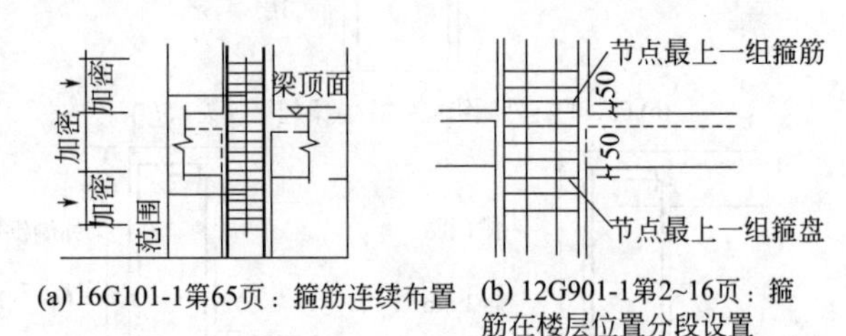

图 2-31 节点区起止位置构造示意

2.4.2 中柱顶层钢筋翻样方法

2.4.2.1 直锚长度$<L_{aE}(L_a)$

（1）抗震情况（图 2-32）

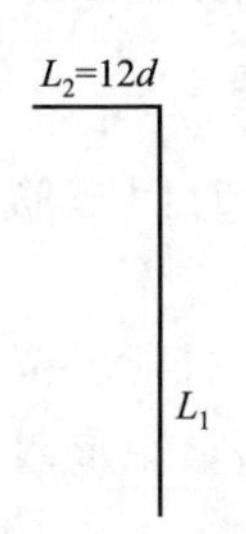

图 2-32 抗震情况时的加工尺寸

① 加工尺寸

a. 绑扎搭接

长筋：

$$L_1 = H_n - \max(H_n/6, h_c, 500) + 0.5L_{aE}(\text{且伸至柱顶}) \quad (2\text{-}38)$$

短筋：

$$L_1 = H_n - \max(H_n/6, h_c, 500) - 1.3L_{lE} + 0.5L_{aE}(\text{且伸至柱顶}) \quad (2\text{-}39)$$

b. 焊接连接（机械连接与其类似）

长筋：

$$L_1 = H_n - \max(H_n/6, h_c, 500) + 0.5L_{aE}(\text{且伸至柱顶}) \quad (2\text{-}40)$$

短筋：

$$L_1 = H_n - \max(H_n/6, h_c, 500) - \max(500, 35d) + 0.5L_{aE}(\text{且伸至柱顶}) \quad (2\text{-}41)$$

② 下料长度

$$L = L_1 + L_2 - 90°\text{量度差值} \quad (2\text{-}42)$$

（2）非抗震情况

① 绑扎搭接加工尺寸

长筋：

$$L_1 = H_n + 0.5L_a(\text{且伸至柱顶}) \quad (2\text{-}43)$$

短筋：

$$L_1 = H_n - 1.3L_l + 0.5L_a(\text{且伸至柱顶}) \quad (2\text{-}44)$$

② 焊接连接加工尺寸（机械连接与其类似）

长筋：

$$L_1 = H_n - 500 + 0.5L_a(\text{且伸至柱顶}) \quad (2\text{-}45)$$

短筋：

$$L_1 = H_n - 500 - \max(500, 35d) + 0.5L_a(\text{且伸至柱顶}) \quad (2\text{-}46)$$

$$L_2 = 12d \quad (2\text{-}47)$$

2.4.2.2 直锚长度≥L_{aE}(L_a)

（1）抗震情况

① 绑扎搭接加工尺寸

长筋：

$$L = H_n - \max(H_n/6, h_c, 500) + L_{aE}(\text{且伸至柱顶}) \quad (2\text{-}48)$$

短筋：

$$L=H_{n}-\max(H_{n}/6,h_{c},500)-1.3L_{lE}+L_{aE}(\text{且伸至柱顶}) \tag{2-49}$$

② 焊接连接加工尺寸（机械连接与其类似）

长筋：

$$L=H_{n}-\max(H_{n}/6,h_{c},500)+L_{aE}(\text{且伸至柱顶}) \tag{2-50}$$

短筋：

$$L=H_{n}-\max(H_{n}/6,h_{c},500)-\max(500,35d)+L_{aE}(\text{且伸至柱顶}) \tag{2-51}$$

(2) 非抗震情况

① 加工尺寸

a. 绑扎搭接

长筋：

$$L=H_{n}+L_{a}(\text{且伸至柱顶}) \tag{2-52}$$

短筋：

$$L=H_{n}-1.3L_{l}+L_{a}(\text{且伸至柱顶}) \tag{2-53}$$

b. 焊接连接（机械连接与其类似）

长筋：

$$L=H_{n}-500+L_{a}(\text{且伸至柱顶}) \tag{2-54}$$

短筋：

$$L=H_{n}-500-\max(500,35d)+L_{a}(\text{且伸至柱顶}) \tag{2-55}$$

② 下料长度

$$L=L_{1}+L_{2}-90^{\circ}\text{量度差值} \tag{2-56}$$

2.4.3 边柱顶层钢筋翻样方法

2.4.3.1 边柱顶筋加工尺寸计算公式

(1) A 节点形式。柱外侧筋见图 2-33。

① 不少于柱外侧筋面积的 65%伸入梁内

a. 抗震情况

i. 绑扎搭接

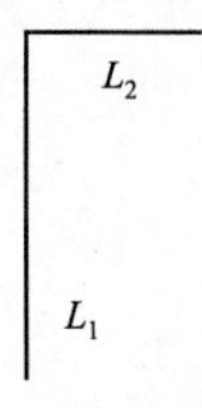

图 2-33 柱外侧筋

长筋：

$$L_1=H_n-\max(H_n/6,h_c,500)+梁高\ h-梁筋保护层厚 \quad (2\text{-}57)$$

短筋：

$$L_1=H_n-\max(H_n/6,h_c,500)-1.3L_{lE}+梁高\ h-梁筋保护层厚 \quad (2\text{-}58)$$

ⅱ. 焊接连接（机械连接与其类似）

长筋：

$$L_1=H_n-\max(H_n/6,h_c,500)+梁高\ h-梁筋保护层厚 \quad (2\text{-}59)$$

短筋：

$$L_1=H_n-\max(H_n/6,h_c,500)-\max(500,35d)+梁高\ h-梁筋保护层厚 \quad (2\text{-}60)$$

绑扎搭接与焊接连接的 L_2 相同，即，

$$L_2=1.5L_{aE}-梁高\ h+梁筋保护层厚 \quad (2\text{-}61)$$

b. 非抗震情况

ⅰ. 绑扎搭接

长筋：

$$L_1=H_n+梁高\ h-梁筋保护层厚 \quad (2\text{-}62)$$

短筋：

$$L_1=H_n-1.3L_{lE}+梁高\ h-梁筋保护层厚 \quad (2\text{-}63)$$

ⅱ. 焊接连接（机械连接与其类似）

长筋：

$$L_1=H_n-500+梁高\ h-梁筋保护层厚 \tag{2-64}$$

短筋：

$$L_1=H_n-500-\max(500,35d)+梁高\ h-梁筋保护层厚 \tag{2-65}$$

绑扎搭接与焊接连接的 L_2 相同，即，

$$L_2=1.5L_a-梁高\ h+梁筋保护层厚 \tag{2-66}$$

② 其余（<35%）柱外侧纵筋伸至柱内侧弯下（图 2-34）

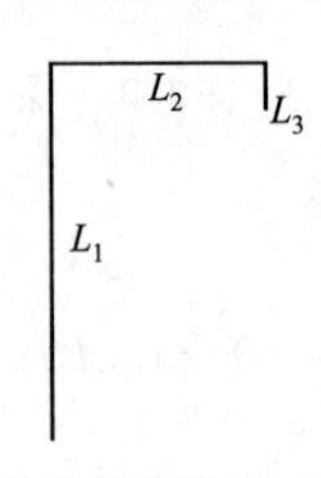

图 2-34　柱外侧纵筋伸至柱内侧弯下

a. 抗震情况

ⅰ. 绑扎搭接

长筋：

$$L_1=H_n-\max(H_n/6,h_c,500)+梁高\ h-梁筋保护层厚 \tag{2-67}$$

短筋：

$$L_1=H_n-\max(H_n/6,h_c,500)-1.3L_{lE}+梁高\ h-梁筋保护层厚 \tag{2-68}$$

ⅱ. 焊接连接（机械连接与其类似）

长筋：

$$L_1=H_n-\max(H_n/6,h_c,500)+梁高\ h-梁筋保护层厚 \tag{2-69}$$

短筋：

$$L_1=H_n-\max(H_n/6,h_c,500)-\max(500,35d)+梁高\ h-梁筋保护层厚 \tag{2-70}$$

绑扎搭接与焊接连接的 L_2 相同，即

$$L_2 = h_c - 2\times 柱保护层厚 \tag{2-71}$$

$$L_3 = 8d \tag{2-72}$$

b. 非抗震情况

ⅰ. 绑扎搭接

长筋：

$$L_1 = H_n + 梁高\ h - 梁筋保护层厚 \tag{2-73}$$

短筋：

$$L_1 = H_n - 1.3L_{lE} + 梁高\ h - 梁筋保护层厚 \tag{2-74}$$

ⅱ. 焊接连接（机械连接与其类似）

长筋：

$$L_1 = H_n - 500 + 梁高\ h - 梁筋保护层厚 \tag{2-75}$$

短筋：

$$L_1 = H_n - 500 - \max(500, 35d) + 梁高\ h - 梁筋保护层厚 \tag{2-76}$$

绑扎搭接与焊接连接的 L_2 相同，即

$$L_2 = h_c - 2\times 柱保护层厚 \tag{2-77}$$

$$L_3 = 8d \tag{2-78}$$

如果有第二层筋，L_1 取值为上述“L_1”减去（$30+d$）；L_2 不变；无 L_3，即 $L_3=0$。

柱内侧筋，见图 2-35。

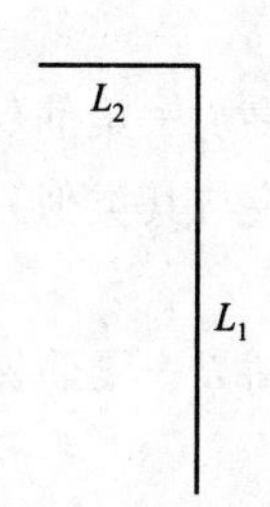

图 2-35　柱内侧筋

① 直锚长度＜L_{aE}（L_a）

a. 抗震情况

ⅰ. 绑扎搭接

长筋：

$$L_1 = H_n - \max(H_n/6, h_c, 500) + 梁高 h - 梁筋保护层厚 - (30 + d) \tag{2-79}$$

短筋：

$$L_1 = H_n - \max(H_n/6, h_c, 500) - 1.3L_{lE} + 梁高 h - 梁筋保护层厚 - (30 + d) \tag{2-80}$$

ⅱ. 焊接连接（机械连接与其类似）

长筋：

$$L_1 = H_n - \max(H_n/6, h_c, 500) + 梁高 h - 梁筋保护层厚 - (30 + d) \tag{2-81}$$

短筋：

$$L_1 = H_n - \max(H_n/6, h_c, 500) - \max(500, 35d) + 梁高 h - 梁筋保护层厚 - (30 + d) \tag{2-82}$$

绑扎搭接与焊接连接的 L_2 相同，即

$$L_2 = 12d \tag{2-83}$$

b. 非抗震情况

ⅰ. 绑扎搭接

长筋：

$$L_1 = H_n + 梁高 h - 梁筋保护层厚 - (30 + d) \tag{2-84}$$

短筋：

$$L_1 = H_n - 1.3L_{lE} + 梁高 h - 梁筋保护层厚 - (30 + d) \tag{2-85}$$

ⅱ. 焊接连接（机械连接与其类似）

长筋：

$$L_1 = H_n - 500 + 梁高 h - 梁筋保护层厚 - (30 + d) \tag{2-86}$$

短筋：

$$L_1 = H_n - 500 - \max(500, 35d) + 梁高 h - 梁筋保护层厚 - (30 + d) \tag{2-87}$$

绑扎搭接与焊接连接的 L_2 相同，即

$$L_2 = 12d \tag{2-88}$$

② 直锚长度≥L_{aE}（L_a）（此时的 $L_2=0$）

a. 抗震情况

ⅰ. 绑扎搭接

长筋：

$$L_1=H_n-\max(H_n/6,h_c,500)+L_{aE} \tag{2-89}$$

短筋：

$$L_1=H_n-\max(H_n/6,h_c,500)-1.3L_{lE}+L_{aE} \tag{2-90}$$

ⅱ. 焊接连接（机械连接与其类似）

长筋：

$$L_1=H_n-\max(H_n/6,h_c,500)+L_{aE} \tag{2-91}$$

短筋：

$$L_1=H_n-\max(H_n/6,h_c,500)-\max(500,35d)+L_{aE} \tag{2-92}$$

b. 非抗震情况

ⅰ. 绑扎搭接

长筋：

$$L_1=H_n+L_a \tag{2-93}$$

短筋：

$$L_1=H_n-1.3L_l+L_a \tag{2-94}$$

ⅱ. 焊接连接（机械连接与其类似）

长筋：

$$L_1=H_n-500+L_a \tag{2-95}$$

短筋：

$$L_1=H_n-500-\max(500,35d)+L_a \tag{2-96}$$

柱另外两边中部筋的计算方法同柱内侧筋计算。

（2）B 节点形式。当顶层为现浇板，其混凝土强度等级≥C20，板厚≥8mm 时采用该节点式，其顶筋的加工尺寸计算公式与 A 节点形式对应钢筋的计算公式相同。

（3）C 节点形式。当柱外侧纵向钢筋配料率大于 1.2%时，柱外侧纵筋分两次截断，那么柱外侧纵向钢筋长、短筋的 L_1 同 A 节点形式的柱外侧纵向钢筋长、短筋 L_1 计算。L_2 的计算方法如下。

第一次截断：

$$L_2=1.5L_{aE}(L_a)-梁高\ h+梁筋保护层厚 \tag{2-97}$$

第二次截断：

$$L_2=1.5L_{aE}(L_a)-梁高\ h+梁筋保护层厚+20d \tag{2-98}$$

B、C 节点形式的其他柱内纵筋加工长度计算同 A 节点形式的对应筋。

（4）D、E 节点形式。柱外侧纵筋加工尺寸计算（图 2-36）如下。

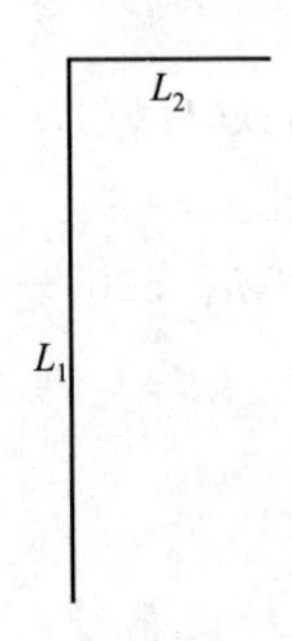

图 2-36　柱外侧纵筋加工长度

① 抗震情况

a. 绑扎搭接

长筋：

$$L_1=H_n-\max(H_n/6,h_c,500)+梁高\ h-梁筋保护层厚 \tag{2-99}$$

短筋：

$$L_1=H_n-\max(H_n/6,h_c,500)-1.3L_{lE}+梁高\ h-梁筋保护层厚 \tag{2-100}$$

b. 焊接连接（机械连接与其类似）

长筋：

$$L_1=H_n-\max(H_n/6,h_c,500)+梁高\ h-梁筋保护层厚 \tag{2-101}$$

短筋：

$$L_1 = H_n - \max(H_n/6, h_c, 500) - \max(500, 35d) + \text{梁高}\ h - \text{梁筋保护层厚} \quad (2\text{-}102)$$

绑扎搭接与焊接连接的 L_2 相同，即

$$L_2 = 12d \quad (2\text{-}103)$$

② 非抗震情况

a. 绑扎搭接

长筋：

$$L_1 = H_n + \text{梁高}\ h - \text{梁筋保护层厚} \quad (2\text{-}104)$$

短筋：

$$L_1 = H_n - 1.3L_{lE} + \text{梁高}\ h - \text{梁筋保护层厚} \quad (2\text{-}105)$$

b. 焊接连接（机械连接与其类似）

长筋：

$$L_1 = H_n - 500 + \text{梁高}\ h - \text{梁筋保护层厚} \quad (2\text{-}106)$$

短筋：

$$L_1 = H_n - 500 - \max(500, 35d) + \text{梁高}\ h - \text{梁筋保护层厚} \quad (2\text{-}107)$$

绑扎搭接与焊接连接的 L_2 相同，即

$$L_2 = 12d \quad (2\text{-}108)$$

D、E 节点形式的其他柱内侧纵筋加工尺寸计算同 A 节点形式柱内侧对应筋计算。

2.4.3.2 边柱顶筋下料长度计算公式

A 节点形式中小于 35%柱外侧纵筋伸至柱内弯下的纵筋下料长度公式为

$$L = L_1 + L_2 + L_3 - 2\times 90°\text{量度差值} \quad (2\text{-}109)$$

其他纵筋均为

$$L = L_1 + L_2 - 90°\text{量度差值} \quad (2\text{-}110)$$

2.4.4 角柱顶层钢筋翻样方法

（1）角柱顶筋中的第一排筋。角柱顶筋中的第一排筋可以利用

边柱柱外侧筋的公式来计算。

(2) 角柱顶筋中的第二排筋

① 抗震情况

a. 绑扎搭接

长筋：

$$L_1=H_n-\max(H_n/6,h_c,500)+梁高h-梁筋保护层厚-(30+d) \tag{2-111}$$

短筋：

$$L_1=H_n-\max(H_n/6,h_c,500)-1.3L_{lE}+梁高h-梁筋保护层厚-(30+d) \tag{2-112}$$

b. 焊接连接（机械连接与其类似）

长筋：

$$L_1=H_n-\max(H_n/6,h_c,500)+梁高h-梁筋保护层厚-(30+d) \tag{2-113}$$

短筋：

$$L_1=H_n-\max(H_n/6,h_c,500)-\max(500,35d)+梁高h-梁筋保护层厚-(30+d) \tag{2-114}$$

绑扎搭接与焊接连接的 L_2 相同，即

$$L_2=1.5L_{aE}-梁高h+梁筋保护层厚+(30+d) \tag{2-115}$$

② 非抗震情况

a. 绑扎搭接

长筋：

$$L_1=H_n+梁高h-梁筋保护层厚-(30+d) \tag{2-116}$$

短筋：

$$L_1=H_n-1.3L_l+梁高h-梁筋保护层厚-(30+d) \tag{2-117}$$

b. 焊接连接（机械连接与其类似）

长筋：

$$L_1=H_n-500+梁高h-梁筋保护层厚-(30+d) \tag{2-118}$$

短筋：

$$L_1=H_n-500-\max(500,35d)+梁高\ h-梁筋保护层厚-(30+d) \quad (2\text{-}119)$$

绑扎搭接与焊接连接的 L_2 相同，即

$$L_2=1.5L_{aE}-梁高\ h+梁筋保护层厚+(30+d) \quad (2\text{-}120)$$

(3) 角柱顶筋中的第三排筋［直锚长度＜$L_{aE}(L_a)$，即有水平筋］

① 抗震情况

a. 绑扎搭接

长筋：

$$L_1=H_n-\max(H_n/6,h_c,500)+梁高\ h-梁筋保护层厚-2\times(30+d) \quad (2\text{-}121)$$

短筋：

$$L_1=H_n-\max(H_n/6,h_c,500)-1.3L_{lE}+梁高\ h-梁筋保护层厚-2\times(30+d) \quad (2\text{-}122)$$

b. 焊接连接（机械连接与其类似）

长筋：

$$L_1=H_n-\max(H_n/6,h_c,500)+梁高\ h-梁筋保护层厚-2\times(30+d) \quad (2\text{-}123)$$

短筋：

$$L_1=H_n-\max(H_n/6,h_c,500)-\max(500,35d)+梁高\ h-梁筋保护层厚-2\times(30+d) \quad (2\text{-}124)$$

绑扎搭接与焊接连接的 L_2 相同，即

$$L_2=12d \quad (2\text{-}125)$$

若此时直锚长度≥L_{aE}，即无水平筋，那么其筋计算与边柱柱内侧筋在直锚长度≥L_{aE}时的情况一样。

② 非抗震情况

a. 绑扎搭接

长筋：

$$L_1=H_n+梁高\ h-梁筋保护层厚-2\times(30+d) \quad (2\text{-}126)$$

短筋：

$$L_1=H_n-1.3L_l+梁高h-梁筋保护层厚-2\times(30+d) \quad (2\text{-}127)$$

b. 焊接连接（机械连接与其类似）

长筋：

$$L_1=H_n-500+梁高h-梁筋保护层厚-2\times(30+d) \quad (2\text{-}128)$$

短筋：

$$L_1=H_n-500-\max(500,35d)+梁高h-梁筋保护层厚-2\times(30+d) \quad (2\text{-}129)$$

绑扎搭接与焊接连接的 L_2 相同，即，

$$L_2=12d \quad (2\text{-}130)$$

若此时直锚长度≥L_a，即无水平筋，那么其筋计算与边柱柱内侧筋在直锚长度≥L_a时的情况一样。

(4) 角柱顶筋中的第四排筋［直锚长度<$L_{aE}(L_a)$，即有水平筋］

① 抗震情况

a. 绑扎搭接

长筋：

$$L_1=H_n-\max(H_n/6,h_c,500)+梁高h-梁筋保护层厚-3\times(30+d) \quad (2\text{-}131)$$

短筋：

$$L_1=H_n-\max(H_n/6,h_c,500)-1.3L_{lE}+梁高h-梁筋保护层厚-3\times(30+d) \quad (2\text{-}132)$$

b. 焊接连接（机械连接与其类似）

长筋：

$$L_1=H_n-\max(H_n/6,h_c,500)+梁高h-梁筋保护层厚-3\times(30+d) \quad (2\text{-}133)$$

短筋：

$$L_1=H_n-\max(H_n/6,h_c,500)-\max(500,35d)+梁高h-梁筋保护层厚-3\times(30+d) \quad (2\text{-}134)$$

绑扎搭接与焊接连接的 L_2 相同，即

$$L_2=12d \tag{2-135}$$

若此时直锚长度≥L_{aE}，即无水平筋，那么其筋计算与边柱柱内侧筋在直锚长度≥L_{aE}时的情况一样。

② 非抗震情况

a. 绑扎搭接

长筋：

$$L_1=H_n+\text{梁高}\ h-\text{梁筋保护层厚}-3\times(30+d) \tag{2-136}$$

短筋：

$$L_1=H_n-1.3L_l+\text{梁高}\ h-\text{梁筋保护层厚}-3\times(30+d) \tag{2-137}$$

b. 焊接连接（机械连接与其类似）

长筋：

$$L_1=H_n-500+\text{梁高}\ h-\text{梁筋保护层厚}-3\times(30+d) \tag{2-138}$$

短筋：

$$L_1=H_n-500-\max(500,35d)+\text{梁高}\ h-\text{梁筋保护层厚}-3\times(30+d) \tag{2-139}$$

绑扎搭接与焊接连接的 L_2 相同，即

$$L_2=12d \tag{2-140}$$

若此时直锚长度≥L_a，即无水平筋，那么其筋计算与边柱柱内侧筋在直锚长度≥L_a时的情况一样。

2.5　框架柱钢筋翻样实例

【例 2-1】 已知：二级抗震楼层中柱，钢筋直径为 $d=25$mm，混凝土强度等级为 C30，梁高 600mm，梁保护层厚度为 25mm，柱净高 2800mm，柱宽 400mm，$i=8$，$j=8$。试求：向梁筋的长 L_1、短 L_1 和 L_2 的加工、下料尺寸。

解　长 L_1＝层高－max(柱净高/6,柱宽,500)－梁保护层

$=2800+600-\max(2800/6,400,500)-25$

$=3400-500-25$

$=2875(\text{mm})$

短 L_1 = 层高 − max(柱净高/6,柱宽,500) − max($35d$,500) − 梁保护层

$=2800+600-\max(2800/6,400,500)-\max(875,500)-25$

$=3400-500-875-25=2000(\text{mm})$

梁高−梁保护层 $=600-25=575(\text{mm})$

二级抗震，$d=25\text{mm}$，C30 时，$l_{aE}=33d=33\times25=825(\text{mm})$

$0.5l_{aE}<$(梁高−梁保护层)$<l_{aE}$

$L_2=12d=12\times25=300(\text{mm})$

长向梁筋下料长度 = 长 L_1+L_2 − 外皮差值

$=2875+300-2.931d$

$\approx2875+300-73\approx3102$ (mm)

短向梁筋下料长度 = 短 L_1+L_2 − 外皮差值

$=2000+300-2.931d$

$\approx2000+300-73\approx2227$ (mm)

如前所述，中柱顶筋的类别划分，是为讲解各类钢筋的部位摆放。对于加工及其尺寸来说，只是长向梁筋和短向梁筋两种。

钢筋数量 $=2\times(8+8)-4=28$ (根)

【例 2-2】 某三级抗震框架柱采用 C30，HRB335 级钢筋制作，钢筋直径 $d=25\text{mm}$，底梁高度为 450mm，柱净高 5000mm，保护层为 25mm，试计算长、短钢筋的下料长度。

解 先要知道直锚长度是否满足 l_{aE} 的要求。

$$l_{aE}=30d=30\times0.025=0.75(\text{m})$$

$$\text{梁高}-\text{保护层}=0.45-0.025=0.425(\text{m})$$

$$l_{aE}>\text{梁高}-\text{保护层}$$

说明直锚长度不能满足 l_{aE} 的要求应弯锚，还需计算出 $35d$ 与 500mm 二者哪个值大。

$$35d=35\times0.025=0.875(\text{m})$$

$$500\text{mm}=0.5\text{m}$$

故：$35d>500\text{mm}$，应采用 $35d$。

1 个 90°外皮差值 $=3.79d=3.79\times0.025=0.095(\text{m})$

根据计算公式：

$L_{长}=0.5l_{aE}+15d+$柱净高/3+

(35d,500mm 二者取最大值)−1 个 90°外皮差值

$=0.5\times0.75+15\times0.025+5/3+0.875-0.095=3.197(\text{m})$

$L_{短}=0.5l_{aE}+15d+$柱净高/3−1 个 90°外皮差值

$=0.5\times0.75+15\times0.025+5/3-0.095=2.322(\text{m})$

【例 2-3】 计算 KZ1 的基础插筋。KZ1 的截面尺寸为 750mm×700mm，柱纵筋为 22Φ22，混凝土强度等级 C30，二级抗震等级。

假设该建筑物具有层高为 4.10m 的地下室。地下室下面是“正筏板”基础（即“低板位”的有梁式筏形基础，基础梁底和基础板底一平）。地下室顶板的框架梁仍然采用 KL1（300mm×700mm）。基础主梁的截面尺寸为 700mm×800mm，下部纵筋为 8Φ22。筏板的厚度为 500mm，筏板的纵向钢筋都是Φ18@200（图 2-37）。

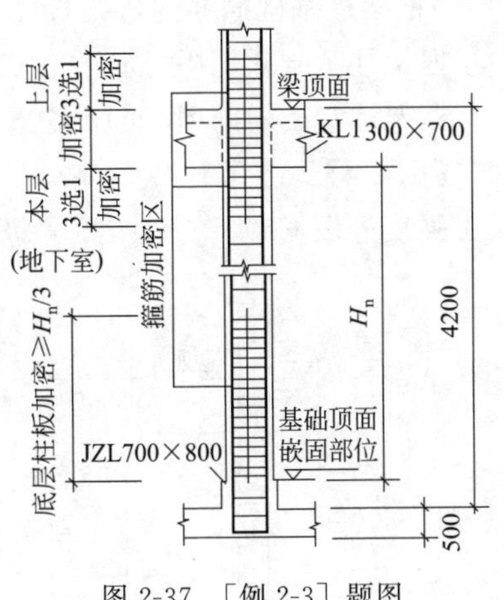

图 2-37 ［例 2-3］题图

计算框架柱基础插筋伸出基础梁顶面以上的长度、框架柱基础插筋的直锚长度及框架柱基础插筋的总长度。

解 (1) 计算框架柱基础插筋伸出基础梁顶面以上的长度

已知：地下室层高=4100mm，地下室顶框架梁高=700mm，基础主梁高=800mm，筏板厚度=500mm，所以

地下室框架柱净高 $H_n=4100-700-(800-500)=3100(\text{mm})$

框架柱基础插筋(短筋)伸出长度 $H_n/3=3100/3=1033(\text{mm})$，则

框架柱基础插筋(长筋)伸出长度＝1033＋35×22＝1803(mm)

(2) 计算框架柱基础插筋的直锚长度

已知：基础主梁高度＝800mm，基础主梁下部纵筋直径＝22mm，筏板下层纵筋直径＝16mm，基础保护层＝40mm，所以

框架柱基础插筋直锚长度＝800－22－16－40＝722(mm)

(3) 框架柱基础插筋的总长度

框架柱基础插筋的垂直段长度(短筋)＝1033＋722＝1755(mm)

框架柱基础插筋的垂直段长度(长筋)＝1803＋722＝2525(mm)

因为 $l_{aE}=33d=33\times22=726$(mm)

而现在的直锚长度＝722＜l_{aE}，所以

框架柱基础插筋的弯钩长度＝$15d$＝15×22＝330(mm)

框架柱基础插筋(短筋)的总长度＝1755＋330＝2085(mm)

框架柱基础插筋(长筋)的总长度＝2525＋330＝2855(mm)

【例 2-4】 计算 KZ1 的基础插筋。KZ1 的柱纵筋为 22ф22，混凝土强度等级 C30，二级抗震等级。

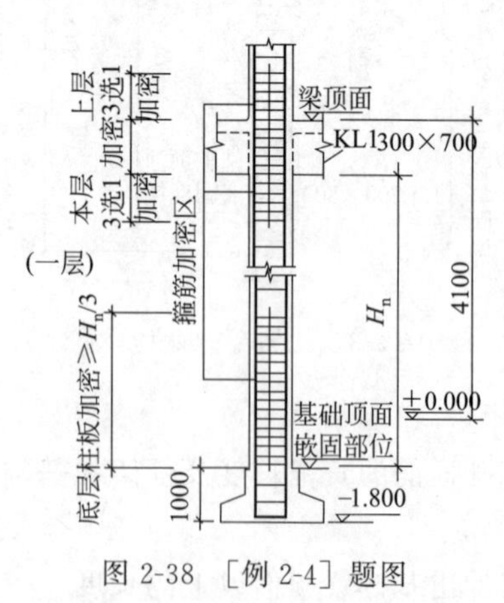

图 2-38 [例 2-4] 题图

假设该建筑物“一层”的层高为 4.1m（从±0.000 算起）。“一层”的框架梁采用 KL1（300mm×700mm）。“一层”框架柱的下面是独立柱基，独立柱基的总高度为 1000mm，即“柱基平台”到基础板底的高度为 1000mm。独立柱基的底面标高为－1.800，独立柱基下部的基础板厚度为 500mm，独立柱基底部的纵向钢筋都是ф18@250（图 2-38）。

计算框架柱基础插筋伸出基础梁顶面以上的长度、框架柱基础插筋的直锚长度及框架柱基础插筋的总长度。

解 (1) 计算框架柱基础插筋伸出基础梁顶面以上的长度

已知：从±0.000到一层板顶的高度=4100mm，独立柱基的底面标高为-1.800，“柱基平台”到基础板底的高度为1000mm，则

“柱基平台”到一层板顶的高度=4100+1800-1000=4900(mm)

因为一层的框架梁高=700mm，所以

一层的框架柱净高=4900-700=4200(mm)

框架柱基础插筋(短筋)伸出长度=4200/3=1400(mm)

框架柱基础插筋(长筋)伸出长度=1400+35×22=2170(mm)

(2) 计算框架柱基础插筋的直锚长度

已知：“柱基平台”到基础板底的高度为1000mm，独立柱基底部的纵向钢筋直径=18mm，基础保护层厚度=40mm，所以

框架柱基础插筋直锚长度=1000-18-40=942(mm)

(3) 计算框架柱基础插筋的总长度

框架柱基础插筋(短筋)的垂直段长度=1400+942=2342(mm)

框架柱基础插筋(长筋)的垂直段长度=2170+942=3112(mm)

因为 $l_{aE}=33d=33\times22=726$ (mm)，而现在的直锚长度=942mm$>l_{aE}$，所以

框架柱基础插筋的弯钩长度=$12d$=12×22=264(mm)

框架柱基础插筋(短筋)的总长度=2342+264=2606(mm)

框架柱基础插筋(长筋)的总长度=3112+264=3376(mm)

【例2-5】 地下室层高为4.10m，地下室下面是“正筏板”基础，基础主梁的截面尺寸为700mm×900mm，下部纵筋为8ф22。筏板的厚度为500mm，筏板的纵向钢筋都是ф18@200。

地下室的抗震框架柱KZ1的截面尺寸为750mm×700mm，柱纵筋为22ф22，混凝土强度等级C30，二级抗震等级。地下室顶板的框架梁截面尺寸为300mm×700mm。地下室上一层的层高为4.10m，地下室上一层的框架梁截面尺寸为300mm×700mm。

求该地下室的框架柱纵筋尺寸。

解　分别计算地下室柱纵筋的两部分长度。

(1) 地下室顶板以下部分的长度 H_1

地下室的柱净高 H_n=4100-700-(900-500)=3000(mm)

所以 $H_1=H_n+700-H_n/3=3000+700-1000=2700(mm)$

(2) 地下室板顶以上部分的长度 H_2

上一层楼的柱净高 $H_n=3600-700=2900(mm)$

所以 $H_2=\max(H_n/6,h_c,500)=\max(2900/6,750,500)=750(mm)$

(3) 地下室柱纵筋的长度

地下室柱纵筋的长度$=H_1+H_2=2700+750=3450(mm)$

【例 2-6】 已知中柱截面中钢筋分布为：$i=6$，$j=6$。求中柱截面中钢筋根数、长角部向梁筋、短角部向梁筋、长中部向梁筋和短中部向梁筋各为多少。

解 中柱截面中钢筋$=2\times(i+j)-4=2\times(6+6)-4=20$(根)

长角部向梁筋$=2$ 根

短角部向梁筋$=2$ 根

长中部向梁筋$=i+j-4=6+6-4=8$(根)

短中部向梁筋$=i+j-4=6+6-4=8$(根)

验算：

长角部向梁筋+短角部向梁筋+长中部向梁筋+短中部向梁筋

$=2+2+8+8=20$(根)

正确无误。

【例 2-7】 已知中柱截面中钢筋分布为：$i=7$，$j=7$。求中柱截面中钢筋根数、长角部向梁筋、短角部向梁筋、长中部向梁筋和短中部向梁筋各为多少。

解 中柱截面中钢筋$=2\times(i+j)-4=2\times(7+7)-4=24$ (根)

长角部向梁筋$=4$ 根

短角部向梁筋$=0$ 根

长中部向梁筋$=i+j-6=7+7-6=8$ (根)

短中部向梁筋$=i+j-2=7+7-2=12$ (根)

验算：

长角部向梁筋+短角部向梁筋+长中部向梁筋+短中部向梁筋$=4+0+8+12=24$(根)

正确无误。

【例 2-8】 已知：三级抗震楼层中柱，钢筋 $d=18\text{mm}$；混凝土 C30；梁高 600mm；梁保护层 22mm；柱净高 2400mm；柱宽 450mm。求向梁筋的长 l_1、短 l_1 和 l_2 的加工、下料尺寸。

解 长 l_1＝层高－max(柱净高/6,柱宽,500)－梁保护层

$=2400+600-\max(2400/6,450,500)-22$

$=2400+600-500-22$

$=2478(\text{mm})$

短 l_1＝层高－max(柱净高/6,柱宽,500)－max(35d,500)－梁保护层

$=2400+600-\max(2400/6,450,500)-\max(630,500)-22$

$=2400+600-500-630-22$

$=1848(\text{mm})$

梁高－梁保护层＝600－22＝578(mm)

三级抗震，$d=18\text{mm}$，C30 时，$l_{aE}=30d=30\times18=540(\text{mm})$

因为（梁高－梁保护层）$\geqslant l_{aE}$，所以 $l_2=0$，所以无需弯有水平段的筋 l_2。

因此，长 l_1、短 l_2 的下料长度分别等于自身。

【例 2-9】 已知：二级抗震楼层中柱，钢筋 $d=18\text{mm}$；混凝土 C30；梁高 600mm；梁保护层 25mm；柱净高 2400mm；柱宽 400mm。$i=8$，$j=8$。求向梁筋的长 l_1、短 l_1 和 l_2 的加工、下料尺寸。

解 长 l_1＝层高－max(柱净高/6,柱宽,500)－梁保护层

$=2400+600-\max(2400/6,400,500)-25$

$=3000-500-25$

$=2475(\text{mm})$

短 l_1＝层高－max(柱净高/6,柱宽,500)－max(35d,500)－梁保护层

$=2400+600-\max(2400/6,400,500)-\max(630,500)-25$

$=3000-500-630-25$

$=1845(\text{mm})$

梁高－梁保护层＝600－25＝575（mm）

二级抗震，$d=18mm$，C30 时，$l_{aE}=33d=33\times18=594$（mm）

因为 $0.5l_{aE}<$(梁高－梁保护层)$<l_{aE}$

所以 $l_2=12d=12\times18=216$(mm)

长向梁筋下料长度＝长 l_1+l_2－外皮差值

＝2475＋216－2.931d≈2638（mm）

短向梁筋下料长度＝短 l_1+l_2－外皮差值

＝1845＋216－2.931d≈2008（mm）

钢筋数量＝2×(8＋8)－4＝28(根)

也就是说，每根柱中：长向梁筋 6 根，短向梁筋 6 根。

【例 2-10】 已知边柱截面中钢筋分布为：$i=6$，$j=7$。求边柱截面中钢筋根数、长角部向梁筋、短角部向梁筋、长中部向梁筋、短中部向梁筋、长中部远梁筋、短中部远梁筋、长中部向边筋和短中部向边筋各为多少。

解 边柱截面中钢筋根数＝2×($i+j$)－4

＝2×(6＋7)－4＝22（根）

长角部向梁筋根数＝2 根

短角部向梁筋根数＝2 根

长中部向梁筋根数＝j－2＝7－2＝5（根）

短中部向梁筋根数＝j－2＝7－2＝5（根）

长中部远梁筋根数＝(i－2)/2＝(6－2)/2＝2（根）

短中部远梁筋根数＝(i－2)/2＝(6－2)/2＝2（根）

长中部向边筋根数＝(i－2)/2＝(6－2)/2＝2（根）

短中部向边筋根数＝(i－2)/2＝(6－2)/2＝2（根）

验算：

长角部向梁筋＋短角部向梁筋＋长中部向梁筋＋短中部向梁筋＋长中部远梁筋＋短中部远梁筋＋长中部向边筋＋短中部向边筋＝2＋2＋5＋5＋2＋2＋2＋2＝22（根）

正确无误。

【例 2-11】 已知边柱截面中钢筋分布为：$i=7$，$j=6$。求边柱截面中钢筋根数及长角部向梁筋、短角部向梁筋、长中部向梁筋、短中部向梁筋、长中部远梁筋、短中部远梁筋、长中部向边筋和短中部向边筋各为多少。

解 边柱截面中钢筋根数$=2\times(i+j)-4$

$=2\times(7+6)-4=22$（根）

长角部向梁筋根数$=2$ 根

短角部向梁筋根数$=2$ 根

长中部向梁筋根数$=j-2=6-2=4$（根）

短中部向梁筋根数$=j-2=6-2=4$（根）

长中部远梁筋根数$=(i-3)/2=(7-3)/2=2$（根）

短中部远梁筋根数$=(i-1)/2=(7-1)/2=3$（根）

长中部向边筋根数$=(i-1)/2=(7-1)/2=3$（根）

短中部向边筋根数$=(i-3)/2=(7-3)/2=2$（根）

验算：

长角部向梁筋＋短角部向梁筋＋长中部向梁筋＋短中部向梁筋＋长中部远梁筋＋短中部远梁筋＋长中部向边筋＋短中部向边筋$=2+2+4+4+2+3+3+2=22$（根）

正确无误。

【例 2-12】 已知边柱截面中钢筋分布为：$i=7$，$j=7$。求边柱截面中钢筋根数及长角部向梁筋、短角部向梁筋、长中部向梁筋、短中部向梁筋、长中部远梁筋、短中部远梁筋、长中部向边筋和短中部向边筋各为多少。

解 边柱截面中钢筋根数$=2\times(i+j)-4$

$=2\times(7+7)-4=24$（根）

长角部向梁筋根数$=4$ 根

短角部向梁筋根数$=0$ 根

长中部向梁筋根数$=j-3=7-3=4$（根）

短中部向梁筋根数$=j-1=7-1=6$（根）

长中部远梁筋根数$=(i-3)/2=(7-3)/2=2$（根）

短中部远梁筋根数$=(i-1)/2=(7-1)/2=3$（根）

长中部向边筋根数$=(i-3)/2=(7-3)/2=2$（根）

短中部向边筋根数$=(i-1)/2=(7-1)/2=3$（根）

验算：

长角部向梁筋＋短角部向梁筋＋长中部向梁筋＋短中部向梁筋＋长中部远梁筋＋短中部远梁筋＋长中部向边筋＋短中部向边筋$=4+0+4+6+2+3+2+3=24$（根）

正确无误。

【例 2-13】 已知角柱截面中钢筋分布为：$i=6$，$j=6$。求角柱截面中钢筋根数及长角部远梁筋（一排）、短角部远梁筋（一排）、长中部远梁筋（一排）、短中部远梁筋（一排）、短中部远梁筋（二排）、长中部远梁（二排）、短角部远梁筋（二排）、长角部远梁筋（二排）、长角部向边筋（三排）、短中部向边筋（三排）、长中部向边筋（三排）、短角部向边筋（三排）、短中部向边筋（四排）、长中部向边筋（四排）各为多少。

解 角柱截面中钢筋根数$=2\times(i+j)-4$

$=2\times(6+6)-4=20$（根）

长角部远梁筋根数（一排）=1 根

短角部远梁筋根数（一排）=1 根

长中部远梁筋根数（一排）=2 根

短中部远梁筋根数（一排）$=j/2-1=6/2-1=2$（根）

短中部远梁筋根数（二排）$=j/2-1=6/2-1=2$（根）

长中部远梁筋根数（二排）$=i/2-1=6/2-1=2$（根）

短角部远梁筋根数（二排）=1 根

长角部远梁筋根数（二排）=0 根

长角部向边筋根数（三排）=1 根

短中部向边筋根数（三排）$=j/2-1=6/2-1=2$（根）

长中部向边筋根数（三排）$=j/2-1=6/2-1=2$（根）

短角部向边筋根数（三排）=0 根

短中部向边筋根数（四排）$=i/2-1=6/2-1=2$（根）

长中部向边筋根数（四排）$=i/2-1=6/2-1=2$（根）

验算：

长角部远梁筋(一排)＋短角部远梁筋(一排)＋长中部远梁筋(一排)＋短中部远梁筋(一排)＋短中部远梁筋(二排)＋长中部远梁筋(二排)＋短角部远梁筋(二排)＋长角部远梁筋(二排)＋长角部向边筋(三排)＋短中部向边筋(三排)＋长中部向边筋(三排)＋短角部向边筋(三排)＋短中部向边筋(四排)＋长中部向边筋(四排)$=1+1+2+2+2+2+1+0+1+2+2+0+2+2=20$（根）

正确无误。

3 框架梁钢筋翻样

3.1 框架梁钢筋识读

3.1.1 平面注写方式

平法梁的注写方式分为平面注写方式和截面注写方式两种。一般的施工图常采用平面注写方式。

平面注写方式，系在梁平面布置图上，分别在不同编号的梁中各选一根梁，在其上注写截面尺寸和配筋具体数值的方式来表达梁平法施工图。

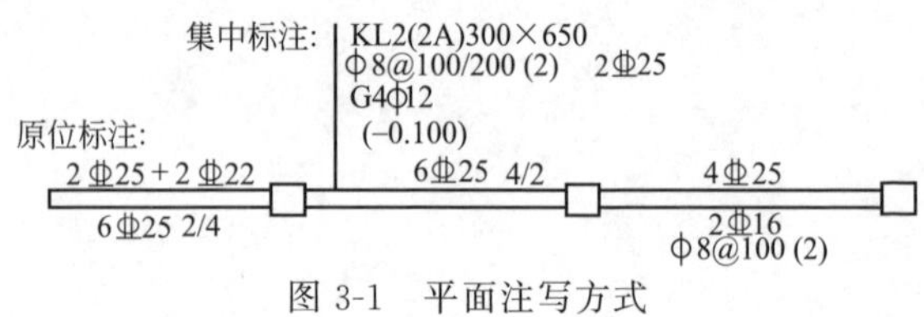

图 3-1　平面注写方式

平面注写包括集中标注和原位标注（图 3-1）。集中标注表达梁的通用数值，原位标注表达梁的特殊数值。当集中标注中的某项数值不适用于梁的某部位时，则将该项数值原位标注，施工时，原位标注取值优先。

3.1.2 梁的集中标注

梁集中标注的内容，有五项必注值及一项选注值（集中标注可以从梁的任意一跨引出)，规定如下。

(1) 梁编号，该项为必注值。

(2) 梁截面尺寸，该项为必注值。

① 当为等截面梁时，用 $b \times h$ 表示；

② 当为竖向加腋梁时，用 $b \times h$　Y$c_1 \times c_2$表示，其中 c_1为腋长，c_2为腋高（图 3-2)；

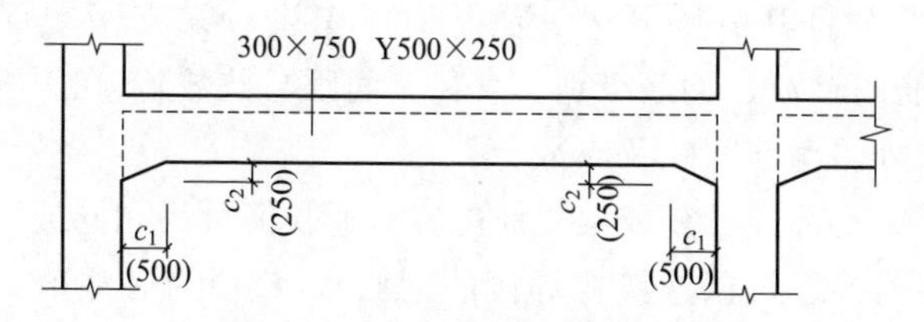

图 3-2　竖向加腋截面注写示意

③ 当为水平加腋梁时，一侧加腋时用 $b \times h$　PY$c_1 \times c_2$表示，其中 c_1为腋长，c_2为腋宽，加腋部位应在平面图中绘制（图 3-3)；

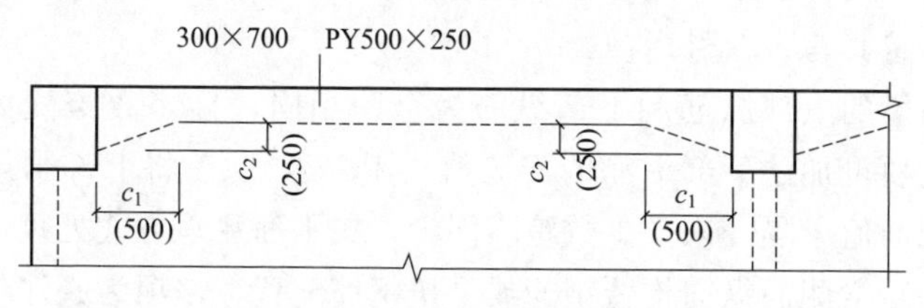

图 3-3　水平加腋截面注写示意

④ 当有悬挑梁且根部和端部的高度不同时，用斜线分隔根部与端部的高度值，即为 $b \times h_1/h_2$（图 3-4)。

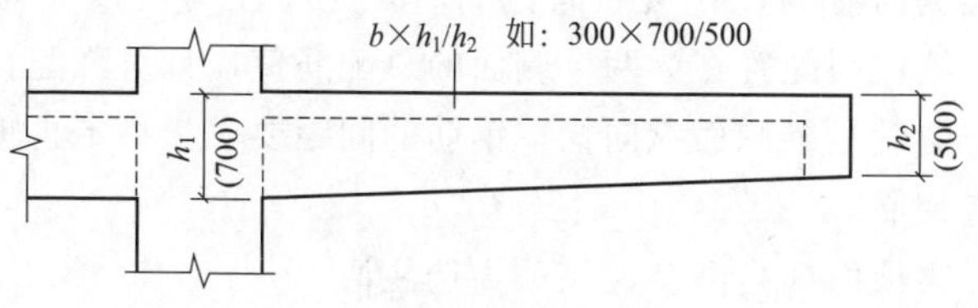

图 3-4　悬挑梁不等高截面注写示意

（3）梁箍筋，包括钢筋级别、直径、加密区与非加密区间距及肢数，该项为必注值。箍筋加密区与非加密区的不同间距及肢数需用斜线“/”分隔；当梁箍筋为同一种间距及肢数时，则不需用斜线；当加密区与非加密区的箍筋肢数相同时，则将肢数注写一次；箍筋肢数应写在括号内。加密区范围见相应抗震等级的标准构造详图。

非框架梁、悬挑梁、井字梁采用不同的箍筋间距及肢数时，也用斜线“/”将其分隔开来。注写时，先注写梁支座端部的箍筋(包括箍筋的箍数、钢筋级别、直径、间距与肢数)，在斜线后注写梁跨中部分的箍筋间距及肢数。

（4）梁上部通长筋或架立筋配置（通长筋可为相同或不同直径采用搭接连接、机械连接或焊接的钢筋)，该项为必注值。所注规格与根数应根据结构受力要求及箍筋肢数等构造要求而定。当同排纵筋中既有通长筋又有架立筋时，应用加号“+”将通长筋和架立筋相连。注写时需将角部纵筋写在加号的前面，架立筋写在加号后面的括号内，以示不同直径及与通长筋的区别。当全部采用架立筋时，则将其写入括号内。

当梁的上部纵筋和下部纵筋为全跨相同，且多数跨配筋相同时，此项可加注下部纵筋的配筋值，用分号“;”将上部与下部纵筋的配筋值分隔开来，少数跨不同者，按平面注写方式处理。

（5）梁侧面纵向构造钢筋或受扭钢筋配置，该项为必注值。

当梁腹板高度 $h_w \geqslant 450$mm 时，需配置纵向构造钢筋，所注规格与根数应符合规范规定。此项注写值以大写字母 G 打头，接续注写设置在梁两个侧面的总配筋值，且对称配置。

当梁侧面需配置受扭纵向钢筋时，此项注写值以大写字母 N 打头，接续注写配置在梁两个侧面的总配筋值，且对称配置。受扭纵向钢筋应满足梁侧面纵向构造钢筋的间距要求，且不再重复配置纵向构造钢筋。

（6）梁顶面标高高差，该项为选注值。

梁顶面标高高差，系指相对于结构层楼面标高的高差值，对于位于结构夹层的梁，则指相对于结构夹层楼面标高的高差。有高差时，需将其写入括号内，无高差时不注。

注：当某梁的顶面高于所在结构层的楼面标高时，其标高高差为正值，反之为负值。

3.1.3 梁的原位标注

3.1.3.1 原位标注梁的截面

图 3-5 所示的是具有四跨的连续框架梁，在集中标注里，梁的截面尺寸为 300mm×500mm。也就是说，如果跨中没有对梁的截面尺寸做出原位标注，便取集中标注里的截面尺寸。但是，图 3-5 中的右边跨跨度比其他三跨跨度短。由荷载引起的弯矩小，设计的高度变小，因梁的上部有通长筋，考虑到施工的问题，梁宽是不宜变窄的。因而，从右边跨的原位标注可以看出，它的截面为 300mm×450mm。梁截面尺寸的原位标注，习惯上是标注在下部筋的下方，这个标注补充了集中标注的不足。

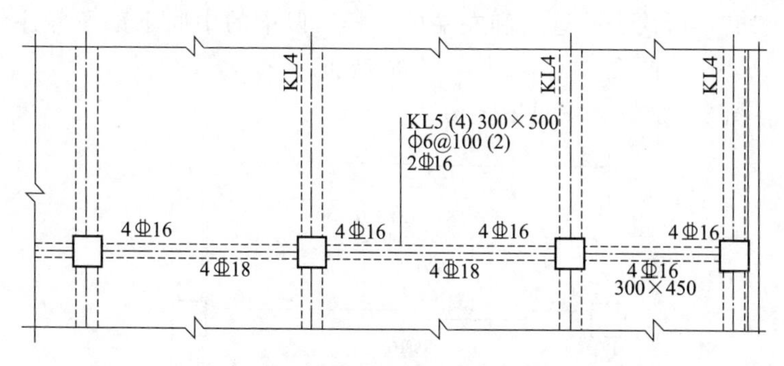

图 3-5 梁截面的原位标注示意

3.1.3.2 原位标注梁的箍筋

图 3-6 的框架梁是四跨，其中三跨比较大，右边跨的跨度比较小。故箍筋的集中标注规格数据不能表示右边小跨梁的箍筋。箍筋的集中标注规格数据为“ϕ8@100(2)”，因右边小跨梁有原位标注“ϕ6@100(2)”，使得箍筋施工有了区别。小跨梁的箍筋直径小，也需要进行补充标注。

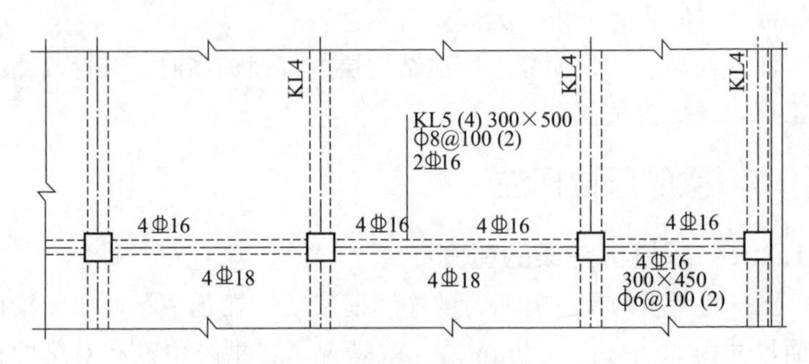

图 3-6　框架梁原位标注

3.1.3.3　梁的一般原位标注

以图 3-7 来说明单跨框架梁的一般原位标注。左柱旁的梁上所标注的“4Φ16”指它包含了集中标注里的“2Φ16”。“4Φ16”减掉一个“2Φ16”，还剩一个“2Φ16”。剩下的“2Φ16”不再是长的纵向筋了，而是两根直角形钢筋“┌───”。梁右端梁上标注的“4Φ16”，所代表的意义和左端的一样。但梁的中间下部所标注的“2Φ16”，是两根“└──────┘”形钢筋。

图 3-7 的立体图见图 3-8。

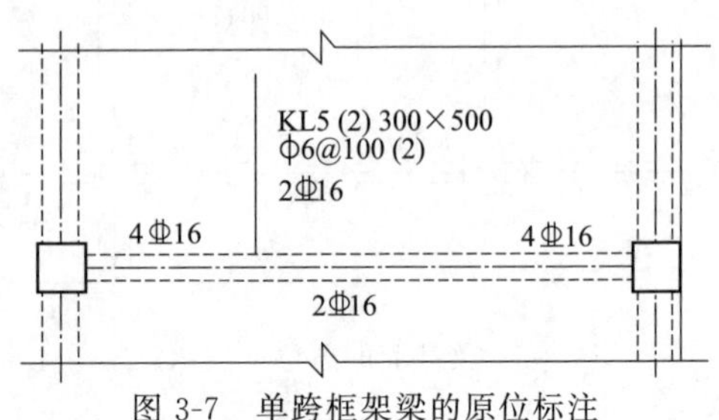

图 3-7　单跨框架梁的原位标注

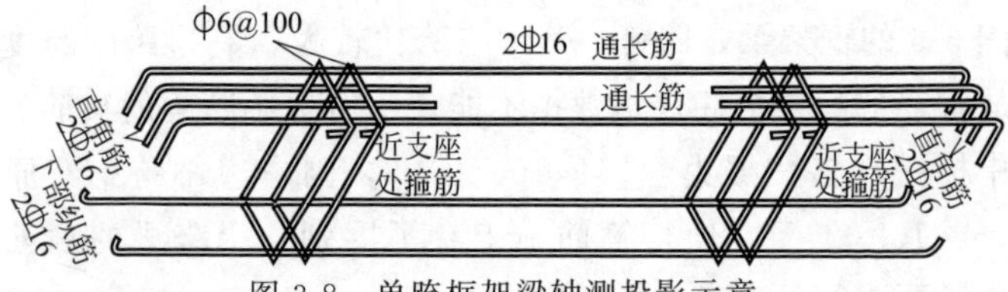

图 3-8　单跨框架梁轴测投影示意

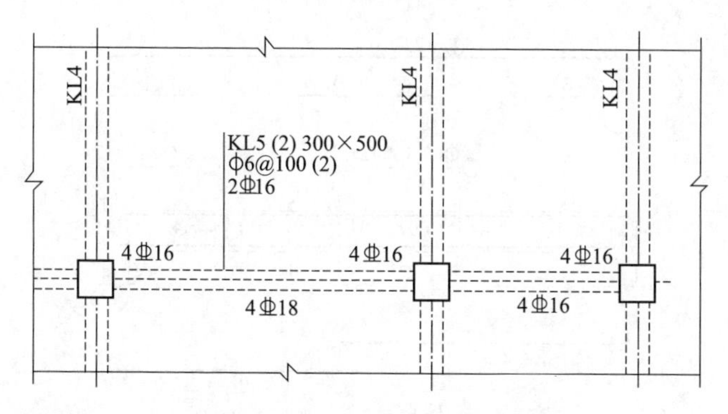

图 3-9 不等跨梁的原位标注

不等跨梁的原位标注如图 3-9 所示，左跨梁中的“4ф16”表示在梁的左端上部配置了四根 HRB335 级直径为 16mm 的钢筋。这四根钢筋是为了担负该部位由荷载引起的负弯矩（钢筋抗拉）。但这四根钢筋的加工形状并不完全一样。其中包含两根通长筋和两根直角形钢筋。直角形钢筋的水平段长，垂直段短。中间柱附近的“4ф16”包含两根通长筋。但中间柱的左方标有“4ф16”，而在柱右方什么也没有标注。则说明钢筋的规格和数量和左方是一样的。但中间柱没有直角形钢筋，除包含两根通长筋以外，还有两根直形钢筋。它和边支座的直角形钢筋一样，起着抗负弯矩（钢筋抗拉）的作用。直形钢筋的长度，根据梁的抗震等级而定，可查阅《构造详图》。

左跨梁中间下面的“4ф18”承受荷载引起的正弯矩（钢筋抗拉），右跨梁中间下面的“4ф16”也是承受荷载所引起的正弯矩(钢筋抗拉)。

“4ф18”和“4ф16”都是直角形钢筋。“4ф18”的水平段比“4ф16”的水平段长。“4ф18”的垂直段锚在左端柱内，而“4ф16”的垂直段锚在右端柱内。这两种钢筋的水平段均穿过中间柱，形成搭接。

传统的工程制图表达方法，如图 3-10 所示。图 3-10 中画出了钢筋梁的立面图及从梁中抽出的钢筋图。图 3-10 中的箍筋间距只

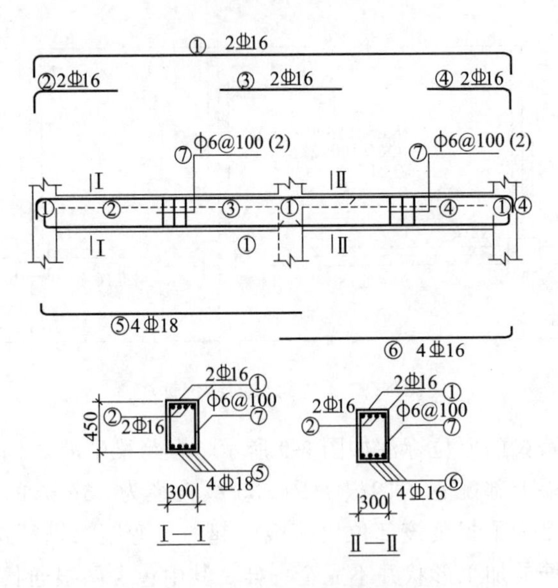

图 3-10　传统工程图梁的表达

标注了一种。一般情况下，框架梁的箍筋间距都是两种。

图 3-11 是图 3-10 的双跨梁轴测投影示意。

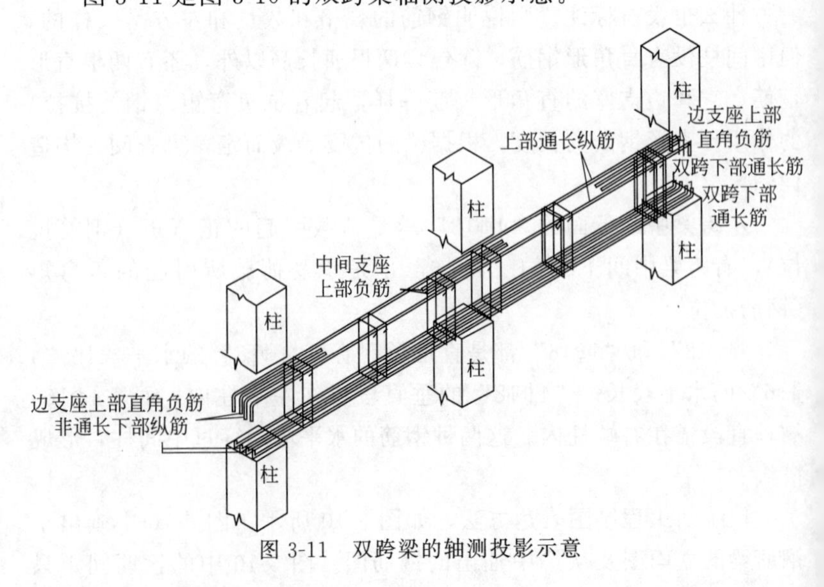

图 3-11　双跨梁的轴测投影示意

图 3-12 所表示的是梁箍，靠近柱子的地方箍距密，而在梁的跨中处箍距疏。箍距密是因为强度要求高。

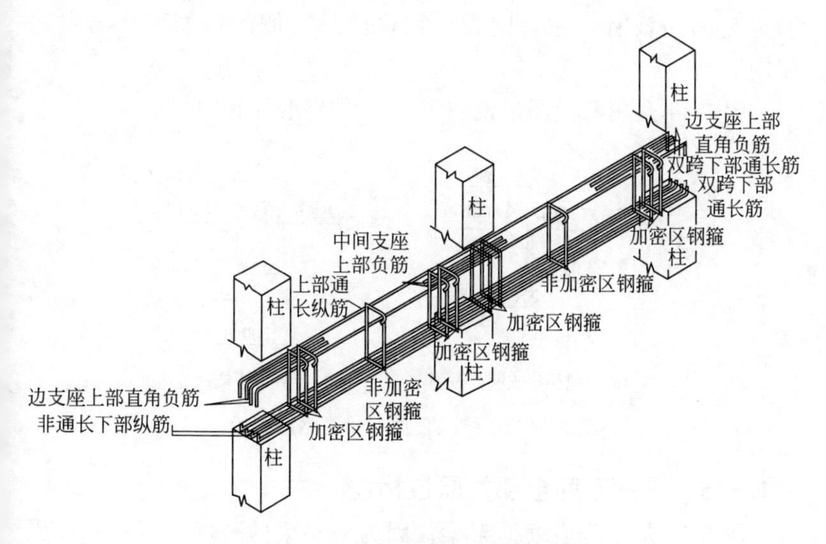

图 3-12　梁的箍筋轴测投影示意

3.1.3.4　梁的箍筋原位标注与负筋省略标注

图 3-13 中已经标注了通长筋，但没有标注箍筋，这是因为各跨的箍筋数据不相同。箍筋数据的标注改为标注在各跨梁的中间下方。而且，大跨的箍筋直径是 8mm，小跨的箍筋直径是 6mm。

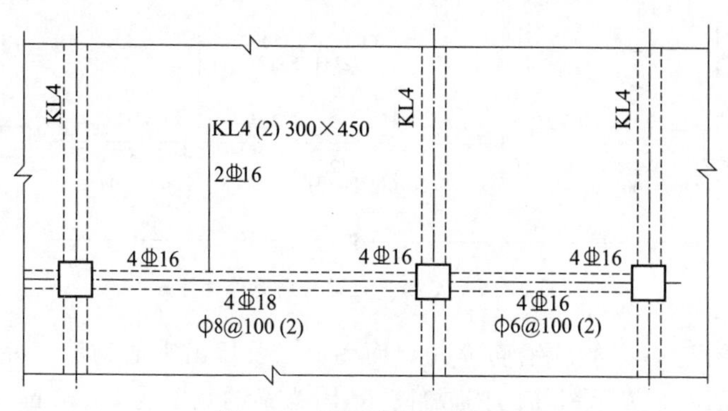

图 3-13　梁的箍筋原位标注

梁的两端负筋钢筋的根数、等级、直径都应该标注在梁平面图近支座处。图 3-13 的中间柱处，柱的左边梁上标注了“4Φ16”，右边没有标注，则表示在柱的另一侧的钢筋配置与左边相同。

图 3-14 是用截面图来说明图 3-13 的钢筋配置的。

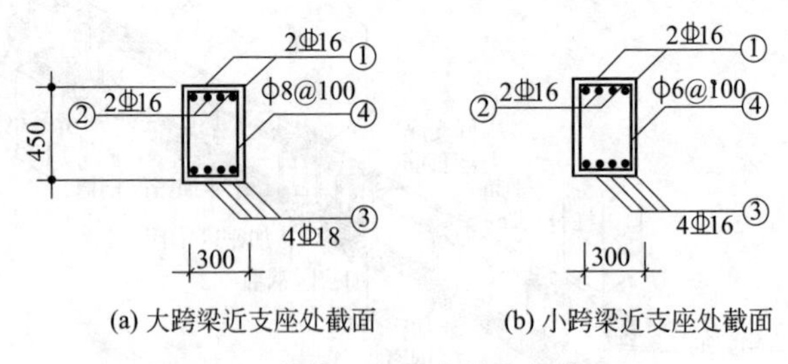

图 3-14　传统工程图中梁的钢筋配置

3.1.3.5　梁的箍筋全部为原位标注

图 3-15 是三跨连续框架梁。因为三根梁的跨度都不一样，受力状态也不一样，故在集中标注处，没有标明箍筋的有关要求。三根梁各自配置的箍筋的直径、间距和肢数的具体要求，分别标注在自己梁的下方。

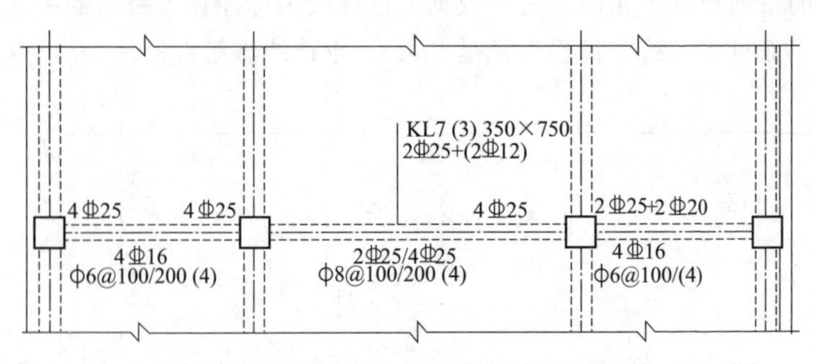

图 3-15　连续框架梁箍筋原位标注

图 3-16 是梁的钢筋绑扎立面图，以及拆出来的钢筋。并用局部截面图来表示钢筋的摆放部位。因为梁的宽度为 350mm，故要求的箍筋为四肢，如图 3-16 所示。

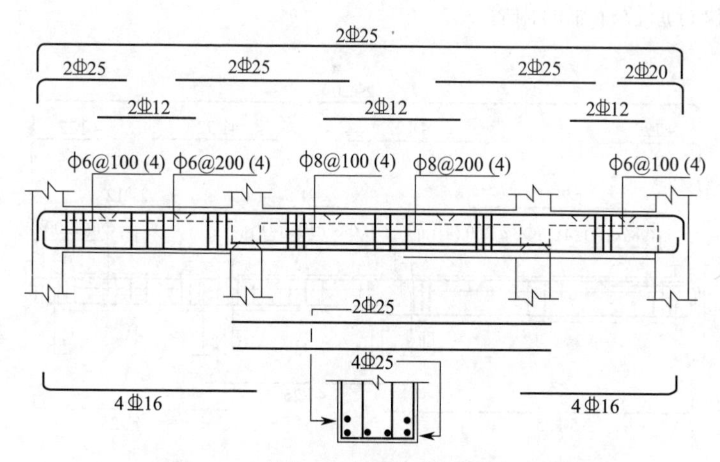

图 3-16　传统工程图的钢筋绑扎立面图

3.1.3.6　箍筋的集中标注与箍筋原位标注兼有情况

图 3-17 中，箍筋既有集中标注，又有原位标注。在有箍筋集中标注的前提下，若某跨没有原位标注，则执行集中标注的内容；若某跨有不同于集中标注的原位标注，则执行原位标注的内容。

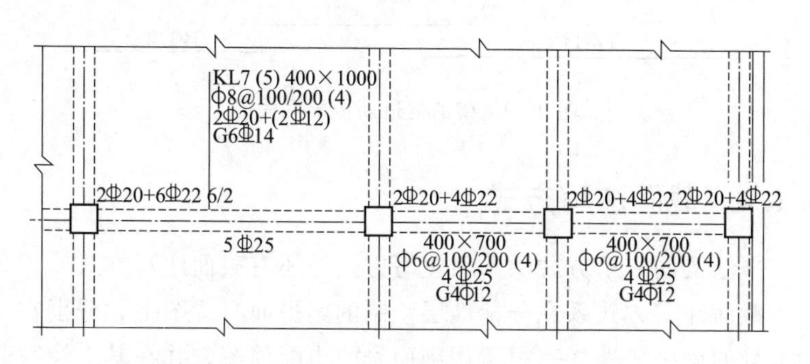

图 3-17　梁的箍筋集中标注与原位标注并存

图 3-18 中两个较小跨的箍筋原位标注的内容与集中标注的内容不一样，故应执行原位标注的内容。除此之外，梁高、构造筋（梁侧面纵向筋）及梁的截面高度，大跨梁和小跨梁也不一样，也

应执行原位标注的内容。

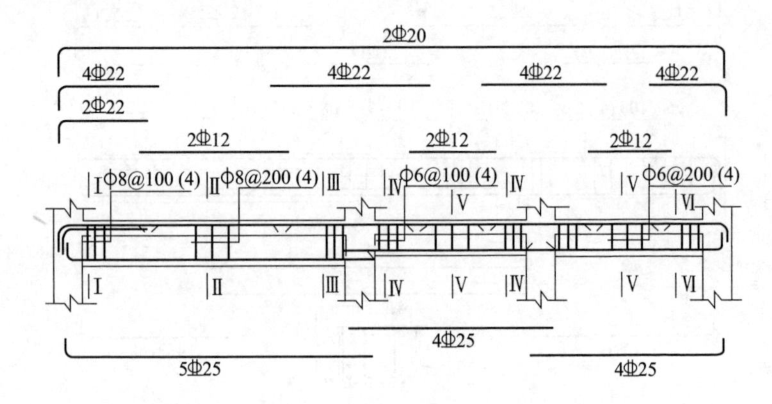

图 3-18　梁的箍筋传统工程图

图 3-18 中构造筋见图 3-19。

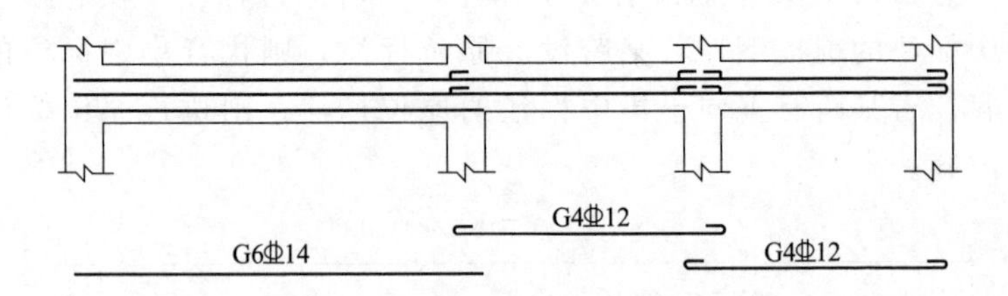

图 3-19　梁的构造筋传统工程图

3.1.4　截面注写方式

平法梁的表示方式除平面注写方式外还有截面注写方式。

截面注写方式系在分标准层绘制的梁平面布置图上，分别在不同编号的梁中各选择一根梁用剖面号引出配筋图，并在其上注写截面尺寸和配筋具体数值的方式来表达梁平法施工图。

首先对所有梁按规定进行编号，从相同编号的梁中选择一根梁，先将“单边截面号”画在该梁上，再将截面配筋详图画在本图或其他图上。当某梁的顶面标高与结构层的楼面标高不同时，尚应继其梁编号后注写梁顶面标高高差（注写规定与平面注写方式相同）。

在截面配筋详图上注写截面尺寸 $b \times h$、上部筋、下部筋、侧面构造筋或受扭筋以及箍筋的具体数值时，其表达形式与平面注写方式相同。

对于框架扁梁尚需在截面详图上注写未穿过柱截面的纵向受力筋根数。对于框架扁梁节点核心区附加钢筋，需采用平、剖面图表达节点核心区附加纵向钢筋、柱外核心区全部竖向拉筋以及端支座附加 U 型箍筋，注写其具体数值。

截面注写方式既可以单独使用，也可与平面注写方式结合使用。

在梁平法施工图的平面图中，当局部区域的梁布置过密时，除了采用截面注写方式表达外，也可将过密区用虚线框出适当放大比例后再用平面注写的措施来表达。当表达异形截面梁的尺寸与配筋时，用截面注写方式相对比较方便。

3.1.4.1 梁支座上部纵筋的长度规定

（1）为方便施工，凡框架梁的所有支座和非框架梁（不包括井字梁）的中间支座上部纵筋的伸出长度 a_0 值在标准构造详图中统一取值为：第一排非通长筋及与跨中直径不同的通长筋从柱（梁）边起伸出至 $l_n/3$ 位置；第二排非通长筋伸出至 $l_n/4$ 位置。l_n 的取值规定为：对于端支座，l_n 为本跨的净跨值；对于中间支座，l_n 为支座两边较大一跨的净跨值。

（2）悬挑梁（包括其他类型梁的悬挑部分）上部第一排纵筋伸出至梁端头并下弯，第二排伸出至 $3l/4$ 位置，l 为自柱（梁）边算起的悬挑净长。当具体工程需将悬挑梁中的部分上部筋从悬挑梁根部开始斜向弯下时，应由设计者另加注明。

（3）设计者在执行有关梁支座上部纵筋伸出长度的统一取值规定时，特别是在大小跨相邻和端跨外为长悬臂的情况下，还应注意按《混凝土结构设计规范》（GB 50010—2010）的相关规定进行校核，若不满足时应根据规范规定进行变更。

3.1.4.2　不伸入支座的梁下部纵筋长度规定

（1）当梁（不包括框支梁）下部纵筋不全部伸入支座时，不伸入支座的梁下部纵筋截断点距支座边的距离，在标准构造详图中统一取为 $0.1l_{ni}$（l_{ni}为本跨的净跨值）。

（2）当按规定确定不伸入支座的梁下部纵筋的数量时，应符合《混凝土结构设计规范》（GB 50010—2010）的有关规定。

3.1.4.3　其他

（1）非框架梁、井字梁的上部纵向钢筋在端支座的锚固要求，16G101-1 图集标准构造详图中规定：当设计按铰接时（代号 L、JZL），平直段伸至端支座对边后弯折，且平直段长度≥$0.35l_{ab}$，弯折段长度 $15d$（d 为纵向钢筋直径）；当充分利用钢筋的抗拉强度时（代号 Lg、JZLg），直段伸至端支座对边后弯折，且平直段长度≥$0.6l_{ab}$，弯折段长度 $15d$。

（2）非框架梁的下部纵向钢筋在中间支座和端支座的锚固长度，在 16G101-1 图集的构造详图中分别规定：对于带肋钢筋为 $12d$，对于光面钢筋为 $15d$（d 为纵向钢筋直径）。端支座直锚长度不足时，可采取弯钩锚固形式措施。当计算中需要充分利用下部纵向钢筋的抗压强度或抗拉强度，或具体工程有特殊要求时，其锚固长度应由设计者按照《混凝土结构设计规范》（GB 50010—2010）的相关规定进行变更。

（3）当非框架梁配有受扭纵向钢筋时，梁纵筋锚入支座的长度为 l_a，在端支座直锚长度不足时可伸至端支座对边后弯折，且平直段长度≥$0.6l_{ab}$，弯折段长度 $15d$。设计者应在图中注明。

（4）当梁纵筋兼做温度应力钢筋时，其锚入支座的长度由设计确定。

（5）当两楼层之间设有层间梁时（如结构夹层位置处的梁），应将设置该部分梁的区域划出另行绘制梁结构布置图，然后在其上表达梁平法施工图。

3.1.5 梁的构件代号

梁的构件代号，见表3-1。

表3-1 梁构件代号

梁类型	代号	序号	跨数及是否带有悬挑
楼层框架梁	KL	××	(××)、(××A)或(××B)
楼层框架扁梁	KBL	××	(××)、(××A)或(××B)
屋面框架梁	WKL	××	(××)、(××A)或(××B)
框支梁	KZL	××	(××)、(××A)或(××B)
托柱转换梁	TZL	××	(××)、(××A)或(××B)
非框架梁	L	××	(××)、(××A)或(××B)
悬挑梁	XL	××	(××)、(××A)或(××B)
井字梁	JZL	××	(××)、(××A)或(××B)

注：1.（××A）为一端有悬挑，（××B）为两端有悬挑，悬挑不计入跨数。

2. 楼层框架扁梁节点核心区代号KBH。

3. 非框架梁L、井字梁JZL表示端支座为铰接；当非框架梁L、井字梁JZL端支座上部纵筋为充分利用钢筋的抗拉强度时，在梁代号后加“g”。

在框架体系中，以钢筋混凝土框架柱为支撑固接点的梁属于“框架梁”，代号为KL。但若梁的一端是以非框架柱为支撑点，或两端均以非框架柱为支撑点，此时的梁只能叫做“梁”，而不能叫做“框架梁”，代号为“L”。

梁的截面尺寸、通长筋的数量及其规格和箍筋等相同的梁，要求编制成相同的“序号”。在多数情况下，框架梁的跨数是多跨的。

3.2 框架梁钢筋构造

3.2.1 楼层框架梁纵向钢筋构造

（1）楼层框架梁KL纵向钢筋构造，见图3-20。

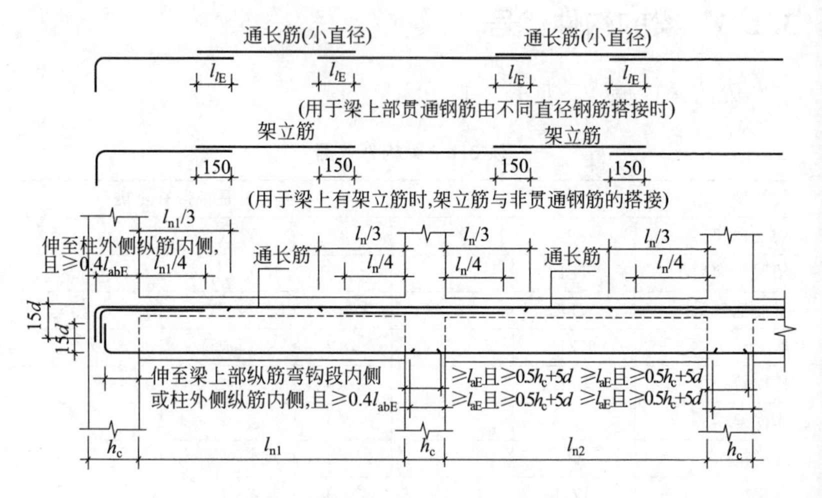

图 3-20　楼层框架梁 KL 纵向钢筋构造

（2）端支座加锚头（锚板）锚固，见图 3-21。

（3）端支座直锚，见图 3-22。

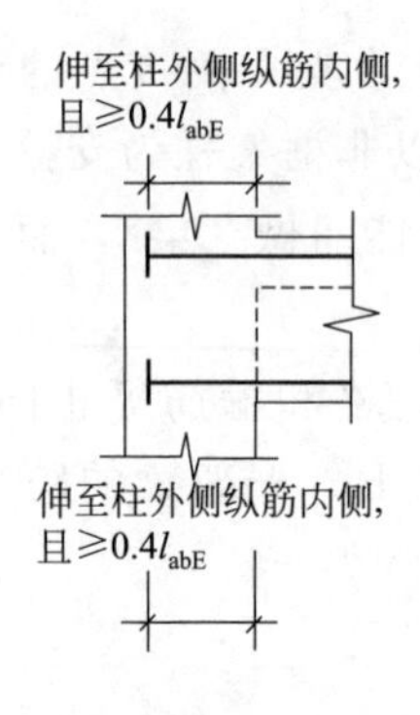

图 3-21　端支座加锚头（锚板）锚固

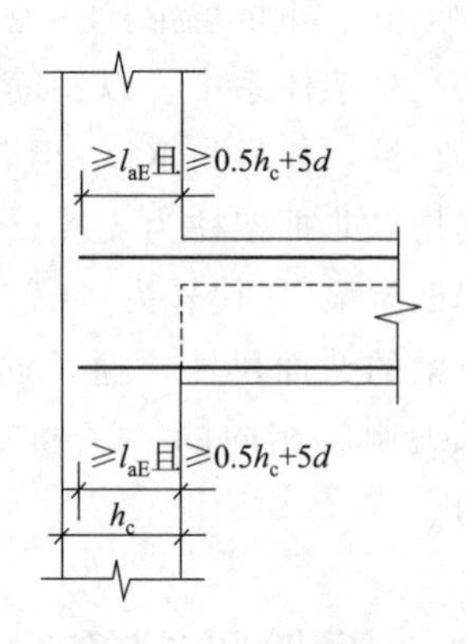

图 3-22　端支座直锚

（4）中间层中间节点梁下部筋在节点外搭接，见图 3-23。

梁下部钢筋不能在柱内锚固时，可在节点外搭接。相邻跨钢筋直径不同时，搭接位置位于较小直径一跨。

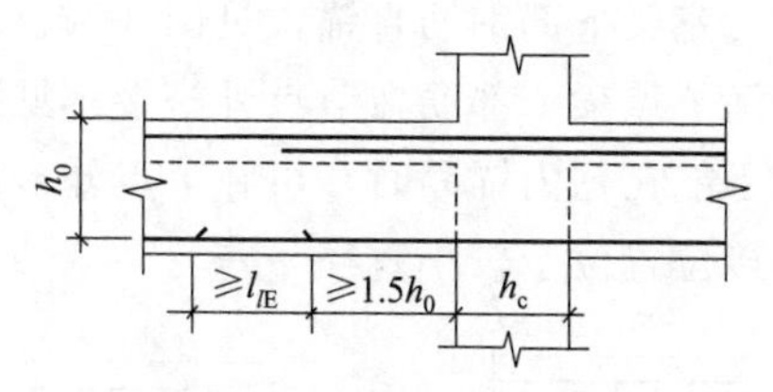

图 3-23　中间层中间节点梁下部筋在节点外搭接

图 3-20～图 3-23 中，跨度值 l_n 为左跨 l_{ni} 和右跨 l_{ni+1} 之较大值，其中 $i=1$，2，3，…，图中 h_c 为柱截面沿框架方向的高度。梁上部通长钢筋与非贯通钢筋直径相同时，连接位置宜位于跨中 $l_{ni}/3$ 范围内；梁下部钢筋连接位置宜位于支座 $l_{ni}/3$ 范围内；且在同一连接区段内钢筋接头面积百分率不宜大于 50%。当上柱截面尺寸小于下柱截面尺寸时，梁上部钢筋的锚固长度起算位置应为上柱内边缘，梁下纵筋的锚固长度起算位置为下柱内边缘。

3.2.2　屋面框架梁纵向钢筋构造

（1）屋面框架梁 WKL 纵向钢筋构造，见图 3-24。

（2）顶层端节点梁下部钢筋端头加锚头（锚板）锚固，见图 3-25。

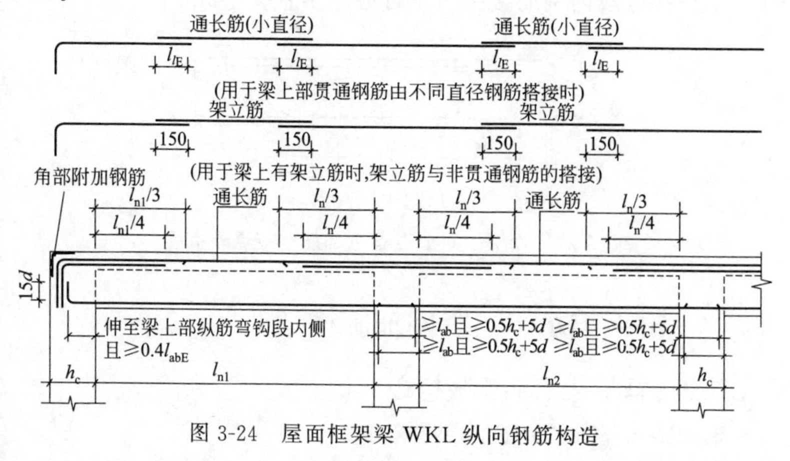

图 3-24　屋面框架梁 WKL 纵向钢筋构造

(3) 顶层端支座梁下部钢筋直锚，见图 3-26。

(4) 顶层中间节点梁下部筋在节点外搭接，见图 3-27。

梁下部钢筋不能在柱内锚固时，可在节点外搭接。相邻跨钢筋直径不同时，搭接位置位于较小直径一跨。

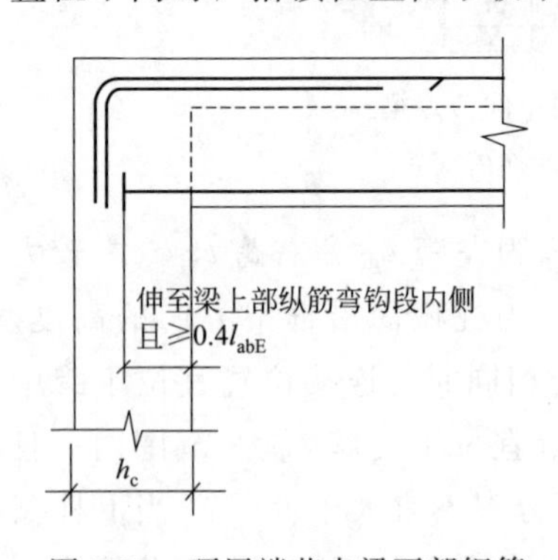

图 3-25 顶层端节点梁下部钢筋端头加锚头（锚板）锚固

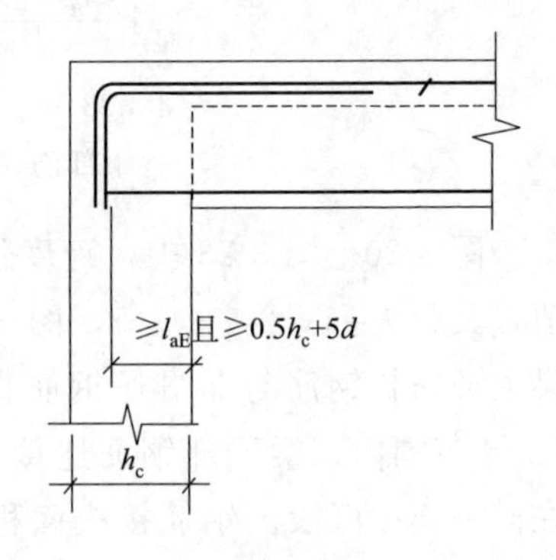

图 3-26 顶层端支座梁下部钢筋直锚

图 3-24～图 3-27 中，跨度值 l_n 为左跨 l_{ni} 和右跨 l_{ni+1} 之较大值，其中 $i=1$，2，3，…，图中 h_c 为柱截面沿框架方向的高度。梁上部通长钢筋与非贯通钢筋直径相同时，连接位置宜位于跨中 $l_{ni}/3$ 范围内；梁下部钢筋连接位置宜位于支座 $l_{ni}/3$ 范围内；且在同一连接区段内钢筋接头面积百分率不宜大于 50%。

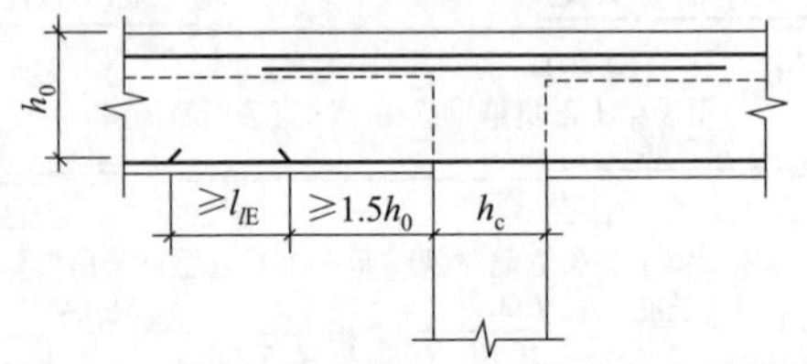

图 3-27 顶层中间节点梁下部筋在节点外搭接

3.2.3 框架梁水平、竖向加腋构造

3.2.3.1 框架梁水平加腋构造

框架梁水平加腋构造，见图 3-28。

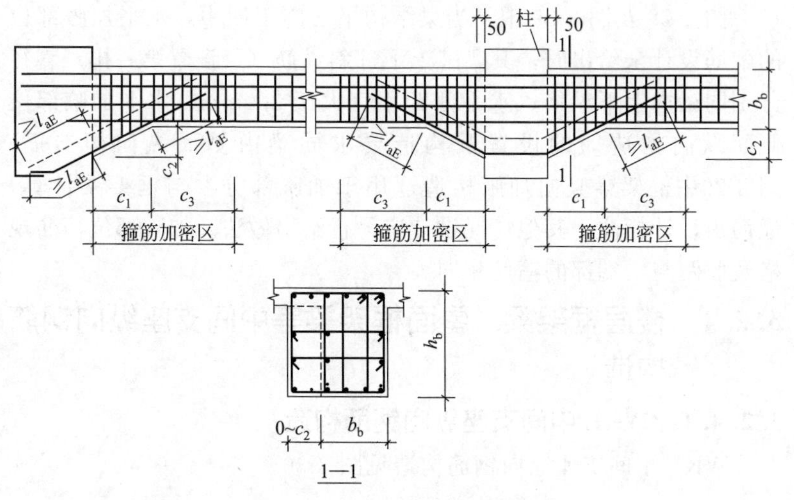

图 3-28　框架梁水平加腋构造

（c_3取值：抗震等级为一级≥2.0h_b且≥500；抗震等级为二～四级≥1.5h_b且≥500）

3.2.3.2　框架梁竖向加腋构造

框架梁竖向加腋构造见图 3-29。

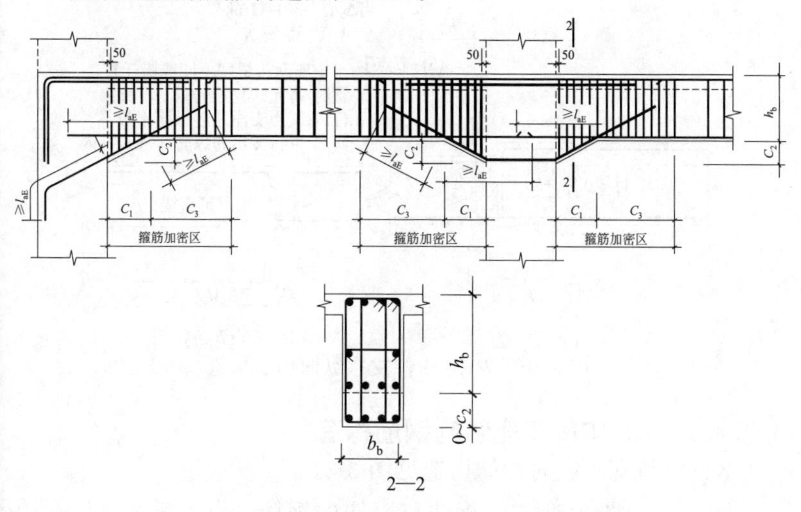

图 3-29　框架梁竖向加腋构造

（c_3取值：抗震等级为一级≥2.0h_b且≥500；抗震等级为二～四级≥1.5h_b且≥500）

图 3-28 及图 3-29 中，当梁结构平法施工四中，水平加腋部位的配筋设计未给出时，其梁腋上下部斜纵筋（仅设置第一排）直径分别同梁内上下纵筋，水平间距不宜大于 200mm；水平加腋部位侧面纵向构造筋的设置及构造要求同梁内侧面纵向构造筋。图 3-29中框架梁竖向加腋构造适用于加腋部分参与框架梁计算，配筋由设计标注；其他情况设计应另行给出做法。加腋部位箍筋规格及肢距与梁端部的箍筋相同。

3.2.4 楼层框架梁、屋面框架梁等中间支座纵向钢筋构造

3.2.4.1 WKL 中间支座纵向钢筋构造

WKL 中间支座纵向钢筋构造见图 3-30。

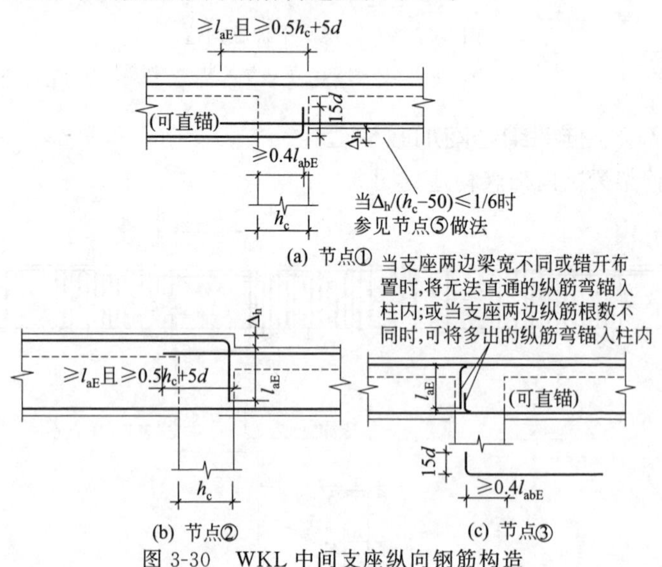

图 3-30　WKL 中间支座纵向钢筋构造

3.2.4.2 KL 中间支座纵向钢筋构造

KL 中间支座纵向钢筋构造见图 3-31。

图 3-30、图 3-31 中，标注可直锚的钢筋，当支座宽度满足直锚要求时，可直锚。

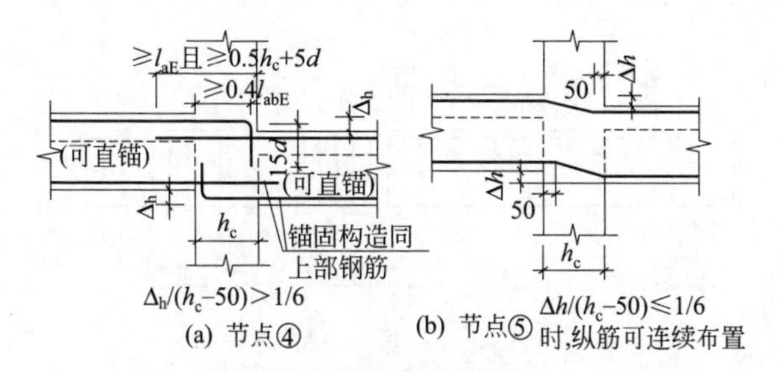

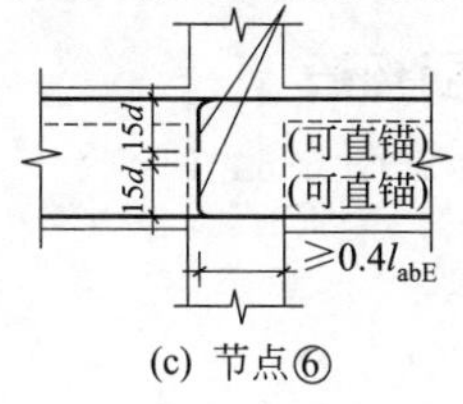

图 3-31 KL 中间支座纵向钢筋构造

3.2.5 框架梁 KL、WKL 箍筋构造

3.2.5.1 框架梁（KL、WKL）箍筋加密区范围

框架梁（KL、WKL）箍筋加密区范围（一），见图 3-32。

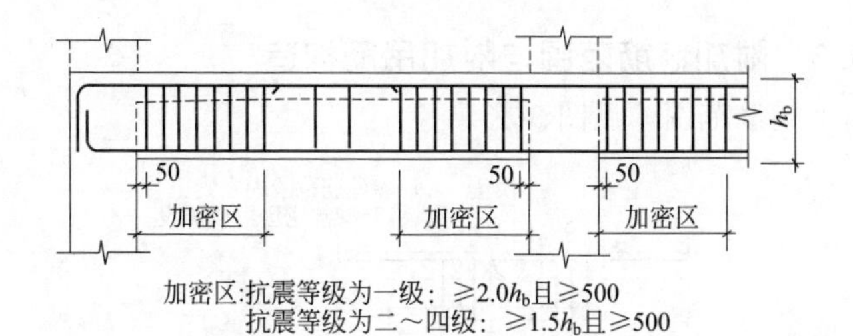

图 3-32 框架梁（KL、WKL）箍筋加密区范围（一）

注：弧形梁沿梁中心线展开，箍筋间距沿凸面线量度。h_b为梁截面高度。

框架梁（KL、WKL）箍筋加密区范围（二），见图 3-33。

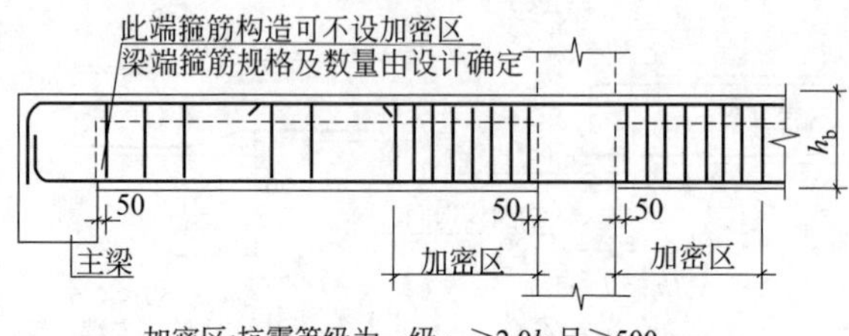

图 3-33　框架梁（KL、WKL）箍筋加密区范围（二）

注：弧形梁沿梁中心线展开，箍筋间距沿凸面线量度。h_b为梁截面高度。

3.2.5.2　主次梁斜交箍筋构造

主次梁斜交箍筋构造，见图 3-34。

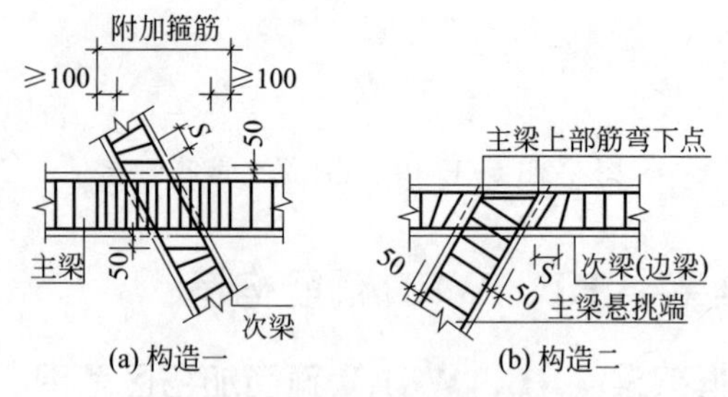

图 3-34　主次梁斜交箍筋构造

S——次梁中箍筋间距

3.2.5.3　附加箍筋范围与附加吊筋构造

附加箍筋范围，见图 3-35。

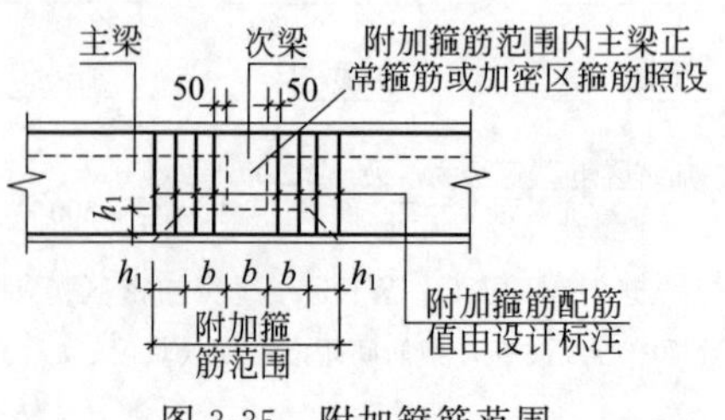

图 3-35　附加箍筋范围

附加吊筋构造，见图 3-36。

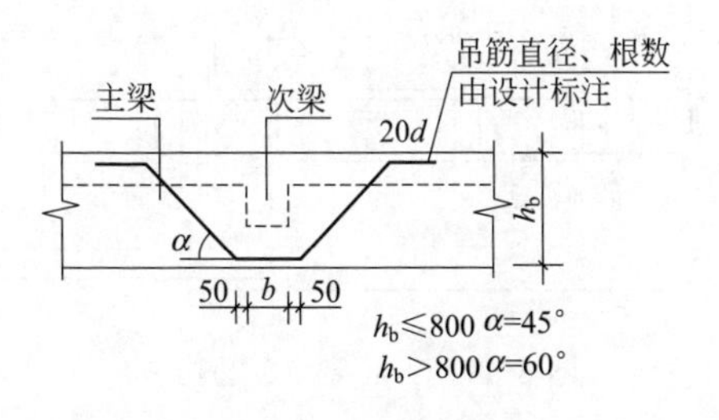

图 3-36 附加吊筋构造

3.2.5.4 梁与方柱斜交，或与圆柱相交时箍筋起始位置

梁与方柱斜交，或与圆柱相交时箍筋起始位置，见图 3-37。（为便于施工，梁在柱内的箍筋在现场可用两个半套箍搭接或焊接。）

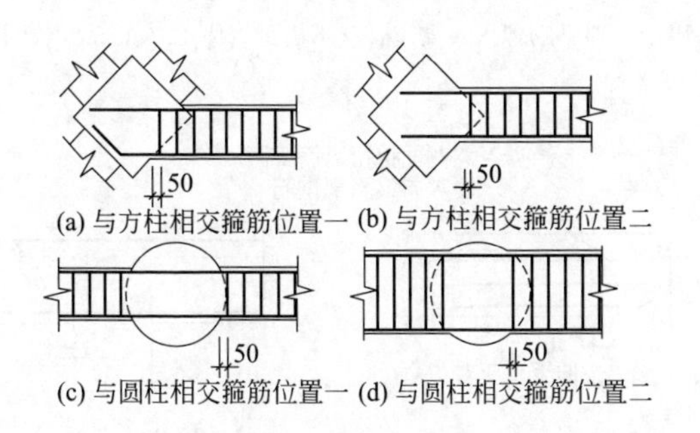

图 3-37 梁与方柱斜交，或与圆柱相交时箍筋起始位置

图 3-32～图 3-37 框架梁箍筋加密区范围同样适用于框架梁与剪力墙平面内连接的情况。

3.2.6 非框架梁 L、Lg 配筋构造

非框架梁配筋构造见图 3-38。

图 3-38～图 3-40 中，跨度值 l_n为左跨 l_{ni}和右跨 l_{ni+1}之较大值，其中 i＝1,2,3,…,当梁上部有通长钢筋时，连接位置宜位于

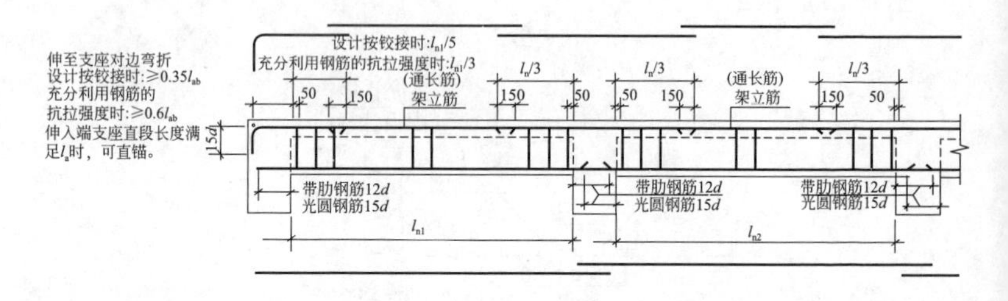

图 3-38　非框架梁配筋构造

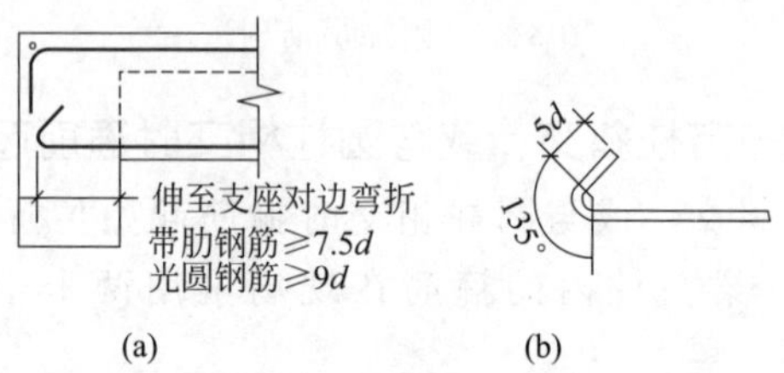

图 3-39　端支座非框架梁下部纵筋弯锚构造

注：用于下部纵筋伸入边支座长度不满足直锚 12d（15d）要求时。

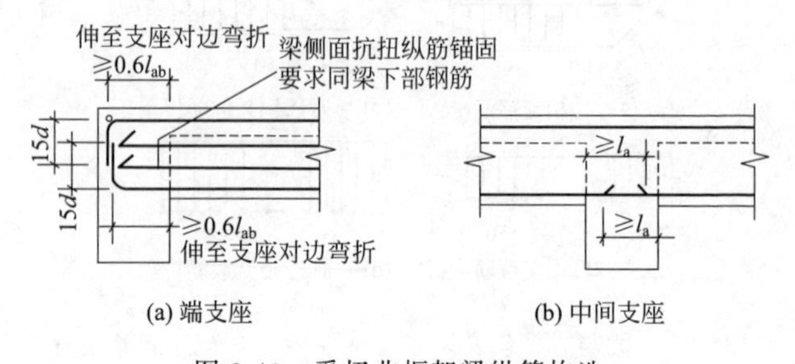

图 3-40　受扭非框架梁纵筋构选

注：纵筋伸入端支座直段长度满足 l_a 时可直锚。

跨中 $l_{ni}/3$ 范围内；梁下部钢筋连接位置宜位于支座 $l_{ni}/4$ 范围内；且在同一连接区段内钢筋接头面积百分率不宜大于50%。当梁纵筋兼做温度应力筋时，梁下部钢筋锚入支座长度由设计确定。

图 3-38 中“设计按铰接时”用于代号为 L 的非框架梁、“充

分利用钢筋的抗拉强度时”用于代号为 Lg 的非框架梁。弧形非框架梁的箍筋间距沿梁凸面线度量。图 3-38 中“受扭非框架梁纵筋构造”用于梁侧配有受扭钢筋时，当梁侧未配受扭钢筋的非框架梁需采用此构造时，设计应明确指定。

3.2.7 不伸入支座的梁下部纵向钢筋断点位置与梁侧面纵向构造筋和拉筋

3.2.7.1 不伸入支座的梁下部纵向钢筋断点位置

不伸入支座的梁下部纵向钢筋断点位置见图 3-41。

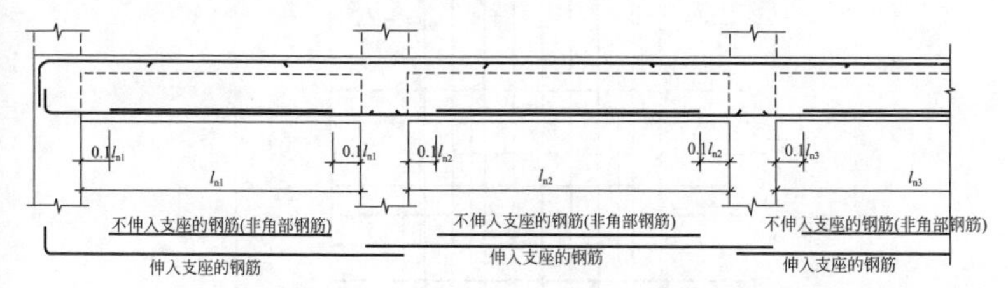

图 3-41 不伸入支座的梁下部纵向钢筋断点位置

（本构造详图不适用于框支梁、框架扁梁）

3.2.7.2 梁侧面纵向构造筋和拉筋

梁侧面纵向构造筋和拉筋见图 3-42。

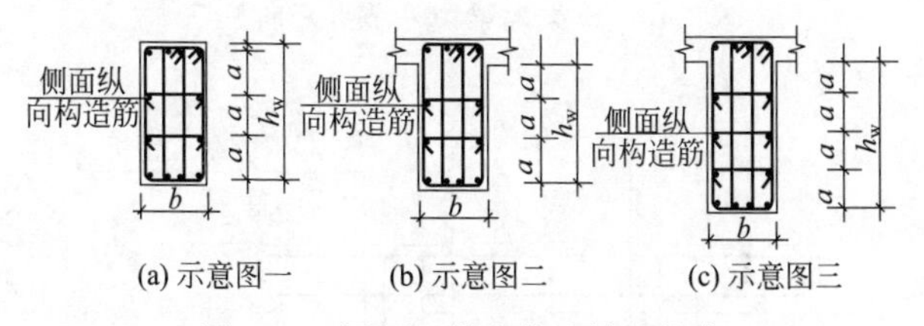

图 3-42 梁侧面纵向构造筋和拉筋

当 $h_w \geqslant 450$mm 时，在梁的两个侧面应沿高度配置纵向构造钢筋；纵向构造钢筋间距 $a \leqslant 200$mm。当梁侧面配有直径不小于构造纵筋的受扭纵筋时，受扭钢筋可以代替构造钢筋。梁侧面构造纵筋的搭接与锚固长度可取 15d。梁侧面受扭纵筋的搭接长度为 l_{lE}或

l_l，其锚固长度为 l_{aE} 或 l_a，锚固方式同框架梁下部纵筋。当梁宽≤350mm时，拉筋直径为6mm；梁宽＞350mm时，拉筋直径为8mm。拉筋间距为非加密区箍筋间距的2倍。当设有多排拉筋时，上下两排拉筋竖向错开设置。

3.2.8 框架扁梁中柱节点

3.2.8.1 框架扁梁中柱节点竖向拉筋

框架扁梁中柱节点竖向拉筋见图3-43和图3-44。

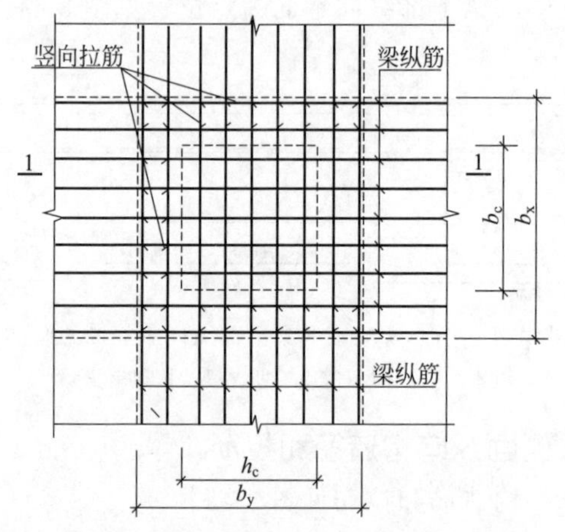

图3-43 框架扁梁中柱节点竖向拉筋

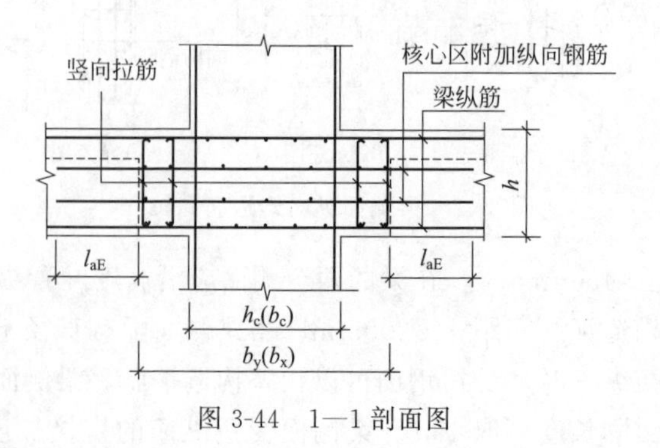

图3-44 1—1剖面图

3.2.8.2　框架扁梁中柱节点附加纵向钢筋

框架扁梁中柱节点附加纵向钢筋见图 3-45。

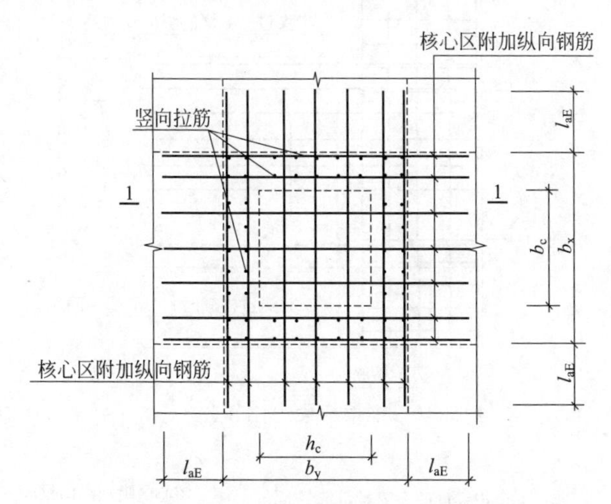

图 3-45　框架扁梁中柱节点附加纵向钢筋

图 3-43～图 3-45 中，框架扁梁上部通长钢筋连接位置、非贯通钢筋伸出长度要求同框架梁。穿过柱截面的框架扁梁下部纵筋，可在柱内锚固；未穿过柱截面下部纵筋应贯通节点区。框架扁梁下部纵筋在节点外连接时，连接位置宜避开箍筋加密区，并宜位于支座 $l_{ni}/3$ 范围之内。竖向拉筋同时勾住扁梁上下双向纵筋，拉筋末端采用 135°弯钩，早直段长度为 $10d$。

3.2.9　框架扁梁边柱节点与框架扁梁箍筋构造

3.2.9.1　框架扁梁边柱节点（一）

框架扁梁边柱节点（一）见图 3-46。

3.2.9.2　未穿过柱截面的扁梁纵向受力筋锚固做法

未穿过柱截面的扁梁纵向受力筋锚固做法见图 3-47。

图 3-46、图 3-47 中，穿过柱截面框架扁梁纵向受力钢筋锚固做法同框架梁。框架扁梁上部通长钢筋连接位置、非贯通钢筋伸出

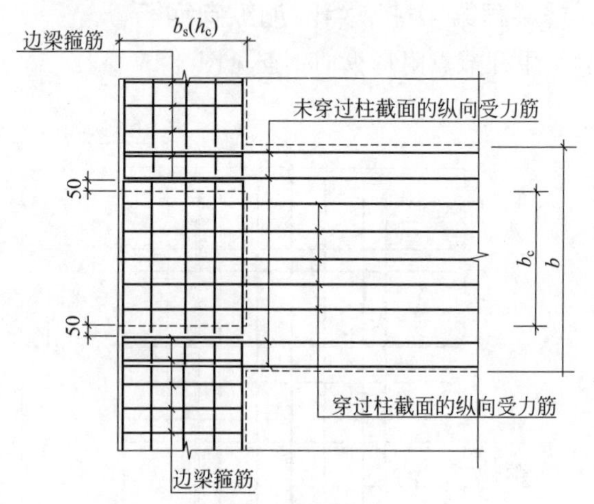

图 3-46　框架扁梁边柱节点（一）

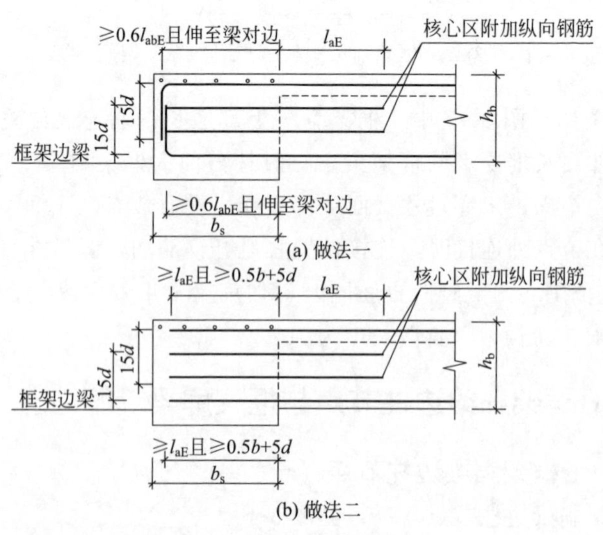

图 3-47　未穿过柱截面的扁梁纵向受力筋锚固做法

长度要求同框架梁。框架扁梁下部钢筋在节点外连接时，连接位置宜避开箍筋加密区，并宜位于支座 $l_{ni}/3$ 范围之内。节点核心区附加纵向钢筋在柱及边梁中锚固同框架扁梁纵向受力钢筋。

3.2.9.3　框架扁梁边柱节点（二）

框架扁梁边柱节点（二）见图 3-48～图 3-50。

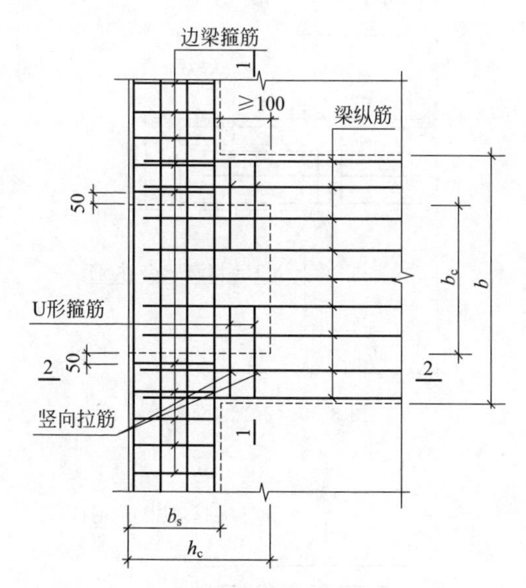

图 3-48　框架扁梁边柱节点（二）

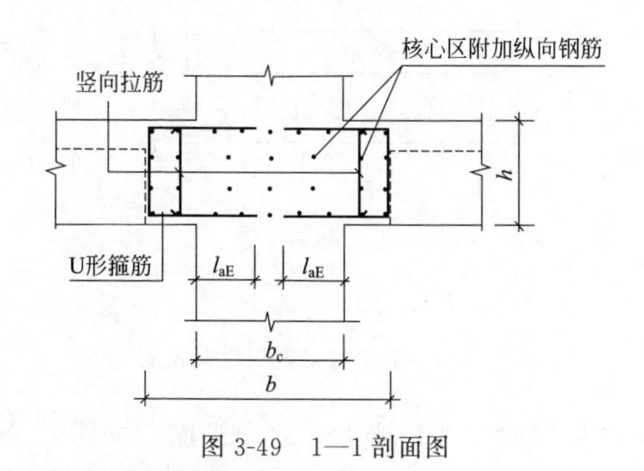

图 3-49　1—1 剖面图

3.2.9.4　框架扁梁附加纵向钢筋

框架扁梁附加纵向钢筋见图 3-51。

图 3-51 中，当 $h_c-b_s\geq100$mm 时，需设置 U 形箍筋及竖向

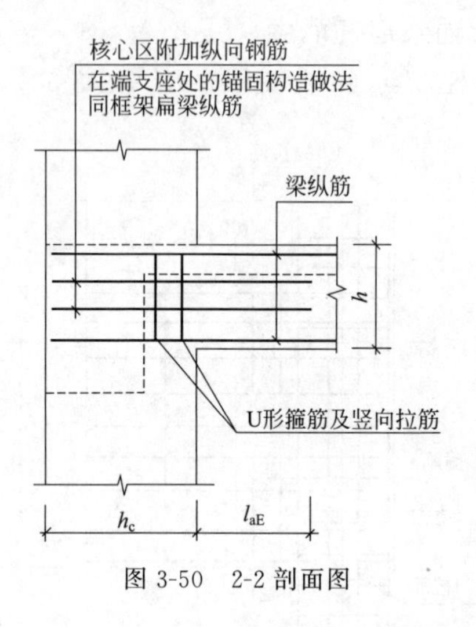

图 3-50　2-2 剖面图

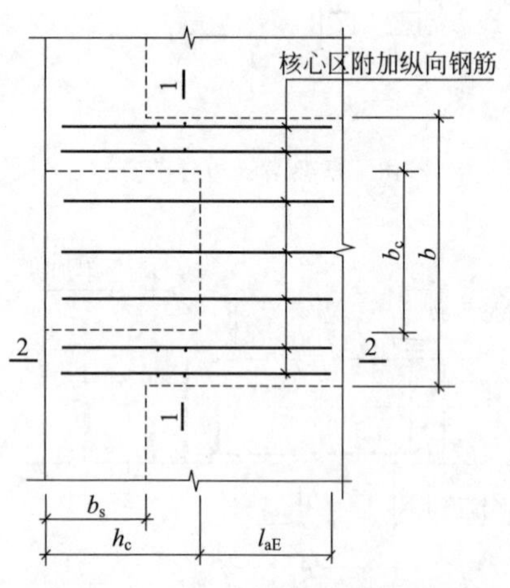

图 3-51　框架扁梁附加纵向钢筋

拉筋。竖向拉筋同时勾住扁梁上下双向纵筋，拉筋末端采用 135°弯钩，平直段长度为 $10d$。

3.2.9.5　框架扁梁箍筋构造

框架扁梁箍筋构造见图 3-52。

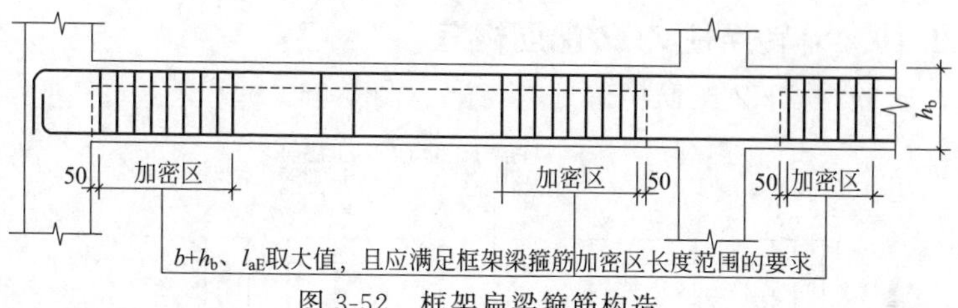

图 3-52 框架扁梁箍筋构造

3.2.10 框支梁 KZL、转换柱 ZHZ 配筋构造

3.2.10.1 框支梁 KZL 配筋构造

框支梁 KZL 配筋构造见图 3-53 和图 3-54。

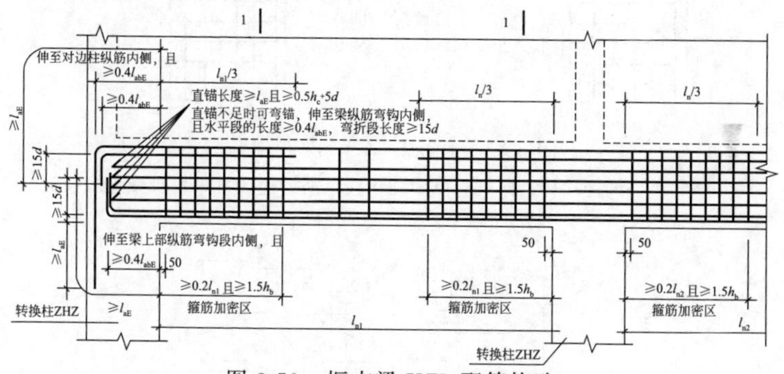

图 3-53 框支梁 KZL 配筋构造

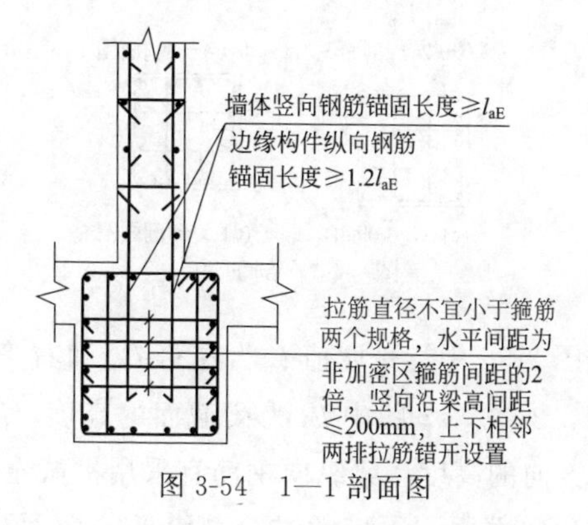

图 3-54 1—1 剖面图

3.2.10.2 转换柱 ZHZ 配筋构造

转换柱 ZHZ 配筋构造见图 3-55、图 5-56。

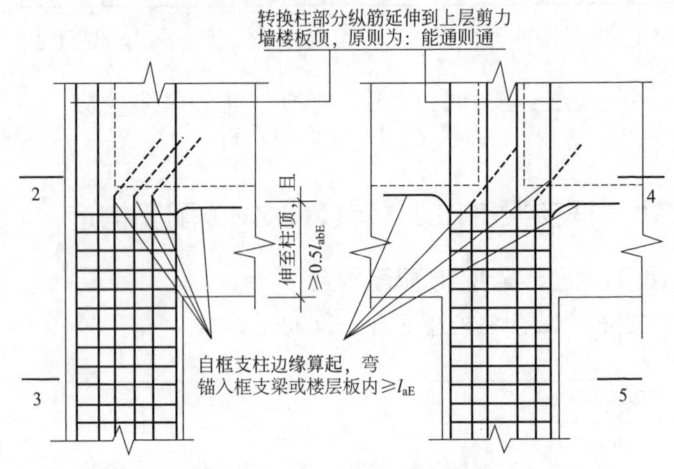

图 3-55 转换柱 ZHZ 配筋构造

注：柱底纵筋的连接构造同抗震框架柱；柱纵筋的连接宜采用机械连接接头。

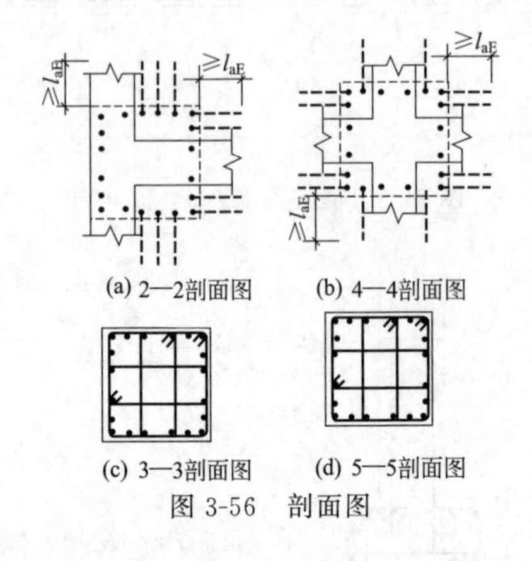

图 3-56 剖面图

图 3-53～图 3-56 中，跨度值 l_n为左跨 l_{ni}和右跨 l_{ni+1}之较大值，其中 $i=1$，2，3，…图中 h_b为梁截面的高度，h_c为转换柱截面沿转换框架方向的高度。梁纵向钢筋宜采用机械连接接头，同一截面内接头钢筋截面面积不应超过全部纵筋截面面积的 50%，接

头位置应避开上部墙体开洞部位、梁上托柱部位及受力较大部位。对托柱转换梁的托柱部位或上部的墙体开洞部位，梁的箍筋应加密配置，加密区范围可取梁上托拄边或墙边两侧各 1.5 倍转换梁高度。转换柱纵筋中心距不应小于 80，且净距不应小于 50。

3.2.11 框支梁 KZL 上部墙体开洞部位加强做法与托柱转换梁 TZL 托柱位置箍筋加密构造

3.2.11.1 框支梁 KZL 上部墙体开洞部位加强做法

框支梁 KZL 上部墙体开洞部位加强做法见图 3-57 和图 3-58。

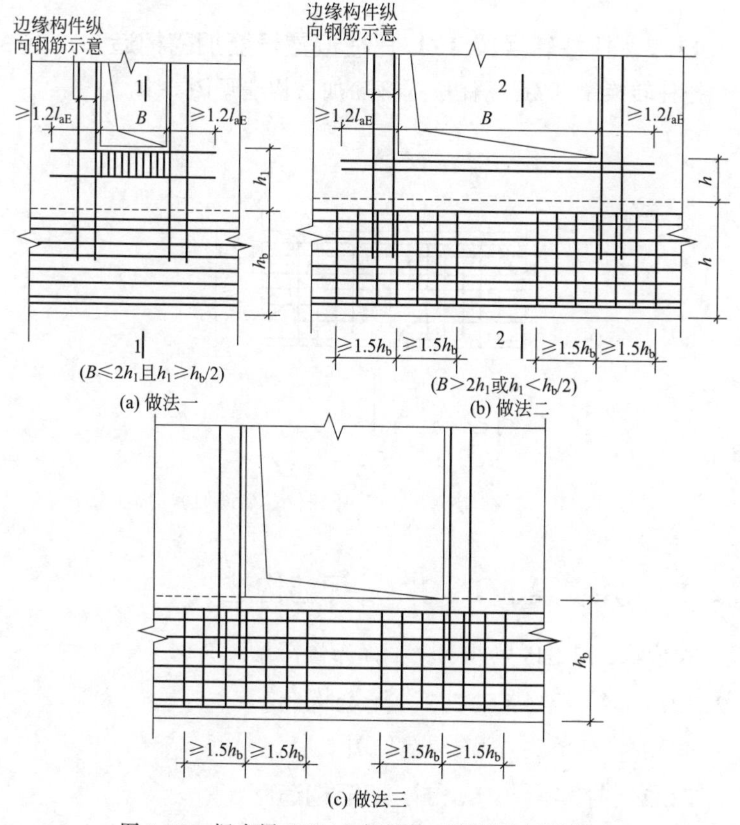

(a) 做法一

(b) 做法二

(c) 做法三

图 3-57 框支梁 KZL 上部墙体开洞部位加强做法

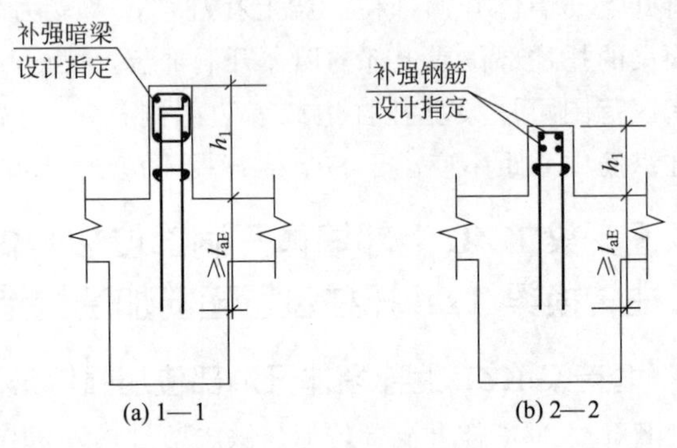

图 3-58 剖面图

3.2.11.2 托柱转换梁 TZL 托柱位置箍筋加密构造

托柱转换梁 TZL 托柱位置箍筋加密构造见图 3-59。

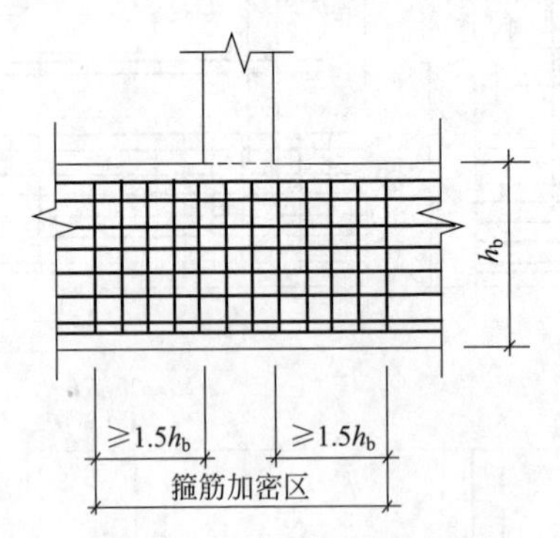

图 3-59 托柱转换梁 TZL 托柱位置箍筋加密构造

3.2.12 井字梁 JZL、JZLg 配筋构造

矩形平面网络区域井字梁平面布置图见图 3-60。

3.2.12.1 井字梁 JZL2(2) 配筋构造

井字梁 JZL2(2) 配筋构造见图 3-61。

3.2.12.2 井字梁 JZL5(1) 配筋构造

井字梁 JZL5(1) 配筋构造见图 3-62。

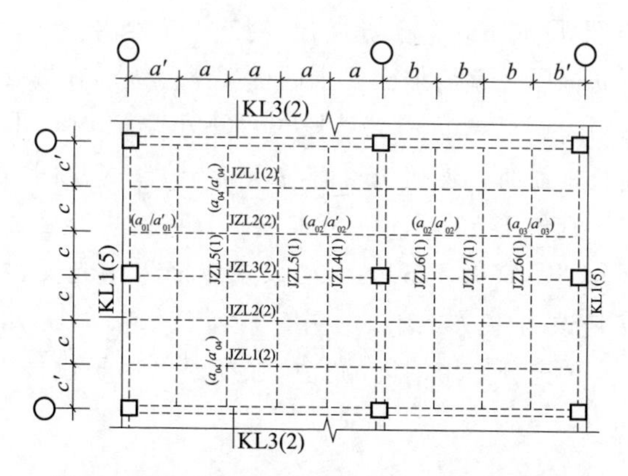

图 3-60　矩形平面网络区域井字梁平面布置图

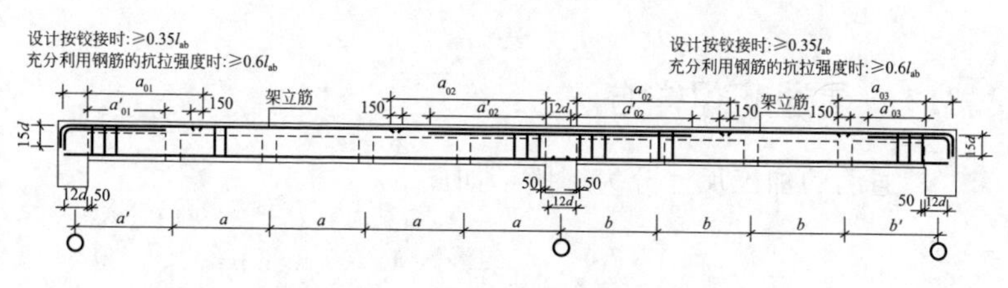

图 3-61　井字梁 JZL2(2) 配筋构造

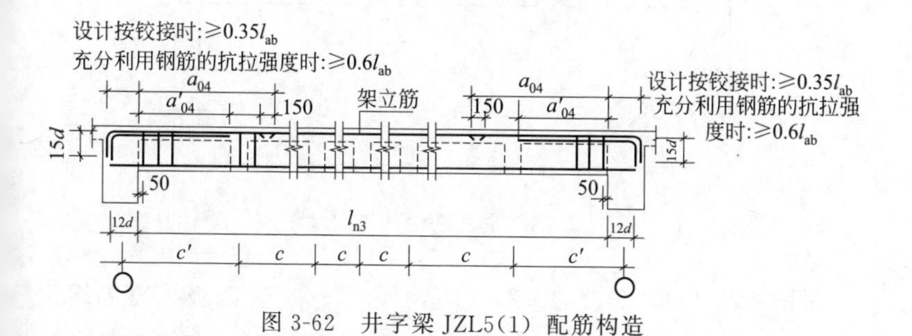

图 3-62　井字梁 JZL5(1) 配筋构造

图 3-60～图 3-62 中，仅标注了井字梁编号以及其中两根井字梁支座上部钢筋的伸出长度值代号，略去了集中注写与原位注写的其他内容。设计无具体说明时，井字梁上、下部纵筋均短跨在下，长跨在上；短跨梁箍筋在相交范围内通长设置；相交处两侧各附加

三道箍筋，间距 50mm，箍筋直径及肢数同梁内箍筋。JZL3(2)在柱子的纵筋锚固及箍筋加密要求同框架梁。纵筋在端支座应伸至主梁外侧纵筋内侧后弯折，当直段长度不小于 l_a时可不弯折。当梁上部有通长钢筋时，连接位置宜位于跨中 $l_{ni}/3$ 范围内；梁下部钢筋连接位置宜位于支座 $l_{ni}/4$ 范围内；且在同一连接区段内钢筋接头面积百分率不宜大于 50%。当梁中纵筋采用光面钢筋时，图 3-61 中 $12d$ 应改为 $15d$。图 3-61 中“设计按铰接时”、用于代号为 JZL 的井字梁“充分利用钢筋的抗拉强度时”用于代号为 JZLg 的井字梁。

3.3 框架梁钢筋翻样方法

3.3.1 贯通筋翻样方法

贯通筋的加工尺寸分为三段，如图 3-63 所示。

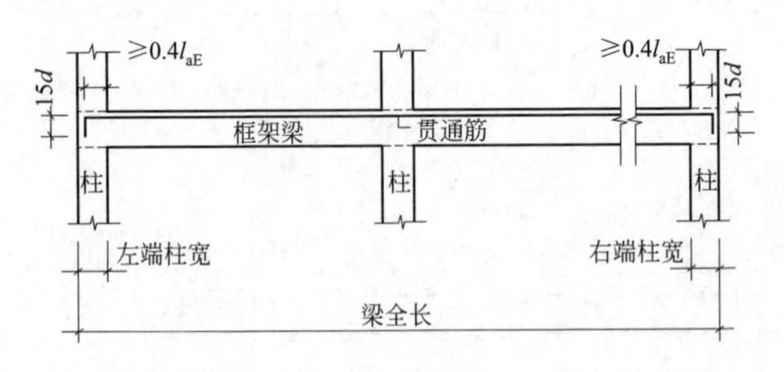

图 3-63　贯通筋的加工尺寸

图 3-63 中的“≥0.4l_{aE}”，表示一、二、三、四级抗震等级钢筋进入柱中，水平方向的锚固长度值；“15d”，表示在柱中竖向的锚固长度值。

在标注贯通筋加工尺寸时，图 3-63 中标注的是外皮尺寸。这时，在求下料长度时，需减去由于有两个直角钩发生的外皮差值。

在框架结构的构件中，常用的钢筋有 HRB335 级和 HRB400 级钢筋两种；常用的混凝土有 C30、C35、C40、C45、C50、C55 和≥C60。另外，还应考虑结构的抗震等级等因素。

为了计算方便，综合上述各种因素，用表的形式把计算公式列入其中，见表 3-2～表 3-15。

表 3-2　HRB335 级钢筋 C30 混凝土框架梁贯通筋计算 单位：mm

抗震等级	l_{aE}	直径	l_1	l_2	下料长度
一、二级	$33d$	$d\leqslant 25$	梁全长－左端柱宽－右端柱宽＋$2\times 13.2d$	$15d$	$l_1+2\times l_2-2\times$外皮差值
	—	$d>25$	—		
三级	$30d$	$d\leqslant 25$	梁全长－左端柱宽－右端柱宽＋$2\times 12.4d$		
	—	$d>25$	—		

表 3-3　HRB335 级钢筋 C35 混凝土框架梁贯通筋计算 单位：mm

抗震等级	l_{aE}	直径	l_1	l_2	下料长度
一、二级	$31d$	$d\leqslant 25$	梁全长－左端柱宽－右端柱宽＋$2\times 12.4d$	$15d$	$l_1+2\times l_2-2\times$外皮差值
	—	$d>25$	—		
三级	$28d$	$d\leqslant 25$	梁全长－左端柱宽－右端柱宽＋$2\times 11.2d$		
	—	$d>25$	—		

表 3-4　HRB335 级钢筋 C40 混凝土框架梁贯通筋计算表

单位：mm

抗震等级	l_{aE}	直径	l_1	l_2	下料长度
一、二级	$29d$	$d\leqslant 25$	梁全长－左端柱宽－右端柱宽＋$2\times 11.6d$	$15d$	$l_1+2\times l_2-2\times$外皮差值
	—	$d>25$	—		
三级	$26d$	$d\leqslant 25$	梁全长－左端柱宽－右端柱宽＋$2\times 10.4d$		
	—	$d>25$	—		

表 3-5　HRB335 级钢筋 C45 混凝土框架梁贯通筋计算表

单位：mm

抗震等级	l_{aE}	直径	l_1	l_2	下料长度
一、二级	$26d$	$d\leqslant 25$	梁全长－左端柱宽－右端柱宽＋$2\times 10.4d$	$15d$	$l_1+2\times l_2-2\times$外皮差值
	—	$d>25$	—		
三级	$24d$	$d\leqslant 25$	梁全长－左端柱宽－右端柱宽＋$2\times 9.6d$		
	—	$d>25$	—		

表 3-6　HRB335 级钢筋 C50 混凝土框架梁贯通筋计算表

单位：mm

抗震等级	l_{aE}	直径	l_1	l_2	下料长度
一、二级	25d	d≤25	梁全长－左端柱宽－右端柱宽＋2×10d	15d	l_1＋2×l_2－2×外皮差值
	—	d＞25	—		
三级	23d	d≤25	梁全长－左端柱宽－右端柱宽＋2×9.2d		
	—	d＞25	—		

表 3-7　HRB335 级钢筋 C55 混凝土框架梁贯通筋计算表

单位：mm

抗震等级	l_{aE}	直径	l_1	l_2	下料长度
一、二级	24d	d≤25	梁全长－左端柱宽－右端柱宽＋2×9.6d	15d	l_1＋2×l_2－2×外皮差值
	—	d＞25	—		
三级	22d	d≤25	梁全长－左端柱宽－右端柱宽＋2×8.8d		
	—	d＞25	—		

表 3-8　HRB335 级钢筋≥C60 混凝土框架梁贯通筋计算表

单位：mm

抗震等级	l_{aE}	直径	l_1	l_2	下料长度
一、二级	24d	d≤25	梁全长－左端柱宽－右端柱宽＋2×9.6d	15d	l_1＋2×l_2－2×外皮差值
	—	d＞25	—		
三级	22d	d≤25	梁全长－左端柱宽－右端柱宽＋2×8.8d		
	—	d＞25	—		

表 3-9　HRB400 级钢筋 C30 混凝土框架梁贯通筋计算表

单位：mm

抗震等级	l_{aE}	直径	l_1	l_2	下料长度
一、二级	40d	d≤25	梁全长－左端柱宽－右端柱宽＋2×16d	15d	l_1＋2×l_2－2×外皮差值
	45d	d＞25	梁全长－左端柱宽－右端柱宽＋2×18d		
三级	37d	d≤25	梁全长－左端柱宽－右端柱宽＋2×14.8d		
	41d	d＞25	梁全长－左端柱宽－右端柱宽＋2×16.4d		

表 3-10 HRB400 级钢筋 C35 混凝土框架梁贯通筋计算表

单位：mm

抗震等级	l_{aE}	直径	l_1	l_2	下料长度
一、二级	37d	$d\leqslant 25$	梁全长－左端柱宽－右端柱宽＋2×14.8d	15d	l_1＋2×l_2－2×外皮差值
	40d	$d>25$	梁全长－左端柱宽－右端柱宽＋2×16d		
三级	34d	$d\leqslant 25$	梁全长－左端柱宽－右端柱宽＋2×13.6d		
	37d	$d>25$	梁全长－左端柱宽－右端柱宽＋2×14.8d		

表 3-11 HRB400 级钢筋 C40 混凝土框架梁贯通筋计算表

单位：mm

抗震等级	l_{aE}	直径	l_1	l_2	下料长度
一、二级	33d	$d\leqslant 25$	梁全长－左端柱宽－右端柱宽＋2×13.2d	15d	l_1＋2×l_2－2×外皮差值
	37d	$d>25$	梁全长－左端柱宽－右端柱宽＋2×14.8d		
三级	30d	$d\leqslant 25$	梁全长－左端柱宽－右端柱宽＋2×12d		
	34d	$d>25$	梁全长－左端柱宽－右端柱宽＋2×13.6d		

表 3-12 HRB400 级钢筋 C45 混凝土框架梁贯通筋计算表

单位：mm

抗震等级	l_{aE}	直径	l_1	l_2	下料长度
一、二级	32d	$d\leqslant 25$	梁全长－左端柱宽－右端柱宽＋2×12.8d	15d	l_1＋2×l_2－2×外皮差值
	36d	$d>25$	梁全长－左端柱宽－右端柱宽＋2×14.4d		
三级	29d	$d\leqslant 25$	梁全长－左端柱宽－右端柱宽＋2×11.6d		
	33d	$d>25$	梁全长－左端柱宽－右端柱宽＋2×13.2d		

表 3-13 HRB400 级钢筋 C50 混凝土框架梁贯通筋计算表

单位：mm

抗震等级	l_{aE}	直径	l_1	l_2	下料长度
一、二级	31d	$d\leqslant 25$	梁全长－左端柱宽－右端柱宽＋2×12.4d	15d	l_1＋2×l_2－2×外皮差值
	35d	$d>25$	梁全长－左端柱宽－右端柱宽＋2×14d		
三级	28d	$d\leqslant 25$	梁全长－左端柱宽－右端柱宽＋2×11.2d		
	32d	$d>25$	梁全长－左端柱宽－右端柱宽＋2×12.8d		

表 3-14　HRB400 级钢筋 C55 混凝土框架梁贯通筋计算表

单位：mm

抗震等级	l_{aE}	直径	l_1	l_2	下料长度
一、二级	$30d$	$d\leqslant25$	梁全长－左端柱宽－右端柱宽＋$2\times12d$	$15d$	l_1＋$2\times l_2$－$2\times$外皮差值
	$33d$	$d>25$	梁全长－左端柱宽－右端柱宽＋$2\times13.2d$		
三级	$27d$	$d\leqslant25$	梁全长－左端柱宽－右端柱宽＋$2\times10.8d$		
	$30d$	$d>25$	梁全长－左端柱宽－右端柱宽＋$2\times12d$		

表 3-15　HRB400 级钢筋≥C60 混凝土框架梁贯通筋计算表

单位：mm

抗震等级	l_{aE}	直径	l_1	l_2	下料长度
一、二级	$29d$	$d\leqslant25$	梁全长－左端柱宽－右端柱宽＋$2\times11.6d$	$15d$	l_1＋$2\times l_2$－$2\times$外皮差值
	$32d$	$d>25$	梁全长－左端柱宽－右端柱宽＋$2\times12.8d$		
三级	$26d$	$d\leqslant25$	梁全长－左端柱宽－右端柱宽＋$2\times10.4d$		
	$29d$	$d>25$	梁全长－左端柱宽－右端柱宽＋$2\times11.6d$		

3.3.2　边跨上部直角筋翻样方法

图 3-64 及图 3-65 为在梁与边柱交接处，在梁的上部放置承受负弯矩直角形钢筋的示意图。筋的 l_1 部分，是由三分之一边净跨长度和 $0.4l_{aE}$ 两部分组成。计算时参考表 3-16～表 3-29 进行。

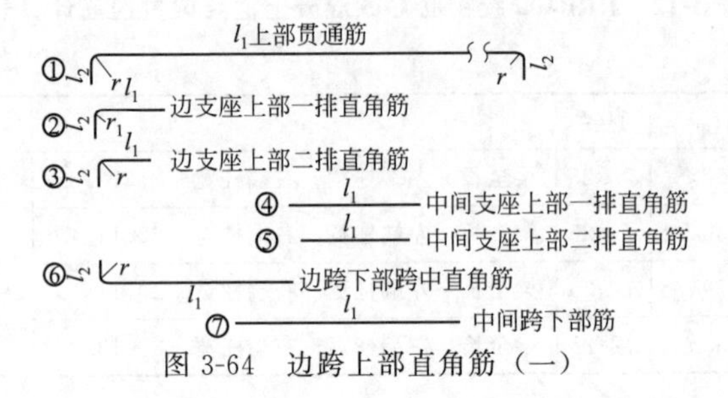

图 3-64　边跨上部直角筋（一）

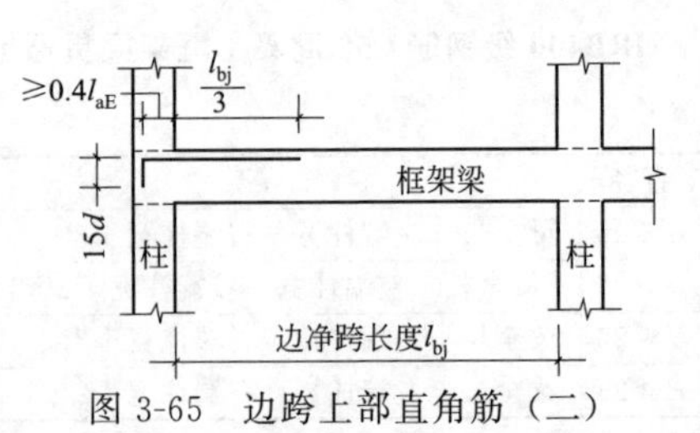

图 3-65　边跨上部直角筋（二）

表 3-16 HRB335 级钢筋 C30 混凝土框架梁边跨上部一排直角筋计算表

单位：mm

抗震等级	l_{aE}	直径	l_1	l_2	下料长度
一、二级	33*d*	*d*≤25	边净跨长度/3＋13.6*d*	15*d*	l_1+l_2-外皮差值
	—	*d*＞25	—		
三级	30*d*	*d*≤25	边净跨长度/3＋12.4*d*		
	—	*d*＞25	—		

表 3-17 HRB335 级钢筋 C35 混凝土框架梁边跨上部一排直角筋计算表

单位：mm

抗震等级	l_{aE}	直径	l_1	l_2	下料长度
一、二级	31*d*	*d*≤25	边净跨长度/3＋12.4*d*	15*d*	l_1+l_2-外皮差值
	—	*d*＞25	—		
三级	28*d*	*d*≤25	边净跨长度/3＋11.2*d*		
	—	*d*＞25	—		

表 3-18 HRB335 级钢筋 C40 混凝土框架梁边跨上部一排直角筋计算表

单位：mm

抗震等级	l_{aE}	直径	l_1	l_2	下料长度
一、二级	29*d*	*d*≤25	边净跨长度/3＋11.6*d*	15*d*	l_1+l_2-外皮差值
	—	*d*＞25	—		
三级	26*d*	*d*≤25	边净跨长度/3＋10.4*d*		
	—	*d*＞25	—		

表 3-19 HRB335 级钢筋 C45 混凝土框架梁边跨上部一排直角筋计算表

单位：mm

抗震等级	l_{aE}	直径	l_1	l_2	下料长度
一、二级	26*d*	*d*≤25	边净跨长度/3＋10.4*d*	15*d*	l_1+l_2-外皮差值
	—	*d*＞25	—		
三级	24*d*	*d*≤25	边净跨长度/3＋9.6*d*		
	—	*d*＞25	—		

表 3-20 HRB335 级钢筋 C50 混凝土框架梁边跨上部一排直角筋计算表

单位：mm

抗震等级	l_{aE}	直径	l_1	l_2	下料长度
一、二级	25*d*	*d*≤25	边净跨长度/3＋10*d*	15*d*	l_1+l_2-外皮差值
	—	*d*＞25	—		
三级	23*d*	*d*≤25	边净跨长度/3＋9.2*d*		
	—	*d*＞25	—		

表 3-21　HRB335 级钢筋 C55 混凝土框架梁边跨上部一排直角筋计算表

单位：mm

抗震等级	l_{aE}	直径	l_1	l_2	下料长度
一、二级	24d	$d\leqslant 25$	边净跨长度/3+9.6d	15d	l_1+l_2-外皮差值
	—	$d>25$	—		
三级	22d	$d\leqslant 25$	边净跨长度/3+8.8d		
	—	$d>25$	—		

表 3-22　HRB335 级钢筋≥C60 混凝土框架梁边跨上部一排直角筋计算表

单位：mm

抗震等级	l_{aE}	直径	l_1	l_2	下料长度
一、二级	24d	$d\leqslant 25$	边净跨长度/3+9.6d	15d	l_1+l_2-外皮差值
	—	$d>25$	—		
三级	22d	$d\leqslant 25$	边净跨长度/3+8.8d		
	—	$d>25$	—		

表 3-23　HRB400 级钢筋 C30 混凝土框架梁边跨上部一排直角筋计算表

单位：mm

抗震等级	l_{aE}	直径	l_1	l_2	下料长度
一、二级	40d	$d\leqslant 25$	边净跨长度/3+16d	15d	l_1+l_2-外皮差值
	45d	$d>25$	边净跨长度/3+18d		
三级	37d	$d\leqslant 25$	边净跨长度/3+14.8d		
	41d	$d>25$	边净跨长度/3+16.4d		

表 3-24　HRB400 级钢筋 C35 混凝土框架梁边跨上部一排直角筋计算表

单位：mm

抗震等级	l_{aE}	直径	l_1	l_2	下料长度
一、二级	37d	$d\leqslant 25$	边净跨长度/3+14.8d	15d	l_1+l_2-外皮差值
	40d	$d>25$	边净跨长度/3+16d		
三级	34d	$d\leqslant 25$	边净跨长度/3+13.6d		
	37d	$d>25$	边净跨长度/3+14.8d		

表 3-25　HRB400 级钢筋 C40 混凝土框架梁边跨上部一排直角筋计算表

单位：mm

抗震等级	l_{aE}	直径	l_1	l_2	下料长度
一、二级	33d	$d\leqslant 25$	边净跨长度/3+13.2d	15d	l_1+l_2-外皮差值
	37d	$d>25$	边净跨长度/3+14.8d		
三级	30d	$d\leqslant 25$	边净跨长度/3+12d		
	34d	$d>25$	边净跨长度/3+13.6d		

表 3-26 HRB400 级钢筋 C45 混凝土框架梁边跨上部一排直角筋计算表

单位：mm

抗震等级	l_{aE}	直径	l_1	l_2	下料长度
一、二级	$32d$	$d \leqslant 25$	边净跨长度/3+12.8d	$15d$	l_1+l_2-外皮差值
	$36d$	$d>25$	边净跨长度/3+14.4d		
三级	$29d$	$d \leqslant 25$	边净跨长度/3+11.6d		
	$33d$	$d>25$	边净跨长度/3+13.2d		

表 3-27 HRB400 级钢筋 C50 混凝土框架梁边跨上部一排直角筋计算表

单位：mm

抗震等级	l_{aE}	直径	l_1	l_2	下料长度
一、二级	$31d$	$d \leqslant 25$	边净跨长度/3+12.4d	$15d$	l_1+l_2-外皮差值
	$35d$	$d>25$	边净跨长度/3+14d		
三级	$28d$	$d \leqslant 25$	边净跨长度/3+11.2d		
	$32d$	$d>25$	边净跨长度/3+12.8d		

表 3-28 HRB400 级钢筋 C55 混凝土框架梁边跨上部一排直角筋计算表

单位：mm

抗震等级	l_{aE}	直径	l_1	l_2	下料长度
一、二级	$30d$	$d \leqslant 25$	边净跨长度/3+12d	$15d$	l_1+l_2-外皮差值
	$33d$	$d>25$	边净跨长度/3+13.2d		
三级	$27d$	$d \leqslant 25$	边净跨长度/3+10.8d		
	$30d$	$d>25$	边净跨长度/3+12d		

表 3-29 HRB400 级钢筋≥C60 混凝土框架梁边跨上部一排直角筋计算表

单位：mm

抗震等级	l_{aE}	直径	l_1	l_2	下料长度
一、二级	$29d$	$d \leqslant 25$	边净跨长度/3+11.6d	$15d$	l_1+l_2-外皮差值
	$32d$	$d>25$	边净跨长度/3+12.8d		
三级	$26d$	$d \leqslant 25$	边净跨长度/3+10.4d		
	$29d$	$d>25$	边净跨长度/3+11.6d		

3.3.3 中间支座上部直筋翻样方法

3.3.3.1 中间支座上部一排直筋计算

图 3-66 为中间支座上部一排直筋示意，其加工、下料尺寸公

式如下。

设：左净跨长度$=l_{左}$，右净跨长度$=l_{右}$，左、右净跨长度中取较大值$=l_{大}$，则有

$$l_1=2\times l_{大}/3+中间柱宽 \quad (3\text{-}1)$$

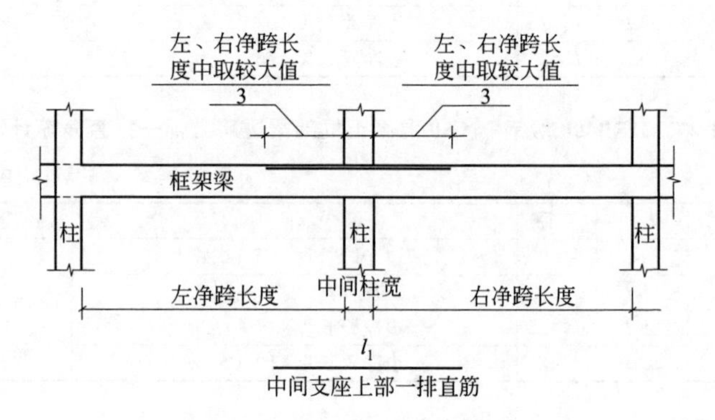

图 3-66　中间支座上部一排直筋

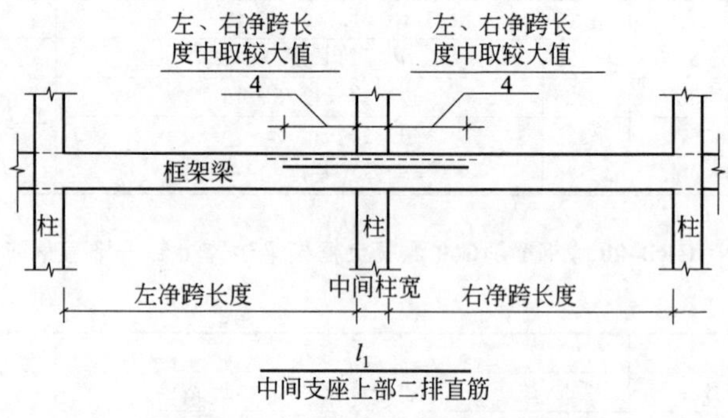

图 3-67　中间支座上部二排直筋

3.3.3.2　中间支座上部二排直筋计算

图 3-67 所示为中间支座上部二排直筋示意，其加工、下料尺寸计算与一排直筋基本一样，公式如下。

设：左净跨长度$=l_{左}$，右净跨长度$=l_{右}$，左、右净跨长度中取较大值$=l_{大}$，则有

$$l_1 = 2 \times l_{大}/4 + 中间柱宽 \quad (3\text{-}2)$$

3.3.4 边跨下部跨中直角筋翻样方法

图 3-68 所示为边跨下部跨中直角筋示意，l_1 由锚入边柱部分、边净跨度部分和锚入中柱部分三部分组成。

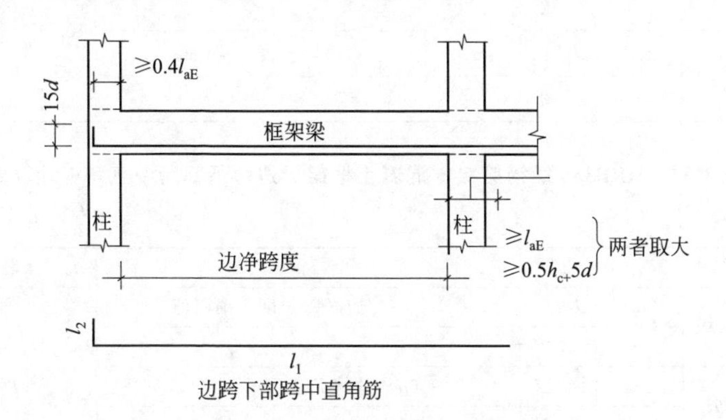

图 3-68 边跨下部跨中直角筋

$$下料长度 = l_1 + l_2 - 外皮差值 \quad (3\text{-}3)$$

具体计算见表 3-30～表 3-43。

表 3-30 HRB335 级钢筋 C30 混凝土框架梁边跨下部跨中直角筋计算表

单位：mm

抗震等级	l_{aE}	直径	l_1	l_2	下料长度
一、二级	33d	$d \leqslant 25$	13.6d＋边净跨长度＋锚固值	15d	$l_1 + l_2 -$ 外皮差值
	—	$d > 25$	—		
三级	30d	$d \leqslant 25$	12.4d＋边净跨长度＋锚固值		
	—	$d > 25$	—		

表 3-31 HRB335 级钢筋 C35 混凝土框架梁边跨下部跨中直角筋计算表

单位：mm

抗震等级	l_{aE}	直径	l_1	l_2	下料长度
一、二级	31d	$d \leqslant 25$	12.4d＋边净跨长度＋锚固值	15d	$l_1 + l_2 -$ 外皮差值
	—	$d > 25$	—		
三级	28d	$d \leqslant 25$	11.2d＋边净跨长度＋锚固值		
	—	$d > 25$	—		

表 3-32　HRB335 级钢筋 C40 混凝土框架梁边跨下部跨中直角筋计算表

单位：mm

抗震等级	l_{aE}	直径	l_1	l_2	下料长度
一、二级	29d	d≤25	11.6d＋边净跨长度＋锚固值	15d	l_1＋l_2－外皮差值
	—	d＞25	—		
三级	26d	d≤25	10.4d＋边净跨长度＋锚固值		
	—	d＞25	—		

表 3-33　HRB335 级钢筋 C45 混凝土框架梁边跨下部跨中直角筋计算表

单位：mm

抗震等级	l_{aE}	直径	l_1	l_2	下料长度
一、二级	26d	d≤25	10.4d＋边净跨长度＋锚固值	15d	l_1＋l_2－外皮差值
	—	d＞25	—		
三级	24d	d≤25	9.6d＋边净跨长度＋锚固值		
	—	d＞25	—		

表 3-34　HRB335 级钢筋 C50 混凝土框架梁边跨下部跨中直角筋计算表

单位：mm

抗震等级	l_{aE}	直径	l_1	l_2	下料长度
一、二级	25d	d≤25	10d＋边净跨长度＋锚固值	15d	l_1＋l_2－外皮差值
	—	d＞25	—		
三级	23d	d≤25	9.2d＋边净跨长度＋锚固值		
	—	d＞25	—		

表 3-35　HRB335 级钢筋 C55 混凝土框架梁边跨下部跨中直角筋计算表

单位：mm

抗震等级	l_{aE}	直径	l_1	l_2	下料长度
一、二级	24d	d≤25	9.6d＋边净跨长度＋锚固值	15d	l_1＋l_2－外皮差值
	—	d＞25	—		
三级	22d	d≤25	8.8d＋边净跨长度＋锚固值		
	—	d＞25	—		

表 3-36 HRB335 级钢筋≥C60 混凝土框架梁边跨下部跨中直角筋计算表

单位：mm

抗震等级	l_{aE}	直径	l_1	l_2	下料长度
一、二级	$24d$	$d\leqslant 25$	$9.6d$＋边净跨长度＋锚固值	$15d$	l_1+l_2-外皮差值
	—	$d>25$	—		
三级	$22d$	$d\leqslant 25$	$8.8d$＋边净跨长度＋锚固值		
	—	$d>25$	—		

表 3-37 HRB400 级钢筋 C30 混凝土框架梁边跨下部跨中直角筋计算表

单位：mm

抗震等级	l_{aE}	直径	l_1	l_2	下料长度
一、二级	$40d$	$d\leqslant 25$	$16d$＋边净跨长度＋锚固值	$15d$	l_1+l_2-外皮差值
	$45d$	$d>25$	$18d$＋边净跨长度＋锚固值		
三级	$37d$	$d\leqslant 25$	$14.8d$＋边净跨长度＋锚固值		
	$41d$	$d>25$	$16.4d$＋边净跨长度＋锚固值		

表 3-38 HRB400 级钢筋 C35 混凝土框架梁边跨下部跨中直角筋计算表

单位：mm

抗震等级	l_{aE}	直径	l_1	l_2	下料长度
一、二级	$37d$	$d\leqslant 25$	$14.8d$＋边净跨长度＋锚固值	$15d$	l_1+l_2-外皮差值
	$40d$	$d>25$	$16d$＋边净跨长度＋锚固值		
三级	$34d$	$d\leqslant 25$	$13.6d$＋边净跨长度＋锚固值		
	$37d$	$d>25$	$14.8d$＋边净跨长度＋锚固值		

表 3-39 HRB400 级钢筋 C40 混凝土框架梁边跨下部跨中直角筋计算表

单位：mm

抗震等级	l_{aE}	直径	l_1	l_2	下料长度
一、二级	$33d$	$d\leqslant 25$	$13.2d$＋边净跨长度＋锚固值	$15d$	l_1+l_2-外皮差值
	$37d$	$d>25$	$14.8d$＋边净跨长度＋锚固值		
三级	$30d$	$d\leqslant 25$	$12d$＋边净跨长度＋锚固值		
	$34d$	$d>25$	$13.6d$＋边净跨长度＋锚固值		

表 3-40　HRB400 级钢筋 C45 混凝土框架梁边跨下部跨中直角筋计算表

单位：mm

抗震等级	l_{aE}	直径	l_1	l_2	下料长度
一、二级	$32d$	$d\leqslant25$	$12.8d$＋边净跨长度＋锚固值	$15d$	l_1+l_2-外皮差值
	$36d$	$d>25$	$14.4d$＋边净跨长度＋锚固值		
三级	$29d$	$d\leqslant25$	$11.6d$＋边净跨长度＋锚固值		
	$33d$	$d>25$	$13.2d$＋边净跨长度＋锚固值		

表 3-41　HRB400 级钢筋 C50 混凝土框架梁边跨下部跨中直角筋计算表

单位：mm

抗震等级	l_{aE}	直径	l_1	l_2	下料长度
一、二级	$31d$	$d\leqslant25$	$12.4d$＋边净跨长度＋锚固值	$15d$	l_1+l_2-外皮差值
	$35d$	$d>25$	$14d$＋边净跨长度＋锚固值		
三级	$28d$	$d\leqslant25$	$11.2d$＋边净跨长度＋锚固值		
	$32d$	$d>25$	$12.8d$＋边净跨长度＋锚固值		

表 3-42　HRB400 级钢筋 C55 混凝土框架梁边跨下部跨中直角筋计算表

单位：mm

抗震等级	l_{aE}	直径	l_1	l_2	下料长度
一、二级	$30d$	$d\leqslant25$	$12d$＋边净跨长度＋锚固值	$15d$	l_1+l_2-外皮差值
	$33d$	$d>25$	$13.2d$＋边净跨长度＋锚固值		
三级	$27d$	$d\leqslant25$	$10.8d$＋边净跨长度＋锚固值		
	$30d$	$d>25$	$12d$＋边净跨长度＋锚固值		

表 3-43　HRB400 级钢筋≥C60 混凝土框架梁边跨下部跨中直角筋计算表

单位：mm

抗震等级	l_{aE}	直径	l_1	l_2	下料长度
一、二级	$29d$	$d\leqslant25$	$11.6d$＋边净跨长度＋锚固值	$15d$	l_1+l_2-外皮差值
	$32d$	$d>25$	$12.8d$＋边净跨长度＋锚固值		
三级	$26d$	$d\leqslant25$	$10.4d$＋边净跨长度＋锚固值		
	$29d$	$d>25$	$11.6d$＋边净跨长度＋锚固值		

3.3.5　中间跨下部筋翻样方法

由图 3-69 可知：l_1是由中间净跨长度、锚入左柱部分和锚入右柱部分三部分组成的，即

下料长度 l_1＝中间净跨长度＋锚入左柱部分＋锚入右柱部分 (3-4)

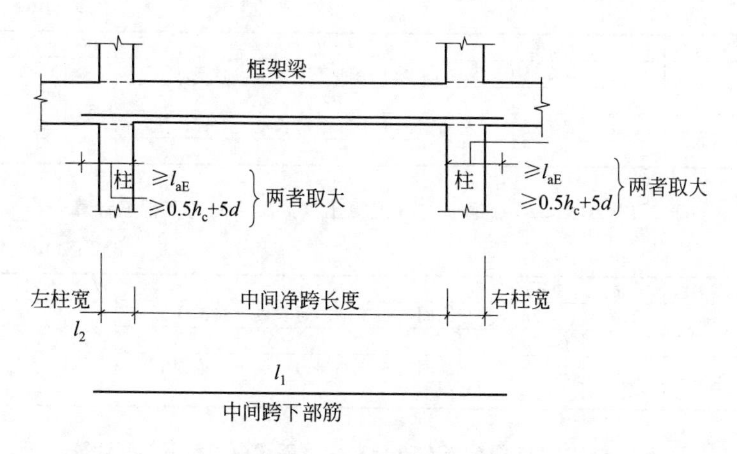

图 3-69 中间跨下部筋

锚入左柱部分、锚入右柱部分经取较大值后，各被称为“左锚固值”、“右锚固值”。当左、右两柱的宽度不一样时，两个“锚固值”是不相等的。具体计算见表 3-44～表 3-57。

表 3-44 HRB335 级钢筋 C30 混凝土框架梁中间跨下部筋计算表

单位：mm

抗震等级	l_{aE}	直径	l_1	l_2	下料长度
一、二级	$33d$	$d\leqslant25$	左锚固值＋中间净跨长度＋右锚固值	$15d$	l_1
	—	$d>25$	—		
三级	$30d$	$d\leqslant25$	左锚固值＋中间净跨长度＋右锚固值		
	—	$d>25$	—		

表 3-45 HRB335 级钢筋 C35 混凝土框架梁中间跨下部筋计算表

单位：mm

抗震等级	l_{aE}	直径	l_1	l_2	下料长度
一、二级	$31d$	$d\leqslant25$	左锚固值＋中间净跨长度＋右锚固值	$15d$	l_1
	—	$d>25$	—		
三级	$28d$	$d\leqslant25$	左锚固值＋中间净跨长度＋右锚固值		
	—	$d>25$	—		

表 3-46　HRB335 级钢筋 C40 混凝土框架梁中间跨下部筋计算表

单位：mm

抗震等级	l_{aE}	直径	l_1	l_2	下料长度
一、二级	29d	$d \leqslant 25$	左锚固值＋中间净跨长度＋右锚固值	15d	l_1
	—	$d > 25$	—		
三级	26d	$d \leqslant 25$	左锚固值＋中间净跨长度＋右锚固值		
	—	$d > 25$	—		

表 3-47　HRB335 级钢筋 C45 混凝土框架梁中间跨下部筋计算表

单位：mm

抗震等级	l_{aE}	直径	l_1	l_2	下料长度
一、二级	26d	$d \leqslant 25$	左锚固值＋中间净跨长度＋右锚固值	15d	l_1
	—	$d > 25$	—		
三级	24d	$d \leqslant 25$	左锚固值＋中间净跨长度＋右锚固值		
	—	$d > 25$	—		

表 3-48　HRB335 级钢筋 C50 混凝土框架梁中间跨下部筋计算表

单位：mm

抗震等级	l_{aE}	直径	l_1	l_2	下料长度
一、二级	25d	$d \leqslant 25$	左锚固值＋中间净跨长度＋右锚固值	15d	l_1
	—	$d > 25$	—		
三级	23d	$d \leqslant 25$	左锚固值＋中间净跨长度＋右锚固值		
	—	$d > 25$	—		

表 3-49　HRB335 级钢筋 C55 混凝土框架梁中间跨下部筋计算表

单位：mm

抗震等级	l_{aE}	直径	l_1	l_2	下料长度
一、二级	24d	$d \leqslant 25$	左锚固值＋中间净跨长度＋右锚固值	15d	l_1
	—	$d > 25$	—		
三级	22d	$d \leqslant 25$	左锚固值＋中间净跨长度＋右锚固值		
	—	$d > 25$	—		

表 3-50　HRB335 级钢筋≥C60 混凝土框架梁中间跨下部筋计算表

单位：mm

抗震等级	l_{aE}	直径	l_1	l_2	下料长度
一、二级	24d	$d \leqslant 25$	左锚固值＋中间净跨长度＋右锚固值	15d	l_1
	—	$d > 25$	—		
三级	22d	$d \leqslant 25$	左锚固值＋中间净跨长度＋右锚固值		
	—	$d > 25$	—		

表 3-51　HRB400 级钢筋 C30 混凝土框架梁中间跨下部筋计算表

单位：mm

抗震等级	l_{aE}	直径	l_1	l_2	下料长度
一、二级	$40d$	$d \leqslant 25$	左锚固值＋中间净跨长度＋右锚固值	$15d$	l_1
	$45d$	$d > 25$			
三级	$37d$	$d \leqslant 25$			
	$41d$	$d > 25$			

表 3-52　HRB400 级钢筋 C35 混凝土框架梁中间跨下部筋计算表

单位：mm

抗震等级	l_{aE}	直径	l_1	l_2	下料长度
一、二级	$37d$	$d \leqslant 25$	左锚固值＋中间净跨长度＋右锚固值	$15d$	l_1
	$40d$	$d > 25$			
三级	$34d$	$d \leqslant 25$			
	$37d$	$d > 25$			

表 3-53　HRB400 级钢筋 C40 混凝土框架梁中间跨下部筋计算表

单位：mm

抗震等级	l_{aE}	直径	l_1	l_2	下料长度
一、二级	$33d$	$d \leqslant 25$	左锚固值＋中间净跨长度＋右锚固值	$15d$	l_1
	$37d$	$d > 25$			
三级	$30d$	$d \leqslant 25$			
	$34d$	$d > 25$			

表 3-54　HRB400 级钢筋 C45 混凝土框架梁中间跨下部筋计算表

单位：mm

抗震等级	l_{aE}	直径	l_1	l_2	下料长度
一、二级	$32d$	$d \leqslant 25$	左锚固值＋中间净跨长度＋右锚固值	$15d$	l_1
	$36d$	$d > 25$			
三级	$29d$	$d \leqslant 25$			
	$33d$	$d > 25$			

表 3-55 HRB400 级钢筋 C50 混凝土框架梁中间跨下部筋计算表

单位：mm

抗震等级	l_{aE}	直径	l_1	l_2	下料长度
一、二级	31d	d≤25	左锚固值＋中间净跨长度＋右锚固值	15d	l_1
	35d	d＞25			
三级	28d	d≤25			
	32d	d＞25			

表 3-56 HRB400 级钢筋 C55 混凝土框架梁中间跨下部筋计算表

单位：mm

抗震等级	l_{aE}	直径	l_1	l_2	下料长度
一、二级	30d	d≤25	左锚固值＋中间净跨长度＋右锚固值	15d	l_1
	33d	d＞25			
三级	27d	d≤25			
	30d	d＞25			

表 3-57 HRB400 级钢筋≥C60 混凝土框架梁中间跨下部筋计算表

单位：mm

抗震等级	l_{aE}	直径	l_1	l_2	下料长度
一、二级	29d	d≤25	左锚固值＋中间净跨长度＋右锚固值	15d	l_1
	32d	d＞25			
三级	26d	d≤25			
	29d	d＞25			

3.3.6 边跨和中跨搭接架立筋翻样方法

架立筋与边净跨长度、左右净跨长度以及搭接长度的关系如图3-70所示。

计算时，需要知道搭接的对象。若边跨搭接架立筋要和两根筋搭接，则一端和边跨上部一排直角筋的水平端搭接，另一端和中间支座上部一排直筋搭接。搭接长度的规定如下。

有贯通筋时为150mm，无贯通筋时为l_{lE}。若此架立筋是构造需要，l_{lE}宜按$1.2l_{aE}$取值。

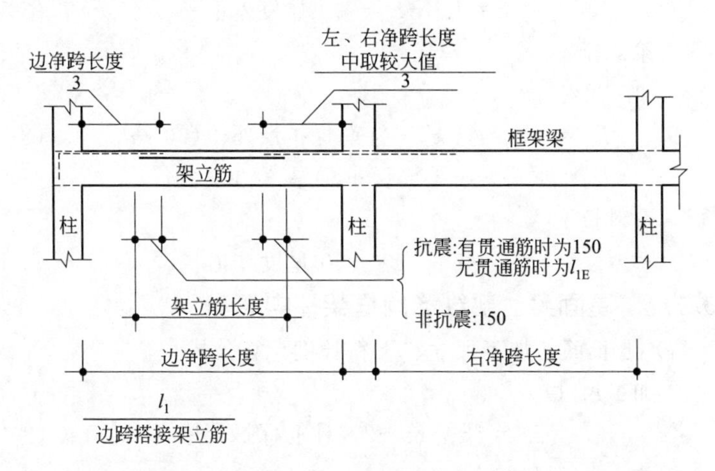

图 3-70　架立筋与边净跨长度、左右净跨长度以及搭接长度的关系

计算方法如下：

边净跨长度－边净跨长度/3－
左、右净跨长度中取较大值/3＋2×搭接长度

3.3.7　框架梁中其他钢筋翻样方法

3.3.7.1　框架柱纵筋向屋面梁中弯锚

（1）通长筋的加工尺寸、下料长度计算公式

① 加工长度

$$L_1=梁全长-2\times柱筋保护层厚 \quad (3\text{-}5)$$

$$L_2=梁高\ h-梁筋保护层厚 \quad (3\text{-}6)$$

② 下料长度

$$L=L_1+2L_2-90^\circ量度差值 \quad (3\text{-}7)$$

（2）边跨上部直角筋的加工长度、下料长度计算公式

① 第一排

a. 加工尺寸

$$L_1=L_{n边}/3+h_c-柱筋保护层厚 \quad (3\text{-}8)$$

$$L_2=梁高\ h-梁筋保护层厚 \quad (3\text{-}9)$$

b. 下料长度

$$L=L_1+L_2-90°\text{量度差值} \tag{3-10}$$

② 第二排

a. 加工尺寸

$$L_1=L_{n\text{边}}/4+h_c-\text{柱筋保护层厚}+(30+d) \tag{3-11}$$

$$L_2=\text{梁高}\ h-\text{梁筋保护层厚}-(30+d) \tag{3-12}$$

b. 下料长度

$$L=L_1+L_2-90°\text{量度差值} \tag{3-13}$$

3.3.7.2 屋面梁上部纵筋向框架柱中弯锚

（1）通长筋的加工尺寸、下料长度计算公式

① 加工尺寸

$$L_1=\text{梁全长}-2\times\text{柱筋保护层厚} \tag{3-14}$$

$$L_2=1.7l_{aE} \tag{3-15}$$

当梁上部纵筋配筋率 $\rho>1.2\%$ 时（第二批截断）：

$$L_2=1.7l_{aE}+20d \tag{3-16}$$

② 下料长度

$$L=L_1+2L_2-90°\text{量度差值} \tag{3-17}$$

（2）边跨上部直角筋的加工尺寸、下料长度计算公式

① 第一排

a. 加工尺寸

$$L_1=L_{n\text{边}}/3+h_c-\text{柱筋保护层厚} \tag{3-18}$$

$$L_2=1.7l_{aE} \tag{3-19}$$

当梁上部纵筋配筋率 $\rho>1.2\%$ 时（第二批截断）：

$$L_2=1.7l_{aE}+20d \tag{3-20}$$

b. 下料长度

$$L=L_1+L_2-90°\text{量度差值} \tag{3-21}$$

② 第二排

a. 加工尺寸

$$L_1=L_{n\text{边}}/4+h_c-\text{柱筋保护层厚} \tag{3-22}$$

$$L_2=1.7l_{aE} \tag{3-23}$$

b. 下料长度

$$L=L_1+L_2-90°\text{量度差值} \tag{3-24}$$

3.3.7.3 角部附加筋的加工尺寸、下料长度计算

角部附加筋是用在顶层屋面梁与边角柱的节点处，当柱纵筋直径大于或等于 25mm 时，在柱宽范围的箍筋内侧设置间距不大于 150mm，但不少于 3ϕ10 的角部附加钢筋。

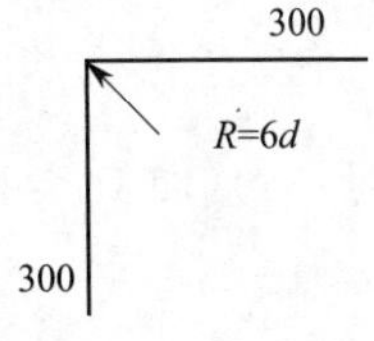

图 3-71 角部附加筋的加工尺寸

图 3-71 所示为加工尺寸。

下料长度计算如下。若 $d=22$，则：

$$L=300\times2-90°\text{量度差值}$$
$$=300\times2-3.79\times22=517(\text{mm})$$

3.3.7.4 腰筋

加工尺寸、下料长度计算公式

$$L_1(L)=L_n+2\times15d \tag{3-25}$$

3.3.7.5 吊筋

（1）加工尺寸，见图 3-72。

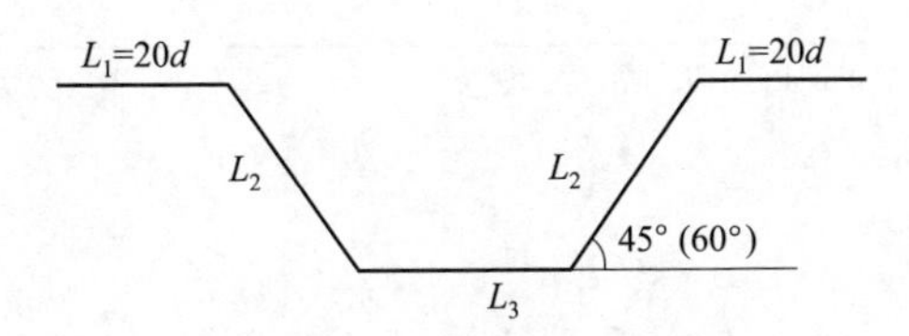

图 3-72 吊筋加工尺寸

$$L_1=20d \tag{3-26}$$

$$L_2=(\text{梁高 }h-2\times\text{梁筋保护层厚})/\sin\alpha \tag{3-27}$$

$$L_3=100+b \tag{3-28}$$

（2）下料长度

$$L=L_1+L_2+L_3-4\times45°(60°)\text{量度差值} \tag{3-29}$$

3.3.7.6 拉筋

在平法中拉筋的弯钩往往是弯成 135°，但在施工时，拉筋一

端做135°的弯钩，而另一端先预制成90°，绑扎后再将90°弯成135°，如图3-73所示。

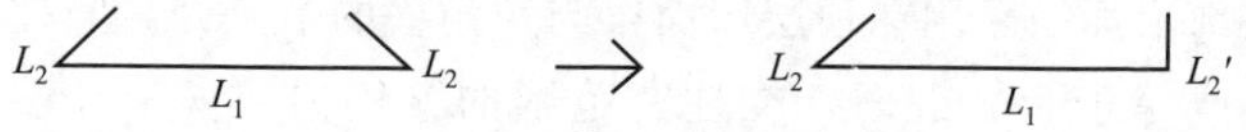

L_2 L_1 L_2 → L_2 L_1 L_2'

图3-73 施工时拉筋端部弯钩角度

（1）加工尺寸

$$L_1 = 梁宽\ b - 2 \times 梁筋保护层厚 \tag{3-30}$$

L_2、L_2'可由表3-58查得。

表3-58 拉筋端钩由135°预制成90°时L_2改注成L_2'的数据

单位：mm

d	平直段长	L_2	L_2'
6	75	96	110
6.5	75	98	113
8	10d	109	127
10	10d	136	159
12	10d	163	190

注：L_2为135°弯钩增加值，$R=2.5d$。

（2）下料长度

$$L = L_1 + 2L_2 \tag{3-31}$$

或 $$L = L_1 + L_2 + L_2' - 90°量度差值 \tag{3-32}$$

3.3.7.7 箍筋

平法中箍筋的弯钩均为135°，平直段长10d或75mm，取其大值。

如图3-74所示，L_1、L_2、L_3、L_4为加工尺寸且为内包尺寸。

（1）梁中外围箍筋

① 加工尺寸

$$L_1 = 梁高\ h - 2 \times 梁筋保护层厚 \tag{3-33}$$

$$L_2 = 梁宽\ b - 2 \times 梁筋保护层厚 \tag{3-34}$$

L_3比L_1增加一个值，L_4比L_2增加一个值，增加值是一样的，

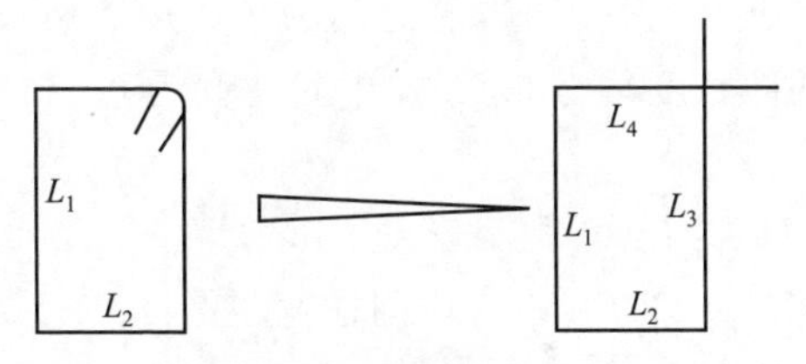

图 3-74 箍筋加工尺寸

这个值可从表 3-59 中查得。

表 3-59 当 $R=2.5d$ 时，L_3 比 L_1 和 L_4 比 L_2 各自增加值

单位：mm

d	平直段长	增加值
6	75	102
6.5	75	105
8	$10d$	117
10	$10d$	146
12	$10d$	175

② 下料长度

$$L=L_1+L_2+L_3+L_4-3\times 90°\text{量度差值} \qquad (3\text{-}35)$$

（2）梁截面中间局部箍筋。局部箍筋中对应的 L_2 长度是中间受力筋外皮间的距离，其他算法同外围箍筋，见图 3-75。

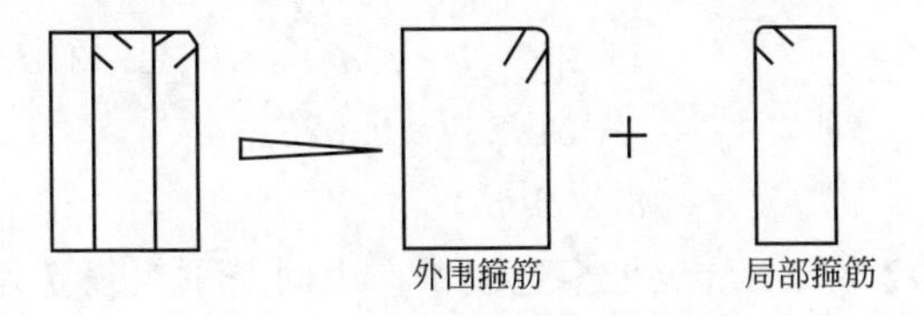

图 3-75 梁截面中间局部箍筋

3.4 框架梁钢筋翻样实例

【例 3-1】 已知某框架连续梁中间支座上部第一排直筋直径

$d=25$mm，左跨净长度（柱与柱之间的净宽）是6m，右跨净长度（柱与柱之间的净长度）为6.5m，中间柱宽为0.4m，求此钢筋下料长度。

解　已知$L_{右}>L_{左}$，故$L_{大}=6.5$m。

根据公式$L_1=2\times L_{大}/3+$中间柱宽，得：

$$L_1=2\times 6.5/3+0.4\approx 4.7(\text{m})$$

【例3-2】　已知某框架连续梁第二排直筋直径$d=28$mm，左跨净长度（柱与柱之间的净宽）为5.4m，右跨净长度（柱与柱之间的净长度）为6m，中间柱宽为0.4m，求此钢筋下料长度。

解　已知$L_{右}>L_{左}$，故$L_{大}=6$m。

根据公式$L_1=2\times L_{大}/4+$中间柱宽，得：

$$L_1=2\times 6/4+0.4=3.4(\text{m})$$

【例3-3】　已知某框架连续梁其抗震等级为三级，HRB335级钢筋，直径$d=25$mm，C35混凝土，其边跨净长为7m，端柱和中间柱宽均为0.4m，试计算其钢筋下料长度。

解　中间支座锚固值应取较大值：

$$l_{aE}=28d=28\times 0.025=0.7(\text{m})$$

$$0.5h_c+5d=0.5\times 0.4+5\times 0.025=0.325\text{m}$$

l_{aE}值大于$0.5h_c+5d$，故表3-31中锚固值取$l_{aE}=28d=0.7$m。

$$\begin{aligned}下料长度&=l_1+l_2-外皮差值\\&=11.2d+7+28d+15d-2.931d\\&=7+51.269\times 0.025\\&=8.282(\text{m})\end{aligned}$$

【例3-4】　某混凝土框架连续梁，中间跨下钢筋选用HRB400级钢筋，直径$d=28$mm，C35混凝土，三级抗震，中间净跨长度为5m，左柱宽550mm，右柱宽500mm，求中间跨下钢筋的下料尺寸。

解　该混凝土框架连续梁，无论是左柱还是右柱均应取l_{aE}与$0.5h_c+5d$的较大值，下面我们来计算其较大值。

左柱锚固值：$l_{aE}=37d=37\times 0.028=1.036(\text{m})$

$0.5h_c+5d=0.5\times0.55+5\times0.028=0.415(\text{m})$

l_{aE}值大于 $0.5h_c+5d$，故左柱锚固值取 $l_{aE}=1.036(\text{m})$。

右柱锚固值：$l_{aE}=37d=37\times0.028=1.036(\text{m})$

$0.5h_c+5d=0.5\times0.5+5\times0.028=0.39(\text{m})$

l_{aE}值大于 $0.5h_c+5d$，故右柱锚固值取 $l_{aE}=1.036(\text{m})$。

下料长度＝左柱锚固值＋中间净跨长度＋右柱锚固值

＝1.036＋5＋1.036＝7.072(m)

【例 3-5】 如图 3-76（连续梁中有通长筋）所示，已知边跨净长度为 6.5m，右跨净长度为 6m，求架立筋的下料长度。

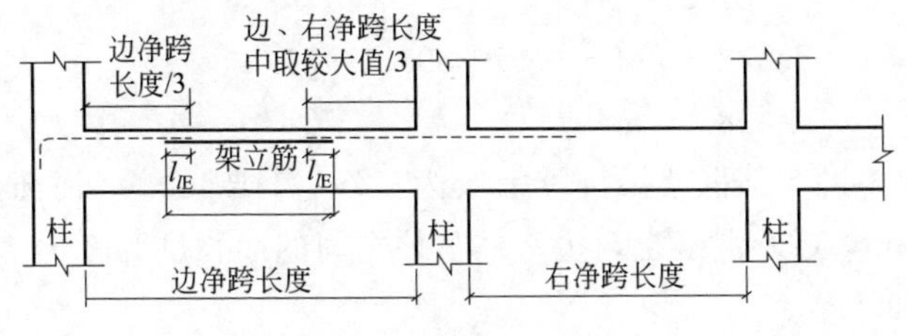

图 3-76 【例 3-5】题图

解 已知边跨长度 6.5m 大于右跨长度 6m，所以左右跨净长度中的较大值为 6.5m。

根据边跨搭接架立筋长度＝边跨净长度－边跨净长度/3－左、右净长度中较大值/3＋2×搭接长度，得

边跨搭接架立筋长度＝6.5－6.5/3－6.5/3＋2×0.15＝2.47(m)

有抗震要求时，搭接长度为 150mm。

【例 3-6】 设顶层屋面角部附加筋 $d=28\text{mm}$，求其下料长度。

解 下料长度＝0.3＋0.3－1×90°外皮差值

＝0.3＋0.3－4.648×0.028＝0.47(m)

【例 3-7】 设顶层屋面角部附加筋 $d=25\text{mm}$，求其下料长度。

解 下料长度＝0.3＋0.3－1×90°外皮差值

＝0.3＋0.3－3.79×0.025＝0.51(m)

【例 3-8】 已知某框架梁连续梁长 28m，抗震等级为一级，采用 HRB335 级钢筋，直径 $d=25\text{mm}$，C30 混凝土，两端柱宽均为

450mm，求钢筋下料长度。

解 计算这样的梁，第一个条件是看其端支座是直锚还是弯锚。因抗震等级为一级抗震，混凝土强度等级为C30，钢筋直径为25mm，则

直锚长度 $l_{aE}=33d=33\times25=825(mm)$

$0.5h_c+5d=0.5\times450+5\times25=350(mm)$

所以应当采用弯锚。

下料长度 $=l_1+2l_2-2\times$外皮差值

$=$梁全长$-$左端柱宽$-$右端柱宽$+2\times13.2d+15d-2\times2.931d$

$=28-0.45-0.45+50.538\times0.025$

$=28.36(m)$

【例 3-9】 某框架梁抗震等级为三级，HRB400级钢筋，直径$d=28mm$，C30混凝土，边跨柱与柱之间的净长度为5m，求钢筋下料长度。

解 下料长度=净长度/3+27.61d

$=5/3+27.61\times0.028=2.44(m)$

【例 3-10】 某框架梁抗震等级为三级，HRB400级钢筋，直径$d=25mm$，C30混凝土，边跨柱与柱之间的净长度为6m，求钢筋下料长度。

解 下料长度=净长度/4+26.869d

$=6/4+26.869\times0.025=2.17(m)$

【例 3-11】 已知抗震等级为一级的某框架楼层连续梁，选用HRB400级钢筋，直径$d=24mm$，混凝土强度等级为C35，梁全长30m，两端柱宽度均为450mm，试求各钢筋的加工尺寸（即简图及其外皮尺寸）和下料尺寸。

解 $L_1=$梁全长$-$左端柱宽度$-$右端柱宽度$+2\times14.8d$

$=30000-450-450+2\times14.8\times24=29810(mm)$

$L_1=15d=15\times24=360(mm)$

下料长度$=L_1+2\times L_2-2\times$外皮差值

$=29810+2\times360-2\times2.931d\approx30389$(mm)

【例 3-12】 已知框架楼层连续梁，直径 $d=22$mm，左净跨长为 5.5m，右净跨度为 5.2m，柱宽为 550mm，试求钢筋下料长度。

解 $L_1=2\times5500/3\approx3667$(mm)

【例 3-13】 已知抗震等级为四级的框架楼层连续梁，选用 HRB335 级钢筋，直径 $d=22$mm，混凝土强度等级为 C30，边净跨长度为 5m，柱宽 400mm，试求加工尺寸（即简图及其外皮尺寸）与下料尺寸。

解
$$l_{aE}=29d=0.638(\text{m})$$
$$0.5h_c+5d=0.5\times0.4+5\times0.022=0.31(\text{m})$$

所以取 0.638m。

$$L_1=11.6d+5+0.638=11.6\times0.022+5+0.638=5.89(\text{m})$$
$$L_2=15d=15\times0.022=0.33(\text{m})$$
$$\text{下料长度}=L_1+L_2-\text{外皮差值}=5.89+0.33-2.931d\approx6.16(\text{m})$$

【例 3-14】 已知梁已有贯通筋，边净跨长度为 6m，右净跨长度为 5.6m，试求架立筋的长度。

解 因为边净跨长度比右净跨长度大，因此其架立筋的长度为
$$6000-6000/3-6000/3+2\times150=2300(\text{mm})$$

【例 3-15】 抗震框架梁 KL1 为三跨梁，轴线跨度 3800mm，支座 KZ1 为 500mm×500mm，其中：

集中标注的箍筋φ8@100/200(4)；

集中标注的上部钢筋 2ф25+(2ф14)；

每跨梁左右支座的原位标注都是 4ф25；

(混凝土强度等级 C25，二级抗震等级)。

计算 KL1 的架立筋。

解 KL1 每跨的净跨长度 $l_n=3800-500=3300$(mm)，所以
$$\text{每跨的架立筋长度}=l_n/3+150\times2=1400(\text{mm})$$
$$\text{每跨的架立筋根数}=\text{箍筋的肢数}-\text{上部通长筋的根数}=4-2=2(\text{根})$$

【例 3-16】 抗震框架梁 KL2 为两跨梁，第一跨轴线跨度为 2900mm，第二跨轴线跨度为 2800mm，支座 KZ1 为 500mm×

500mm，正中：

集中标注的箍筋Φ10@100/200(4)；

集中标注的上部钢筋 2Φ25+(2Φ14)；

每跨梁左右支座的原位标注都是：4Φ25；

(混凝土强度等级 C25，二级抗震等级)。

计算 KL2 的架立筋。

解 KL2 的第一跨架立筋：

第一跨净跨长度 $l_{n1}=2900-500=2400(mm)$

第二跨净跨长度 $l_{n2}=3800-500=3300(mm)$

$l_n=\max(l_{n1},l_{n2})=\max(2400,3300)=3300(mm)$

架立筋长度$=l_{n1}-l_{n1}/3-l_n/3+150\times2$

$=2400-2400/3-3300/3+150\times2=800(mm)$

每跨的架立筋根数=箍筋的肢数−上部通长筋的根数=4−2=2（根）

KL2 的第二跨架立筋：

架立筋长度$=l_{n2}-l_n/3-l_{n2}/3+150\times2$

$=3300-3300/3-3300/3+150\times2=1400(mm)$

每跨的架立筋根数=箍筋的肢数−上部通长筋的根数=4−2−2（根）

【例 3-17】 已知框架楼层连续梁，直径 $d=20$，左净跨长度为 5.4m，右净跨长度为 5.3m，柱宽为 450mm，求钢筋下料长度尺寸。

解 $l_1=2\times5400/3+450=4050(mm)$

【例 3-18】 已知抗震等级为四级的框架楼层连续梁，选用 HRB335 级钢筋，直径 $d=20mm$，C30 混凝土，边净跨长度为 5.4m，柱宽 500mm，求下料长度尺寸。

解 $l_{aE}=29d=29\times0.02=0.58(m)$

$0.5h_c+5d=0.5\times0.5+5\times0.02=0.35(m)$

所以取 0.58m。

$l_1=11.6d+5.4+0.58=11.6\times0.02+5.4+0.58=6.212(m)$

$$l_2=15d=15\times0.02=0.3(\text{m})$$

下料长度$=l_1+l_2-$外皮差值$=6.212+0.3-2.931d\approx6.453(\text{m})$

【例 3-19】 已知梁已有贯通筋，边净跨长度 6.3m，右净跨长度为 5.6m，求架立筋的长度。

解 因为边净跨长度比右净跨长度大，所以

$$6300-6300/3-6300/3+2\times150=2400(\text{mm})$$

【例 3-20】 非框架梁 L4 为单跨梁，轴线跨度 4000mm，支座 KL1 为 400mm×700mm，正中：集中标注的箍筋，ϕ8@200(2)；集中标注的上部钢筋，2ϕ14；左右支座的原位标注，3ϕ20（混凝土强度等级 C25，二级抗震等级）。计算 L4 的架立筋。

解 $l_{n1}=4000-400=3600(\text{mm})$

架立筋长度$=l_{n1}/3+150\times2=3600/3+150\times2=1500(\text{mm})$

架立筋根数=2 根

【例 3-21】 KL1 的截面尺寸是 300×700，箍筋为ϕ8@100/200(2)，集中标注的侧面纵向构造钢筋为 G4ϕ8，求侧面纵向构造钢筋的拉筋规格和尺寸（混凝土强度等级为 C25）。

解 （1）求拉筋的规格。

因为 KL1 的截面宽度为 300mm<350mm，所以拉筋的直径为 6mm。

（2）求拉筋的尺寸。

拉筋水平长度=梁箍筋宽度+2×箍筋直径+2×拉筋直径

梁箍筋宽度=梁截面宽度−2×保护层−300−2×25=250(mm)

所以，拉筋水平长度=250+2×8+2×6=278(mm)

（3）拉筋的两端各有一个 135°的弯钩，变钩平直段为 $8d$

拉筋的每根长度=拉筋水平长度$+26d$

所以，拉筋的每根长度=278+26×6=434(mm)

4 剪力墙钢筋翻样

4.1 剪力墙钢筋识读

4.1.1 剪力墙结构所包含的构件

剪力墙的结构是整体浇灌的，但依其各个部位的功用不同，也把这些各个不同的部位称为构件。

剪力墙的构件元素和代号，介绍如下。

(1) 约束边缘构件，构件代号——YBZ。

其中包括约束边缘暗柱、约束边缘端柱、约束边缘翼墙和约束边缘转角墙四种。

(2) 构造边缘构件，构件代号——GBZ。

其中包括构造边缘暗柱、构造边缘端柱、构造边缘翼墙和构造边缘转角墙四种。

(3) 非边缘暗柱，构件代号——AZ。

(4) 扶壁柱，构件代号——FBZ。

(5) 连梁，构件代号——LL。

(6) 暗梁，构件代号——AL。

(7) 边框梁，构件代号——BKL。

(8) 其他构件等。

剪力墙结构施工图中的墙线条，根据需要可绘制成单粗线条，也可绘制成双线条。剪力墙结构施工图，如图 4-1 所示。

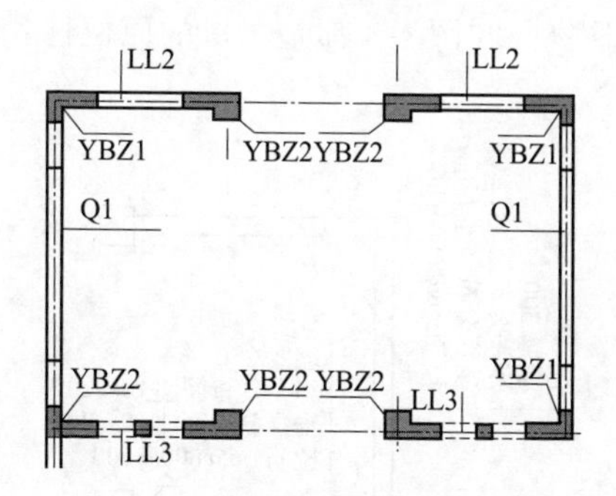

图 4-1 剪力墙结构施工简图

在图 4-1 的剪力墙结构施工图中，所标注的构件代号均为“构造”构件。图 4-1 中标注的构件代号有：YBZ1、YBZ2——约束边缘构件；LL2、LL3——连梁；Q1——1 号剪力墙。

在图 4-1 中，对剪力墙中的各个构件，只标注了各自的代号和序号。这样的标注可配合绘制相应的表格，列出施工材料、尺寸和规格等内容，见表 4-1。

表 4-1 剪力墙身

编号	标高/m	墙厚/mm	水平分布筋	垂直分布筋	拉筋(双向)
Q1	−0.030～30.270	300	Φ12@200	Φ12@200	Φ6@600@600
	30.270～59.070	250	Φ10@200	Φ10@200	Φ6@600@600
Q2	−0.030～30.270	250	Φ10@200	Φ10@200	Φ6@600@600
	30.270～59.070	200	Φ10@200	Φ10@200	Φ6@600@600

如果剪力墙的图形比较大，也可在墙的旁边进行原位标注，如图 4-2 所示。若另外还有相同代号及其序号的剪力墙，就只需标注代号及其序号。

当平面的比例画得很小时，墙就用粗的单线条来表示，如图 4-3 所示。

在剪力墙中构筑的洞口中，有“圆形洞口”和“矩形洞口”之分。“圆形洞口”的代号是“YD”；“矩形洞口”的代号是“JD”，如图 4-4 所示。图 4-5 和图 4-6 都是洞口的原位标注方法。

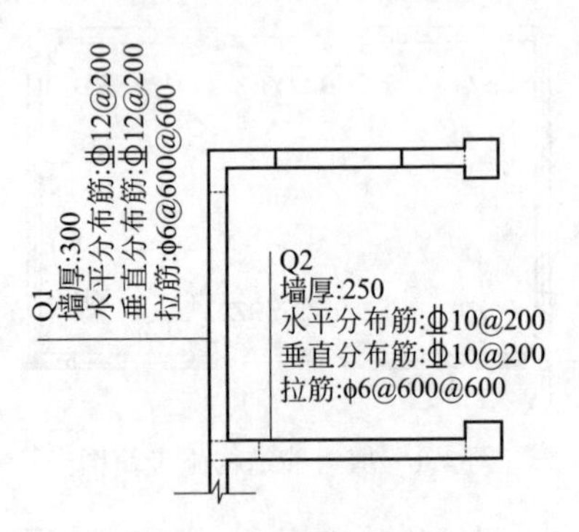

图 4-2　剪力墙原位标注

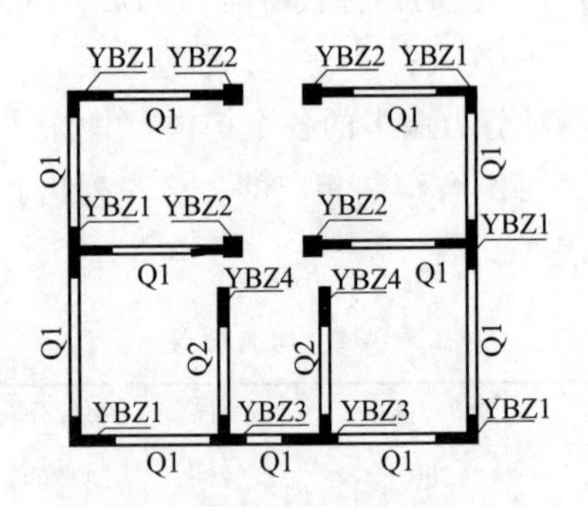

图 4-3　小比例剪力墙单线平面图

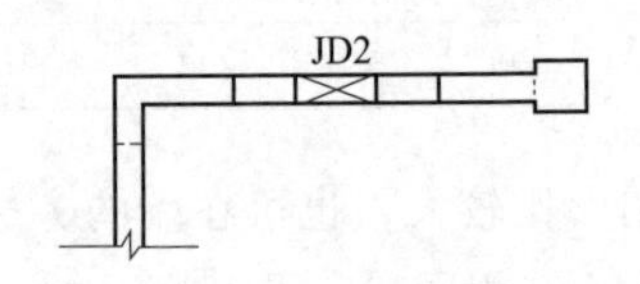

图 4-4　剪力墙洞口代号示例

图 4-7 较小比例的图（图为矩形里添交叉线）中，只标注了代号及其序号，这时，就可以辅以表格的形式，说明它的内容要求，见表 4-2。

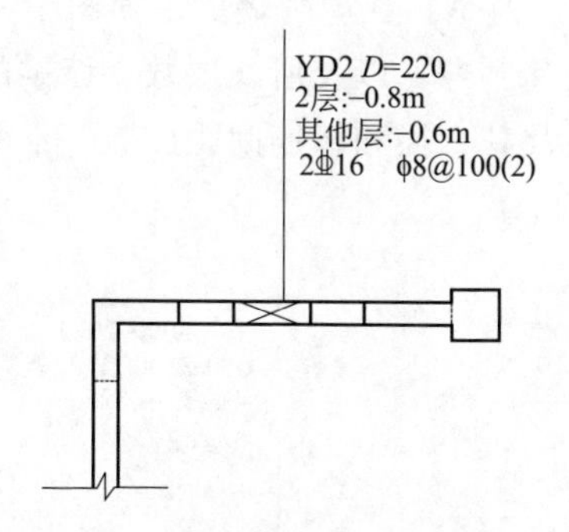

图 4-5 剪力墙洞口原位标注（一）

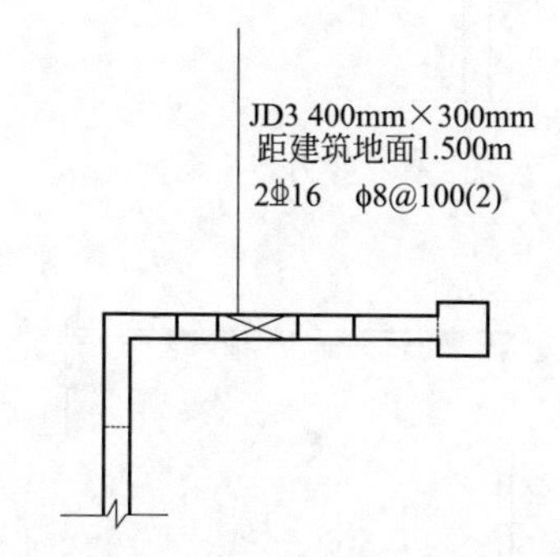

图 4-6 剪力墙洞口原位标注（二）

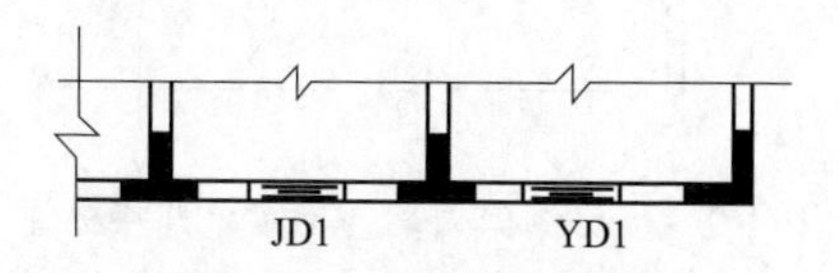

图 4-7 小比例剪力墙洞口标注

表 4-2 剪力墙洞口

编 号	洞口(直径/宽×高)	洞底标高	层 数
YD1	D＝200mm	距建筑地面 1.800m	一层至十二层
JD1	400mm×300mm	距建筑地面 1.500m	二层至十一层

在非剪力墙结构的平面图中，窗户部位通常是标注窗户的代

号，如图 4-8 所示。但是，在剪力墙的平面图中，则需要标注剪力墙的墙梁的代号及其序号，以及所在层数、墙梁的高度和长度、所用钢筋的强度等级及其直径和箍筋间距肢数，上下纵筋的数量、钢筋强度等级及其直径。

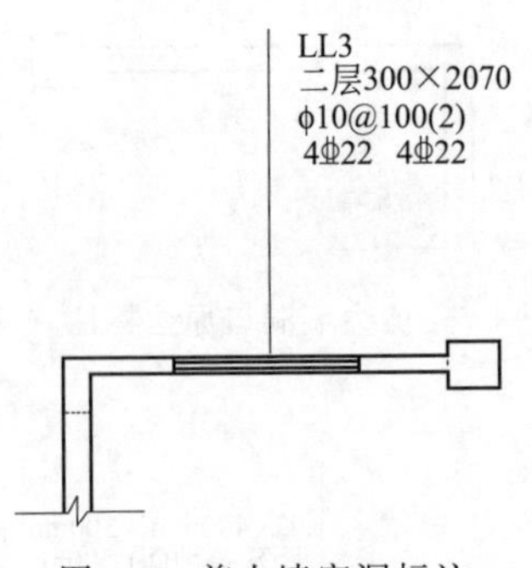

图 4-8 剪力墙窗洞标注

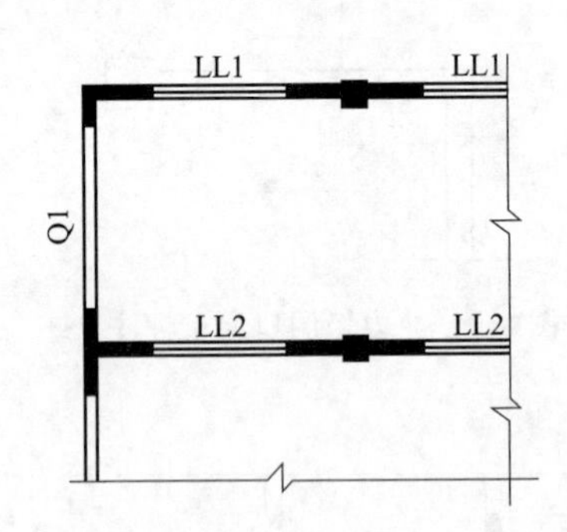

图 4-9 小比例剪力墙与连续梁连接标注

在图 4-9 较小比例的图中，只标注了代号及其序号，这时，则可辅以表格的形式，来说明它的内容要求。参看表 4-3。

表 4-3 连续梁

编号	梁截面($b\times h$)/mm	上部纵筋	下部纵筋	箍筋
LL1	250×1200	4ф20	4ф20	ф10@100(2)
LL2	300×1770	4ф22	4ф22	ф10@150(2)

4.1.2 剪力墙构件的平法表达方式

4.1.2.1 剪力墙构件列表注写方式

剪力墙可视为由剪力墙柱、剪力墙身和剪力墙梁三类构件组成。

列表注写方式，系分别在剪力墙柱表、剪力墙身表和剪力墙梁表中，对应于剪力墙平面布置图上的编号，用绘制截面配筋图并注写几何尺寸与配筋具体数值的方式，来表达剪力墙平法施工图（见16G101-1图集第22、23页图）。

编号规定：将剪力墙按剪力墙柱、剪力墙身、剪力墙梁（简称为墙柱、墙身、墙梁）三类构件分别编号。

4.1.2.2 剪力墙截面注写方式

剪力墙截面注写方式，系在分标准层绘制的剪力墙平面布置图上，以直接在墙柱、墙梁、墙身上注写截面尺寸和配筋具体数值的方式，来表达剪力墙平法施工图，见16G101-1图集第24页图。

4.1.3 剪力墙身表

剪力墙身表中表达的内容如下。

(1) 注写墙身编号。墙身编号，由墙身代号、序号以及墙身所配置的水平与竖向分布钢筋的排数组成，其中，排数注写在括号内，表达形式为Q××（×排）。

① 在编号中：如若干墙柱的截面尺寸与配筋均相同，仅截面与轴线的关系不同时，可将其编为同一墙柱号；又如若干墙身的厚度尺寸和配筋均相同，仅墙厚与轴线的关系不同或墙身长度不同时，也可将其编为同一墙身号，但应在图中注明与轴线的几何关系。

② 当墙身所设置的水平与竖向分布钢筋的排数为2时可不注。

③ 对于分布钢筋网的排数规定。当剪力墙厚度不大于400mm时，应配置双排；当剪力墙厚度大于400mm，但不大于700mm时，宜配置三排；当剪力墙厚度大于700mm时，宜配置四排。

各排水平分布筋和竖向分布筋的直径和根数应保持一致。当剪力墙配置的分布钢筋多于两排时，剪力墙拉筋两端应同时钩住外排水平纵筋和竖向纵筋，还应与剪力墙内排水平纵筋和竖向纵筋绑扎在一起。

（2）注写各段墙身起止标高，自墙身根部往上以变截面位置或截面未变但配筋改变处为界分段注写。墙身根部标高一般指基础顶面标高（部分框支剪力墙结构则为框支梁顶面标高）。

（3）注写水平分布钢筋、竖向分布钢筋和拉筋的具体数值。注写数值为一排水平分布钢筋和竖向分布钢筋的规格与间距，具体设置几排已经在墙身编号后面表达。

需要注意的是，剪力墙身的拉筋配置要求设计师在剪力墙身表中明确给出钢筋规格和间距，这和梁侧面纵向构造钢筋的拉筋无需设计师标注是截然不同的。拉筋的间距通常是水平分布钢筋和竖向分布钢筋间距的两倍或三倍。

4.1.4 剪力墙柱表

剪力墙柱表中表达的内容如下。

（1）注写墙柱编号（表 4-4），绘制墙柱的截面配筋图，标注墙柱几何尺寸。

表 4-4 墙柱编号

墙柱类型	代 号	序 号
约束边缘构件	YBZ	××
构造边缘构件	GBZ	××
非边缘暗柱	AZ	××
扶壁柱	FBZ	××

注：约束边缘构件包括约束边缘暗柱、约束边缘端柱、约束边缘翼墙、约束边缘转角墙四种。构造边缘构件包括构造边缘暗柱、构造边缘端柱、构造边缘翼墙、构造边缘转角墙四种。

① 约束边缘构件需注明阴影部分尺寸。剪力墙平面布置图中应注明约束边缘构件沿墙肢长度 l_c（约束边缘翼墙中沿墙肢长度尺寸为 $2b_f$ 时可不注）。

② 构造边缘构件需注明阴影部分尺寸。

③ 扶壁柱及非边缘暗柱需标注几何尺寸。

(2) 注写各段墙柱的起止标高，自墙柱根部往上以变截面位置或截面未变但配筋改变处为界分段注写。墙柱根部标高一般指基础顶面标高（部分框支剪力墙结构则为框支梁顶面标高）。

(3) 注写各段墙柱的纵向钢筋和箍筋，注写值应与在表中绘制的截面配筋图对应一致。纵向钢筋注写总配筋值，墙柱箍筋的注写方式与柱箍筋相同。

设计施工对应注意：

① 在剪力墙平面布置图中需注写约束边缘构件非阴影区内布置的拉筋或箍筋直径，与阴影区箍筋直径相同时，可不注。

② 当约束边缘构件体积配箍率计算中计入墙身水平分布钢筋时，设计者应注明。施工时，墙身水平分布钢筋应注意采用相应的构造做法。

③ 16G101-1 图集约束边缘构件非阴影区拉筋是沿剪力墙竖向分布钢筋逐根设置。施工时应注意，非阴影区外圈设置箍筋时，箍筋应包住阴影区内第二列竖向纵筋（见图集第 75 页图）。当设计采用与本构造详图不同的做法时，应另行注明。

④ 当非底部加强部位构造边缘构件不设置外圈封闭箍筋时，设计者应注明。施工时，墙身水平分布钢筋应注意采用相应的构造做法。

4.1.5　剪力墙梁表

剪力墙梁表中表达的内容如下。

(1) 注写墙梁编号。墙梁编号见表 4-5。

表 4-5　墙梁编号

墙梁类型	代号	序号
连梁	LL	××
连梁(对角暗撑配筋)	LL(JC)	××
连梁(交叉斜筋配筋)	LL(JX)	××

续表

墙梁类型	代号	序号
连梁(集中对角斜筋配筋)	LL(DX)	××
暗梁	AL	××
边框梁	BKL	××

(2) 注写墙梁所在楼层号。

(3) 注写墙梁顶面标高高差，系指相对于墙梁所在结构层楼面标高的高差值。高于者为正值，低于者为负值，当无高差时不注。

(4) 注写墙梁截面尺寸 $b\times h$，上部纵筋，下部纵筋和箍筋的具体数值。

(5) 当连梁设有对角暗撑时［代号为 LL（JC）××］，注写暗撑的截面尺寸（箍筋外皮尺寸）；注写一根暗撑的全部纵筋，并标注×2 表明有两根暗撑相互交叉；注写暗撑箍筋的具体数值。

(6) 当连梁设有交叉斜筋时［代号为 LL(JX)××］，注写连梁一侧对角斜筋的配筋值，并标注×2 表明对称设置；注写对角斜筋在连梁端部设置的拉筋根数、强度级别及直径，并标注×4 表示四个角都设置；注写连梁一侧折线筋配筋值，并标注×2 表明对称设置。

(7) 当连梁设有集中对角斜筋时［代号为 LL(DX)××］，注写一条对角线上的对角斜筋，并标注×2 表明对称设置。

(8) 跨高比不小于 5 的连梁，按框架梁设计时（代号为 LLk××），采用平面注写方式，注写规则同框架梁，可采用适当比例单独绘制，也可与剪力墙平法施工图合并绘制。

墙梁侧面纵筋的配置，当墙身水平分布钢筋满足连梁、暗梁及边框梁的梁侧面纵向构造钢筋的要求时，该筋配置同墙身水平分布钢筋，表中不注，施工按标准构造详图的要求即可；当墙身水平分布钢筋不满足连梁、暗梁及边框梁的梁侧而纵向构造钢筋的要求时，应在表中补充注明梁侧面纵筋的具体数值：当为 LLk 时，平面注写方式以大写字母“N”打头。梁侧面纵向钢筋在支座内锚固要求同连梁中受力钢筋。

4.2　剪力墙身钢筋翻样

4.2.1　剪力墙身钢筋构造

4.2.1.1　水平钢筋在剪力墙身中的构造

（1）剪力墙多排配筋的构造。剪力墙布置两排配筋、三排配筋和四排配筋时的构造图，如图 4-10 所示。

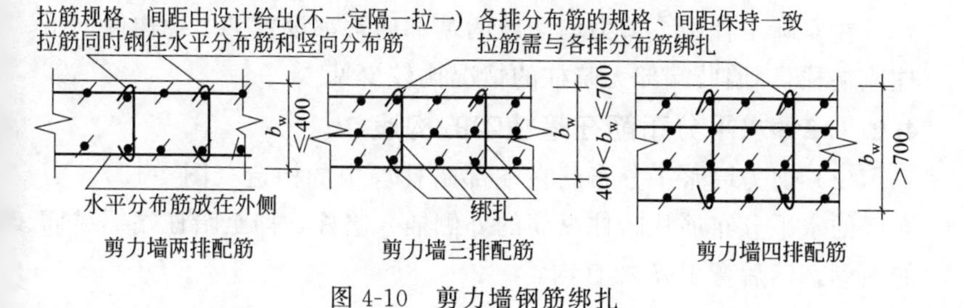

图 4-10　剪力墙钢筋绑扎

其特点如下。

① 剪力墙布置两排配筋、三排配筋和四排配筋的条件如下：

当墙厚度≤400mm 时，设置两排钢筋网；

当 400mm＜墙厚度≤700mm 时，设置三排钢筋网；

当墙厚度＞700mm 时，设置四排钢筋网。

② 剪力墙身的各排钢筋网均设置了水平分布筋和垂直分布筋。布置钢筋时，将水平分布筋放在外侧，垂直分布筋放在水平分布筋内侧。因此，剪力墙的保护层是针对水平分布筋来说的。

③ 拉筋需拉住两个方向上的钢筋，即同时钩住水平分布筋和垂直分布筋。因剪力墙身的水平分布筋放在最外面，故拉筋连接外侧钢筋网和内侧钢筋网，即把拉筋钩在水平分布筋的外侧。

（2）剪力墙水平钢筋的搭接构造。剪力墙水平钢筋的搭接长度≥$1.2l_{aE}$（≥$1.2l_a$），沿高度每隔一根错开搭接，相邻两个搭接区之间错开的净距离应不小于500mm。

（3）无暗柱时剪力墙水平钢筋的端部做法。如图4-11所示，注意拉筋钩住水平分布筋。

图4-11　端部无暗柱时剪力墙水平钢筋的锚固构造

墙身两侧水平钢筋伸入到墙端弯钩10d，墙端部设置双列拉筋。

在实际工程中，剪力墙墙肢的端部通常都设置了边缘构件（暗柱或端柱），墙肢端部无暗柱的情况比较少见。

4.2.1.2　水平分布筋在暗柱中的构造

（1）剪力墙水平分布筋在端部暗柱墙中的构造（图4-12）。剪力墙的水平分布筋从暗柱纵筋的外侧插入暗柱，伸至暗柱端部纵筋的内侧，然后弯10d的直钩。

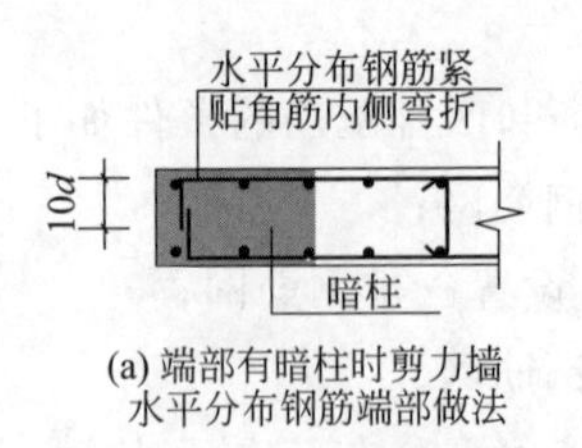

(a) 端部有暗柱时剪力墙水平分布钢筋端部做法

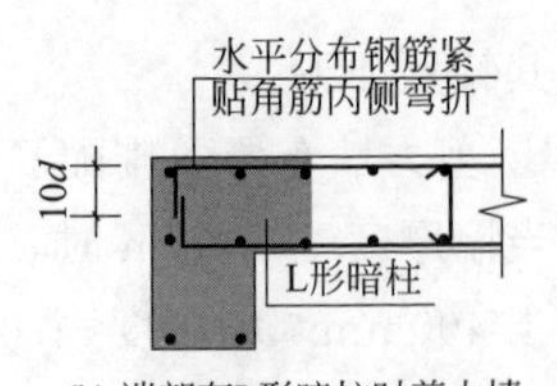

(b) 端部有L形暗柱时剪力墙水平分布钢筋端部做法

图4-12　剪力墙水平分布筋在端部暗柱墙中的构造

（2）剪力墙水平钢筋在翼墙柱中的构造（图4-13）。端墙两侧的水平分布筋伸到翼墙对边，顶着暗柱外侧纵筋的内侧后弯钩15d。

如果剪力墙设置了三、四排钢筋，则墙中间的各排水平分布筋同上述构造。

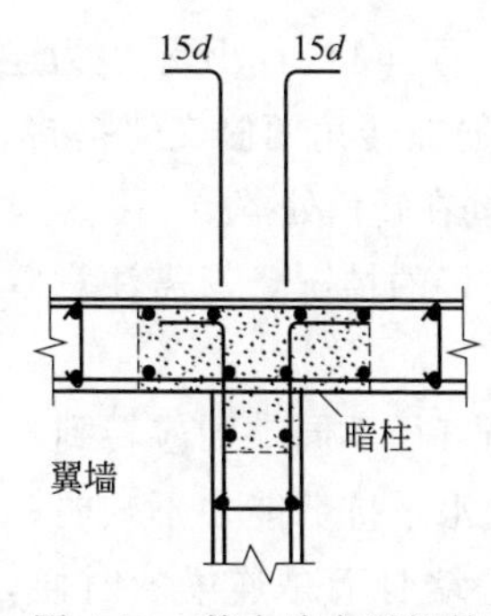

图 4-13 剪力墙水平钢筋在翼墙柱中的构造

(3) 剪力墙水平钢筋在转角墙柱中的构造。16G101-1 新图集中关于剪力墙水平钢筋在转角墙柱中的构造规定如图 4-14 所示。

图 4-14(a) 所示为连接区域在暗柱范围之外，表示外侧水平筋连续通过转弯。剪力墙的外侧水平分布筋从暗柱纵筋的外侧通过暗柱，绕出暗柱的另一侧以后与另一侧的水平分布筋搭接，搭接长度$\geqslant 1.2l_{aE}$，上下相邻两排水平筋在转

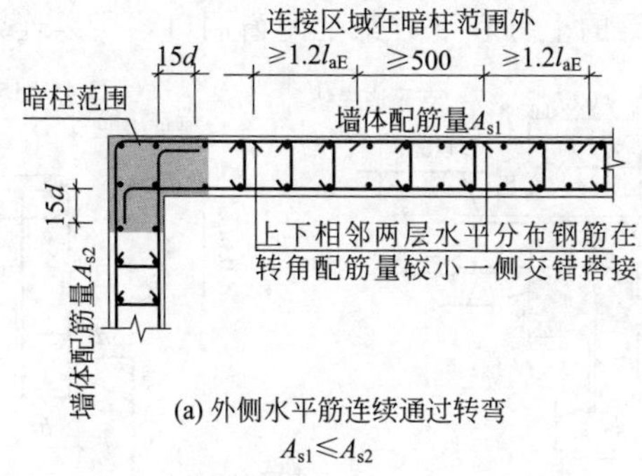

(a) 外侧水平筋连续通过转弯

$A_{s1} \leqslant A_{s2}$

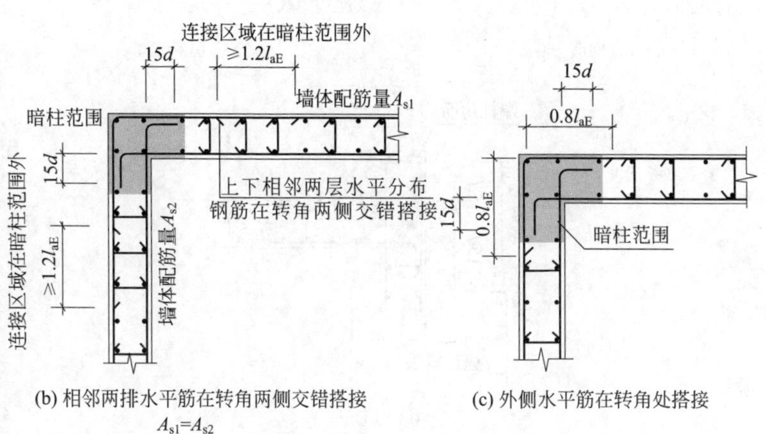

(b) 相邻两排水平筋在转角两侧交错搭接

$A_{s1}=A_{s2}$

(c) 外侧水平筋在转角处搭接

图 4-14 剪力墙水平钢筋在转角墙柱中的构造

角一侧交错搭接，错开距离应不小于500mm；图4-14(b)所示也为连接区域在暗柱范围之外，表示相邻两排水平筋在转角两侧交错搭接，搭接长度≥$1.2l_{aE}$；图4-14(c)表示外侧水平筋在转角处搭接。

对于上下相邻两排水平筋在转角一侧搭接的情况，尚需注意以下方面。

(1) 若剪力墙转角墙柱两侧水平分布筋直径不同，则应转到直径较小的一侧搭接，以保证直径较大一侧的水平抗剪能力不减弱。

(2) 若剪力墙转角墙柱的另外一侧不是墙身而是连梁的时候，墙身的外侧水平分布筋不能拐到连梁外侧搭接，而应把连梁的外侧水平分布筋拐过转角墙柱，同墙身的水平分布筋进行搭接。这样做的理由是：连梁的上方和下方都是门窗洞口，所以连梁这种构件比

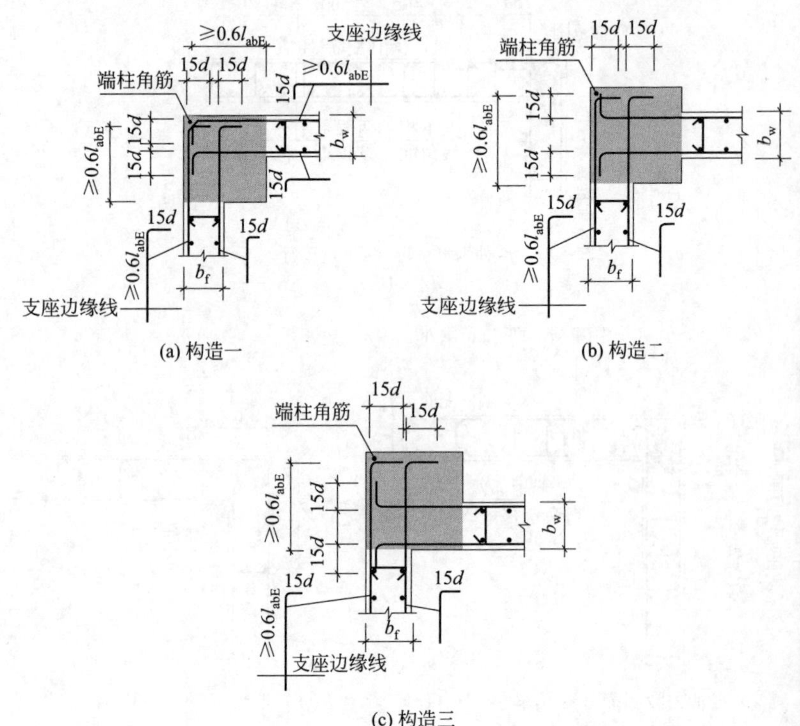

图4-15 剪力墙水平钢筋在转角墙端柱中的构造

墙身较为薄弱，若连梁的侧面纵筋发生截断和搭接的话，就会使本来薄弱的构件更加薄弱，这是不可取的。

4.2.1.3　水平钢筋在端柱中的构造

（1）剪力墙水平钢筋在转角墙中的构造，如图 4-15 所示。剪力墙外侧水平分布筋从端柱纵筋的外侧通过端柱，绕出端柱的另一侧以后同另一侧的水平分布筋搭接。

剪力墙水平钢筋伸至端柱对边弯 15d 的直钩。位于端柱纵向钢筋内侧的墙水平分布钢筋（端柱节点中图示黑色墙体水平分布钢筋）伸入端柱的长度≥l_{aE}时，可直锚。其他情况，剪力墙水平分布钢筋应伸至端柱对边紧贴角筋弯折。

（2）剪力墙水平钢筋在翼墙中的构造。16G101-1 新图集将剪力墙水平钢筋在翼墙中的构造增加为三种，如图 4-16 所示。

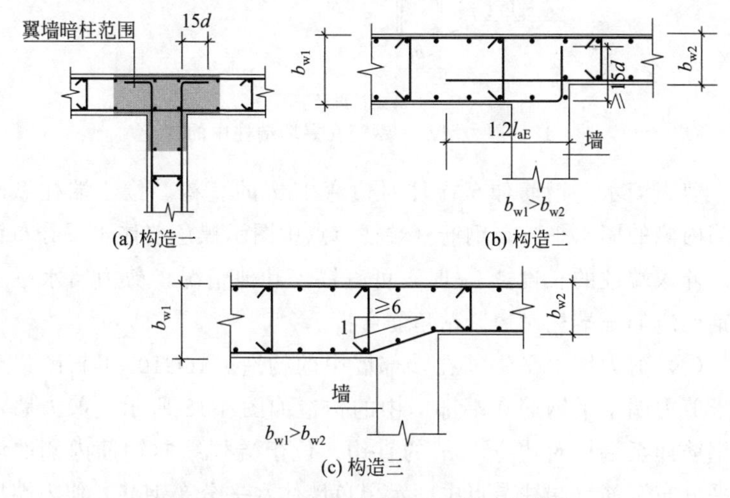

图 4-16　剪力墙水平钢筋在翼墙中的构造

剪力墙水平钢筋伸至端柱对边弯 15d 的直钩。位于端柱纵向钢筋内侧的墙水平分布钢筋（端柱节点中图示黑色墙体水平分布钢筋）伸入端柱的长度≥l_{aE}时，可直锚。其他情况，剪力墙水平分布钢筋应伸至端柱对边紧贴角筋弯折。如图 4-17 所示。

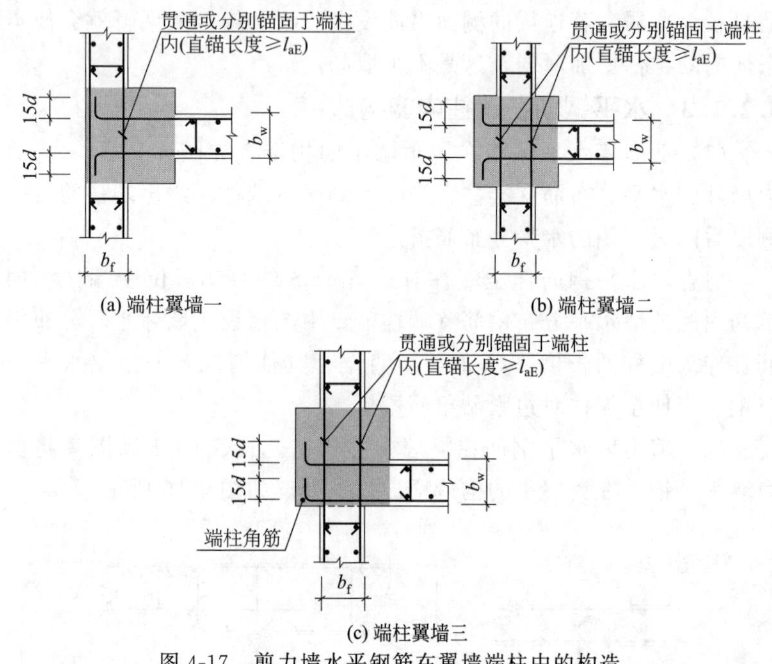

图 4-17　剪力墙水平钢筋在翼墙端柱中的构造

剪力墙水平钢筋伸至端柱对边弯 15d 的直钩。位于端柱纵向钢筋内侧的墙水平分布钢筋（端柱节点中图示黑色墙体水平分布钢筋）伸入端柱的长度≥l_{aE}时，可直锚。其他情况，剪力墙水平分布钢筋应伸至端柱对边紧贴角筋弯折。

（3）剪力墙水平钢筋在端部墙中的构造。16G101-1 新图集中关于剪力墙水平钢筋在端部墙中的构造如图 4-18 所示。剪力墙水平钢筋伸至端柱对边弯 15d 的直钩。位于端柱纵向钢筋内侧的墙水平分布钢筋（端柱节点中图示黑色墙体水平分布钢筋）伸入端柱的长度≥l_{aE}时，可直锚。其他情况，剪力墙水平分布钢筋应伸至端柱对边紧贴角筋弯折。

4.2.1.4　垂直分布筋（即竖向分布筋）在剪力墙身中的构造

16G101-1 新图集第 73 页的左部给出了剪力墙布置两排配筋、三排配筋和四排配筋时的构造图（图 4-19）。其中，剪力墙三排配筋与剪力

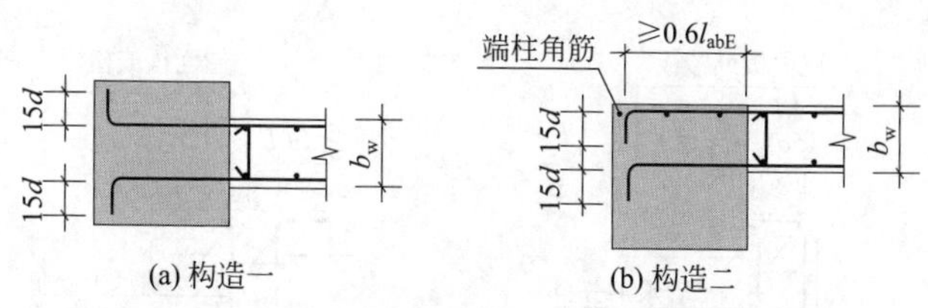

图 4-18 剪力墙水平钢筋在端部墙中的构造

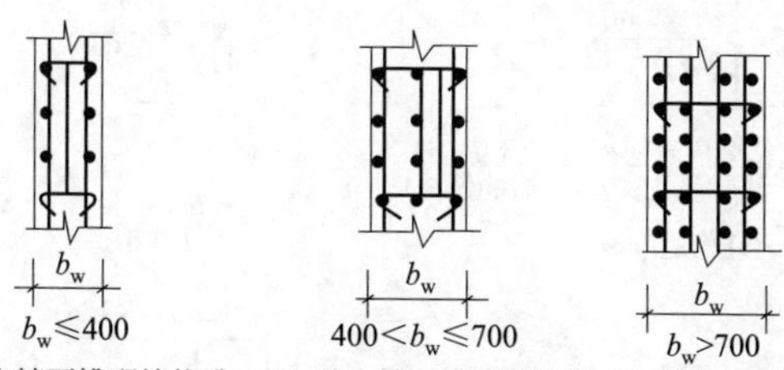

图 4-19 剪力墙身在垂直方向配筋构造的断面图

墙四排配筋均需水平、竖向钢筋均匀分布，拉筋需与各排分布筋绑扎。

16G101-1 新图集第 73 页左部的三图和新图集 16G101-1 第 71 页下部的三图（图 4-20）只不过是同一事物不同侧面的反映：16G101-1 第 71 页下部三图是剪力墙身在水平方向的断面图，而 16G101-1 第 73 页左部三图是剪力墙身在垂直方向的断面图，描述的都是剪力墙多排钢筋网的钢筋构造。

在暗柱内部（指暗柱配箍区）不需要布置剪力墙竖向分布钢筋。第一根竖向分布钢筋在距暗柱主筋中心 1/2 竖向分布钢筋间距的位置绑扎。

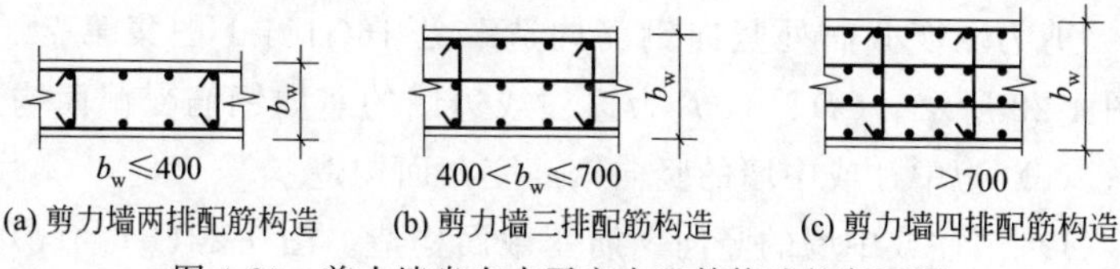

图 4-20 剪力墙身在水平方向配筋构造的断面图

4.2.1.5 剪力墙竖向钢筋顶部构造

16G101-1 新图集对剪力墙竖向钢筋顶部构造也进行了相应修改，如图 4-21 所示。

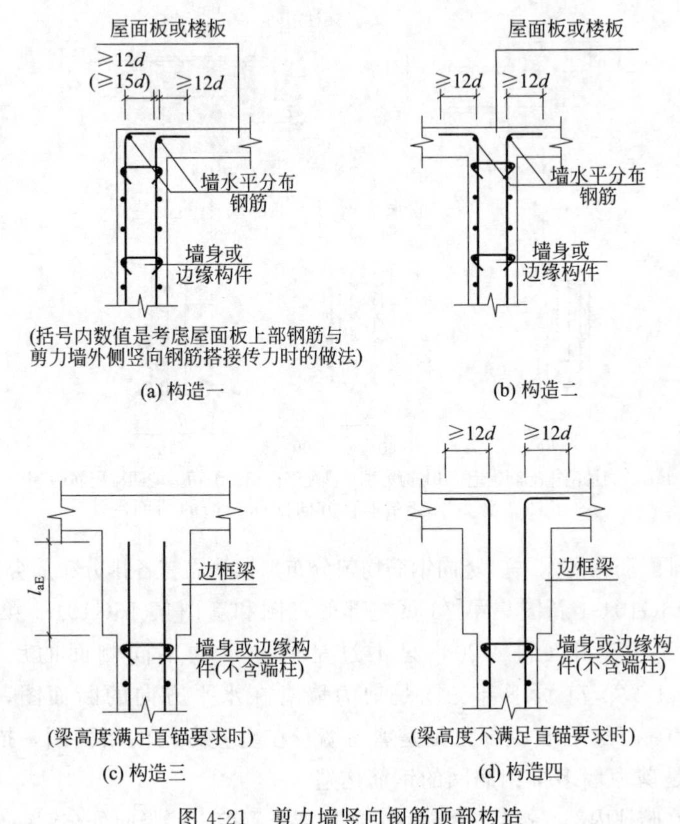

图 4-21 剪力墙竖向钢筋顶部构造

4.2.1.6 剪力墙变截面处竖向钢筋构造

“剪力墙变截面处竖向钢筋构造”见 16G101-1 图集第 74 页，如图 4-22 所示。(a)、(d) 为边柱或边墙的竖向钢筋变截面构造；(b)、(c) 为中柱或中墙的竖向钢筋变截面构造。

(1) 中柱或中墙的竖向钢筋变截面构造。图 4-22(b)、(c) 钢筋构造的做法分别为：图(b) 的构造做法为当前楼层的墙柱和墙身的竖向钢筋伸入楼板顶部以下然后弯折到对边切断，上一层墙柱和墙身竖向钢筋插入当前楼层 $1.2l_{aE}$；图(c) 的做法是：当前楼层的墙柱和墙身的竖向钢筋不切断，而是以 1/6 钢筋斜率的方式弯曲伸入到上一楼层。这种做法虽符合“能通则通”的原则，在框架柱变截面构造中也有类似的做法，但是与框架柱又有所不同。框架柱变截面构造以“变截面斜率≤1/6”来作为柱纵筋弯曲上通的控制条件，而剪力墙变截面构造只把斜率等于1/6作为钢筋弯曲上通的具体做法。另外一个不同点是：框架柱纵筋的“1/6斜率”完全在框架梁柱的交叉节点内完成（即斜钢筋整个位于梁高范围内），但若要让剪力墙的斜钢筋在楼板之内完成“1/6斜率”是不可能的，竖向钢筋在楼板下方很远的地方就已经开始弯折了。

（2）边柱或边墙的竖向钢筋变截面构造［图4-22(a)］。边柱或边墙外侧的竖向钢筋垂直通到上一楼层，符合“能通则通”的原则。

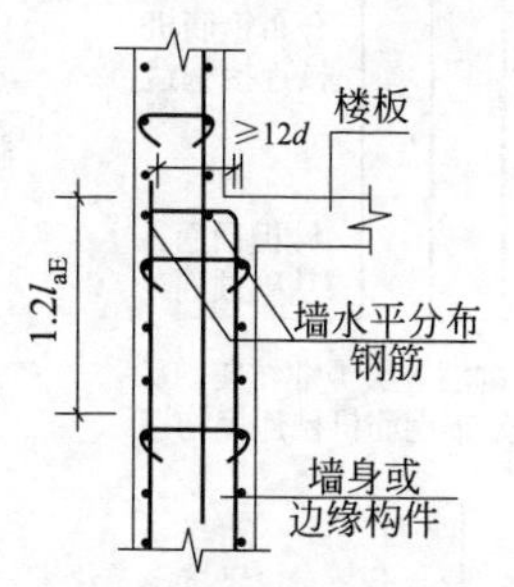

(a) 边柱或边墙的竖向钢筋变截面构造一

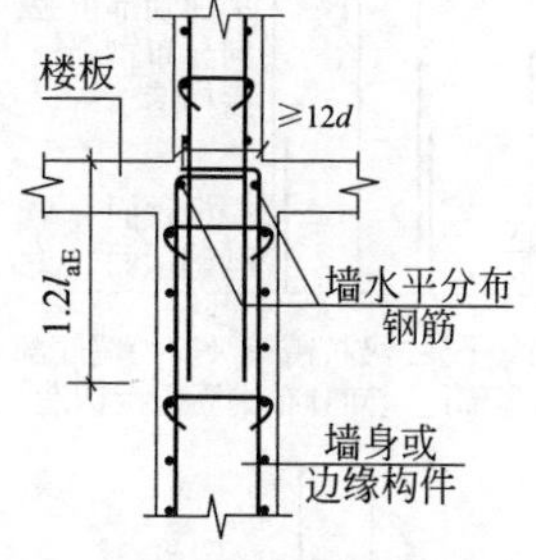

(b) 中柱或中墙的竖向钢筋变截面构造一

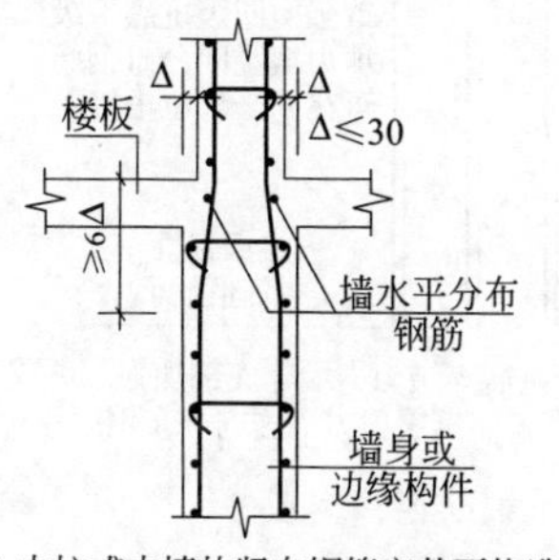

(c) 中柱或中墙的竖向钢筋变截面构造二

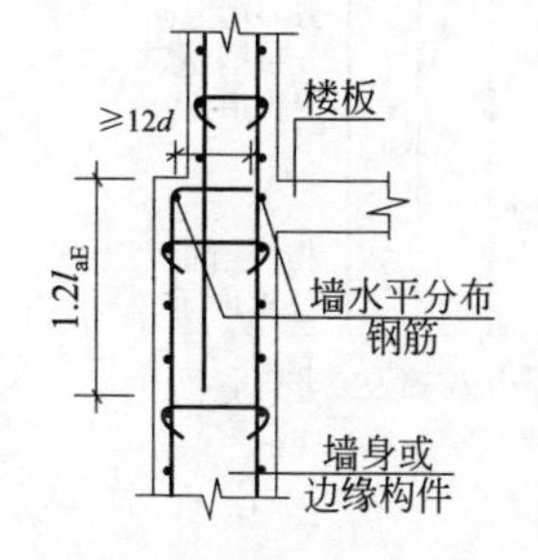

(d) 边柱或边墙的竖向钢筋变截面构造二

图4-22 剪力墙变截面处竖向钢筋构造

边柱或边墙内侧的竖向钢筋伸入楼板顶部以下然后弯折到对边切断，上一层墙柱和墙身竖向钢筋插入当前楼层$1.2l_{aE}$。

（3）上下楼层竖向钢筋规格发生变化时的处理［图4-22(b)］。

上下楼层的竖向钢筋规格发生变化常被称为“钢筋变截面”。此时的构造做法可选用图 4-22(b) 的做法：当前楼层的墙柱和墙身的竖向钢筋伸入楼板顶部以下然后弯折到对边切断，上一层墙柱和墙身竖向钢筋插入当前楼层 $1.2l_{aE}$。

4.2.1.7 剪力墙竖向钢筋连接构造

16G101-1 新图集第 73 页上部给出了剪力墙竖向分布钢筋的绑扎搭接构造，如图 4-23 所示。

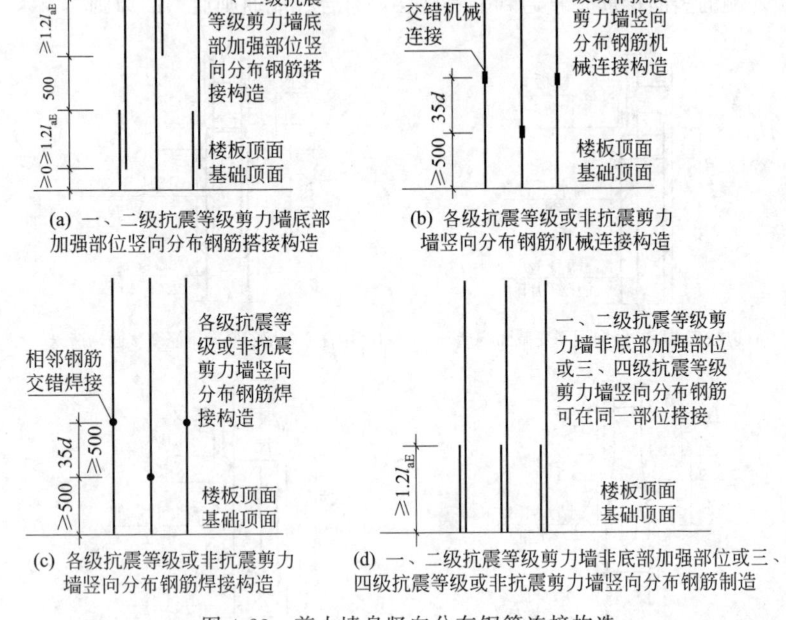

图 4-23 剪力墙身竖向分布钢筋连接构造

一、二级抗震等级剪力墙底部加强部位竖向分布钢筋搭接构造：搭接长度≥$1.2l_{aE}$，交错搭接，相邻搭接点错开的净距离为 500mm，如图 4-23(a) 所示。

各级抗震等级或非抗震剪力墙竖向分布钢筋机械连接构造：相邻钢筋交错机械连接，相邻搭接点错开的净距离为 35d，如图

4-23(b) 所示。

各级抗震等级或非抗震剪力墙竖向分布钢筋焊接构造：相邻钢筋交错焊接，相邻搭接点错开的净距离为 $35d$，≥500mm，如图 4-23(c) 所示。

一、二级抗震等级剪力墙非底部加强部位或三、四级抗震等级或非抗震剪力墙竖向分布钢筋可在同一部位搭接，搭接长度≥$1.2l_{aE}$，如图 4-23(d) 所示。

4.2.1.8 剪力墙边缘构件纵向钢筋连接构造

剪力墙边缘构件纵向钢筋连接构造，见图 4-24。适用于约束边缘构件阴影部分和构造边缘构件的纵向钢筋。

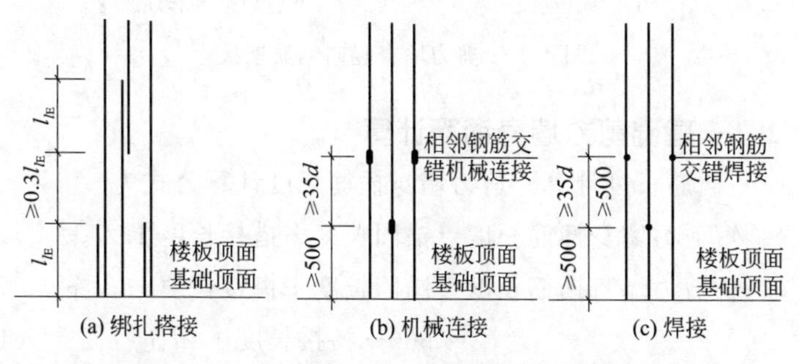

图 4-24 剪力墙边缘构件纵向钢筋连接构造

端柱竖向钢筋和箍筋的构造与框架柱相同。矩形截面独立墙肢，当截面高度不大于截面厚度的 4 倍时，其竖向钢筋和箍筋的构造要求与框架柱相同或按设计要求设置。约束边缘构件阴影部分、构造边缘构件、扶壁柱及非边缘暗柱的纵筋搭接长度范围内，箍筋直径应不小于纵向搭接钢筋最大直径的 0.25 倍，箍筋间距不大于 100mm。剪力墙分布钢筋配置若多于两排，水平分布筋宜均匀放置，竖向分布钢筋在保持相同配筋率条件下外排筋直径宜大于内排筋直径。

4.2.2 剪力墙身钢筋翻样方法

剪力墙身的计算方法主要包括墙身水平分布钢筋（内侧水平分布筋与外侧水平分布筋）和竖向分布钢筋（基础层插筋、中间层纵筋、顶层纵筋、变截面纵筋）与拉筋等形式（图 4-25）。剪力墙身钢筋计算方法包括以下几部分主要内容。

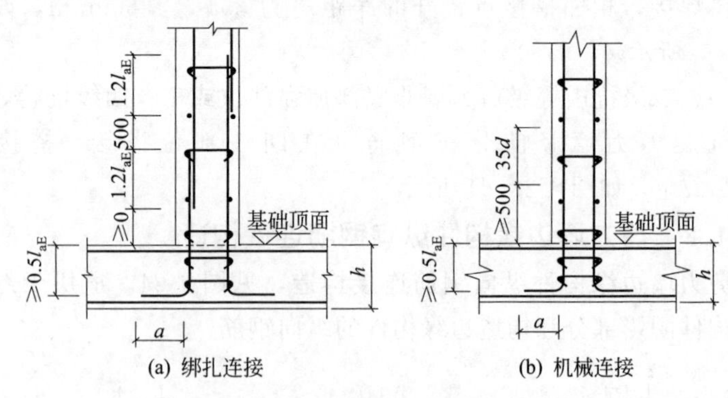

图 4-25　剪力墙身竖向钢筋连接

4. 2. 2. 1　基础剪力墙身钢筋计算

（1）插筋长度计算。剪力墙身插筋长度计算公式为

$$\text{短剪力墙身插筋长度}=\text{锚固长度}+\text{搭接长度}\ 1.2l_{aE} \tag{4-1}$$

$$\text{长剪力墙身插筋长度}=\text{锚固长度}+\text{搭接长度}\ 1.2l_{aE}+500+\text{搭接长度}\ 1.2l_{aE} \tag{4-2}$$

（2）插筋总根数确定。插筋根数计算公式为

$$\text{插筋总根数}=\left(\frac{\text{剪力墙身净长}-2\times\text{插筋间距}}{\text{插筋间距}}+1\right)\times\text{排数} \tag{4-3}$$

（3）基础层剪力墙身水平筋长度计算。剪力墙身水平钢筋包括水平分布筋、拉筋形式。

剪力墙水平分布筋有外侧钢筋和内侧钢筋两种形式，当剪力墙有两排以上钢筋网时，最外一层按外侧钢筋计算，其余则均按内侧钢筋计算。

外侧与内侧水平筋长度计算公式为

$$\text{外侧水平筋长度}=\text{墙外侧长度}-2\times\text{保护层}+15d\times n \tag{4-4}$$

$$内侧水平筋长度=墙外侧长度-2\times保护层+15d\times 2-外侧钢筋直径\ d\times 2-25\times 2 \quad (4\text{-}5)$$

基础层水平筋根数计算公式为

$$基本层水平筋根数=\left(\frac{基础高度-基础保护层}{500}+1\right)\times排数 \quad (4\text{-}6)$$

基础层拉筋根数计算公式为

$$基础层拉筋根数=\left(\frac{墙净长-竖向插筋间距\times 2}{拉筋间距}+1\right)\times基础水平筋排数 \quad (4\text{-}7)$$

4.2.2.2 中间层剪力墙身钢筋计算方法

中间层剪力墙身钢筋量有竖向分布筋与水平分布筋。

竖向分布筋长度和根数计算方法如下。

$$长度=中间层层高+1.2l_{aE} \quad (4\text{-}8)$$

$$根数=\left(\frac{剪力墙身长-2\times竖向分布筋间距}{竖向分布筋间距}+1\right)\times排数 \quad (4\text{-}9)$$

水平筋长度与根数计算无洞口时计算方法与基础层相同，有洞口时水平分布筋长度与根数计算方法为

$$外侧水平筋长度=外侧墙长度(减洞口长度后)-2\times保护层+15d\times 2+15d\times n \quad (4\text{-}10)$$

$$内侧水平筋长度=外侧墙长度(减洞口长度后)-2\times保护层+15d\times 2+15d\times 2 \quad (4\text{-}11)$$

$$水平筋根数=\left(\frac{布筋范围-50}{墙身水平筋间距}+1\right)\times排数 \quad (4\text{-}12)$$

4.2.2.3 顶层剪力墙身钢筋量计算方法

顶层剪力墙身钢筋量有竖向分布筋与水平分布筋。

水平钢筋计算方法同中间层。

顶层剪力墙身竖向钢筋长度与根数计算方法如下。

$$长钢筋长度=顶层层高-顶层板厚+锚固长度\ l_{aE} \quad (4\text{-}13)$$

$$短钢筋长度=顶层层高-顶层板厚-1.2l_{aE}-500+锚固长度\ l_{aE} \quad (4\text{-}14)$$

$$根数=\left(\frac{剪力墙净长-竖向分布筋间距\times 2}{竖向分布筋间距}+1\right)\times 排数 \quad (4\text{-}15)$$

4.2.2.4 剪力墙身变截面处钢筋量计算方法

剪力墙身变截面处钢筋的锚固包括两种形式：倾斜锚固及当前锚固与插筋组合。根据剪力墙变截面钢筋的构造措施，可知剪力墙纵筋的计算方法如下。

变截面处倾斜锚入上层的纵筋长度计算方法如下。

$$变截面倾斜纵筋长度=层高+斜度延伸值+搭接长度\ 1.2l_{aE} \quad (4\text{-}16)$$

变截面处倾斜锚入上层的纵筋长度计算方法如下。

$$当前锚固纵筋长度=层高-板保护层+墙厚-2\times 墙保护层 \quad (4\text{-}17)$$

$$插筋长度=锚固长度\ 1.5l_{aE}+搭接长度\ 1.2l_{aE} \quad (4\text{-}18)$$

4.2.2.5 剪力墙拉筋计算方法

拉筋计算包括拉筋长度计算与根数计算两部分。拉筋长度计算与柱单肢箍计算方法相同，此处省略；根据剪力墙身拉筋的设置要求，除了边框梁拉筋长度与剪力墙身拉筋长度计算方法不同外，其他墙梁拉筋布置可以与墙身相同。这里可以近似采用除边框梁之外的所有拉筋根数全部计算出来的方法。

拉筋根数计算方法为

$$根数=\frac{剪力墙总面积-洞口面积-边框梁面积}{拉筋间距\times 拉筋间距} \quad (4\text{-}19)$$

4.3 剪力墙柱钢筋翻样

4.3.1 剪力墙柱钢筋构造

4.3.1.1 约束边缘构件 YBZ 构造

(1) 约束边缘暗柱

① 约束边缘暗柱（非阴影区设置拉筋），见图 4-26。

② 约束边缘暗柱（非阴影区外圈设置封闭箍筋），见图 4-27。

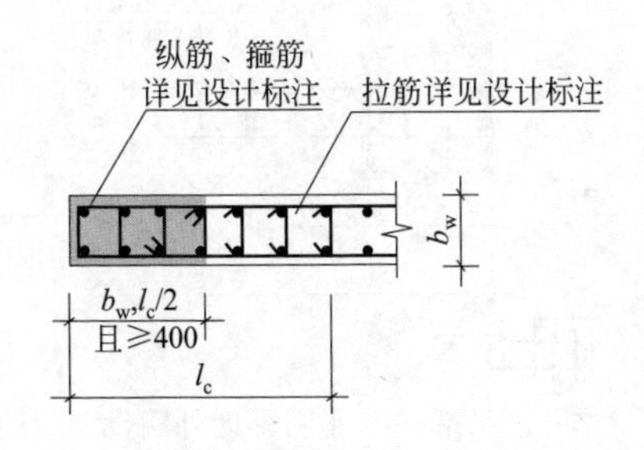

图 4-26 约束边缘暗柱（非阴影区设置拉筋）

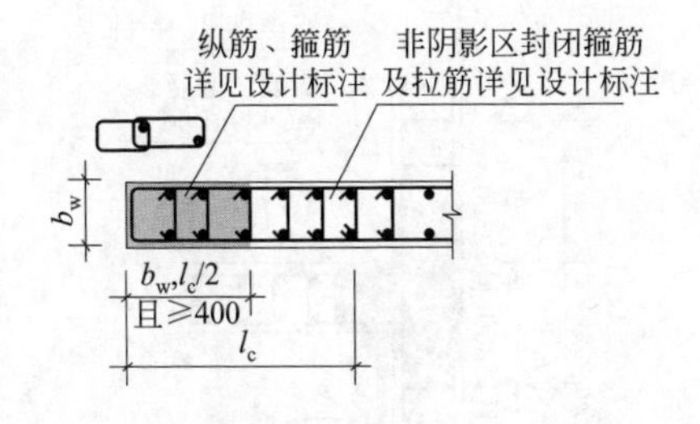

图 4-27 约束边缘暗柱（非阴影区外圈设置封闭箍筋）

(2) 约束边缘端柱

① 约束边缘端柱（非阴影区设置拉筋），见图 4-28。

② 约束边缘端柱（非阴影区外圈设置封闭箍筋），见图 4-29。

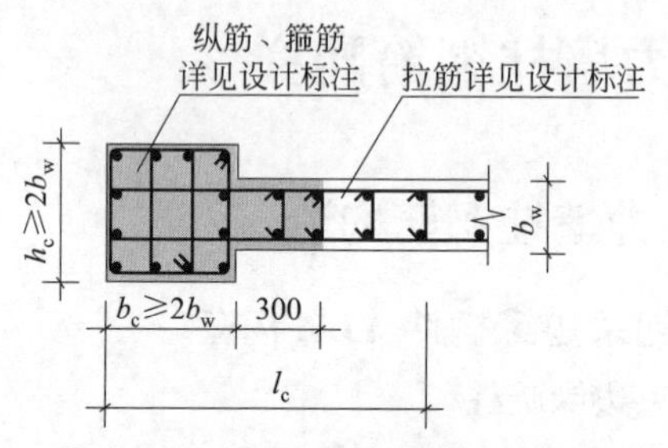

图 4-28 约束边缘端柱（非阴影区设置拉筋）

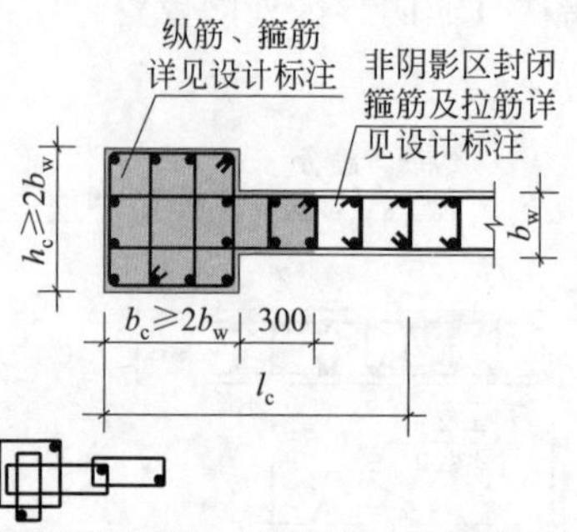

图 4-29 约束边缘端柱（非阴影区外圈设置封闭箍筋）

(3) 约束边缘翼墙

① 约束边缘翼墙（非阴影区设置拉筋），见图 4-30。

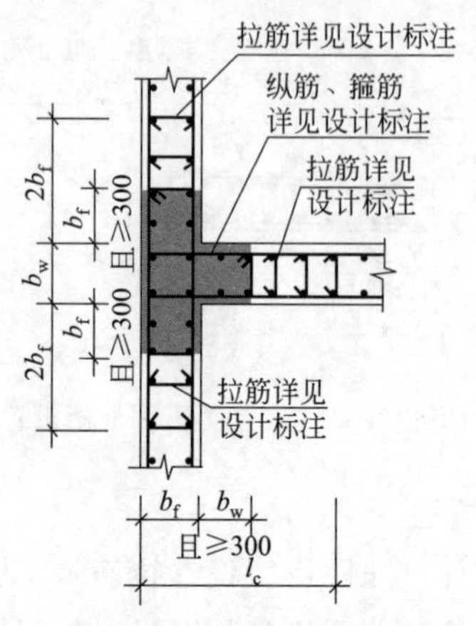

图 4-30 约束边缘翼墙（非阴影区设置拉筋）

② 约束边缘翼墙（非阴影区外圈设置封闭箍筋），见图 4-31。

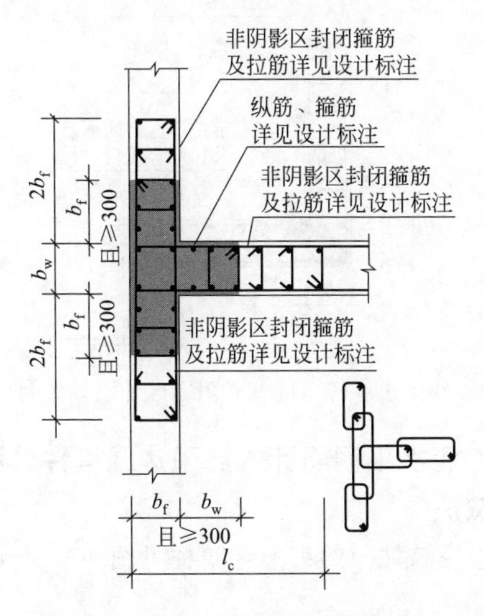

图 4-31 约束边缘翼墙（非阴影区外圈设置封闭箍筋）

(4) 约束边缘转角墙

① 约束边缘转角墙（非阴影区设置拉筋），见图 4-32。

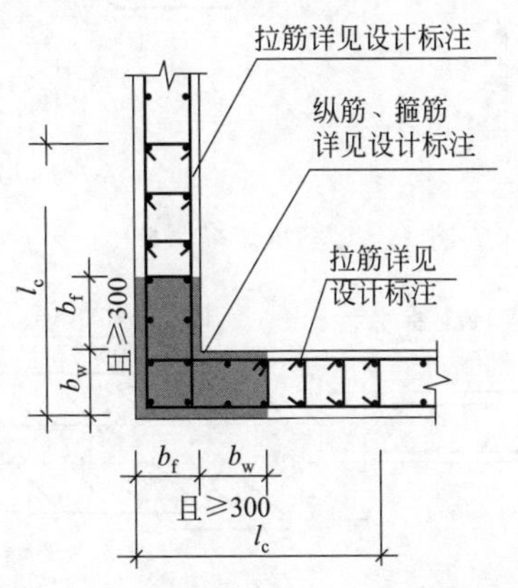

图 4-32 约束边缘转角墙（非阴影区设置拉筋）

② 约束边缘转角墙（非阴影区外圈设置封闭箍筋），见图 4-33。

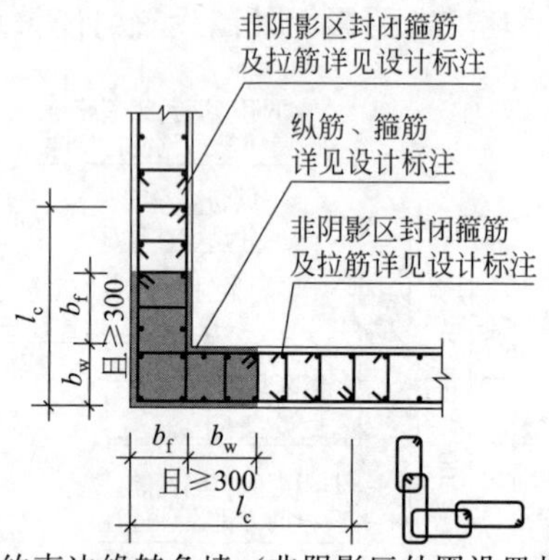

图 4-33 约束边缘转角墙（非阴影区外圈设置封闭箍筋）

4.3.1.2 剪力墙水平钢筋计入约束边缘构件体积配筋率的构造做法

（1）约束边缘暗柱。约束边缘暗柱见图 4-34 与图 4-35。

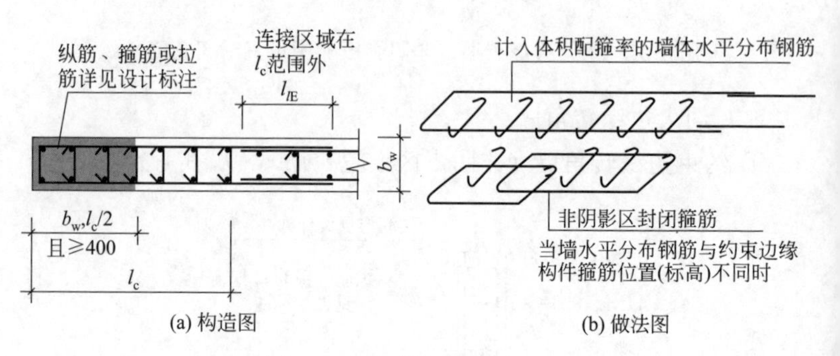

图 4-34 约束边缘暗柱（一）

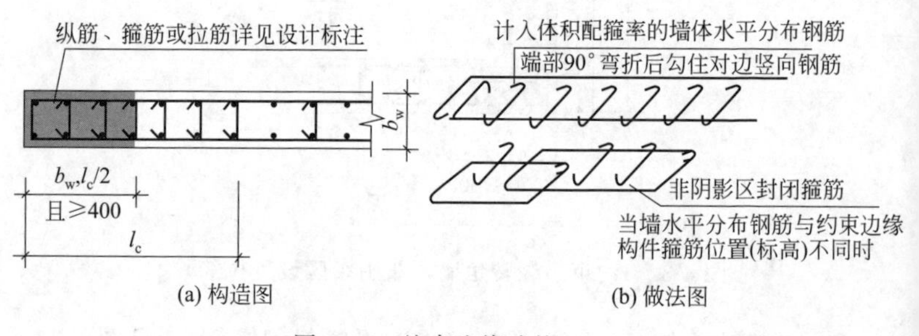

图 4-35 约束边缘暗柱（二）

(2) 约束边缘转角墙。约束边缘转角墙见图 4-36。

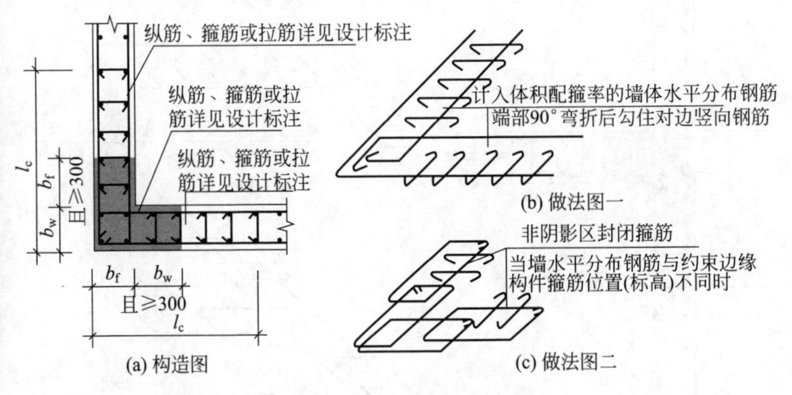

图 4-36 约束边缘转角墙

(3) 约束边缘翼墙。约束边缘翼墙见图 4-37 和图 4-38。

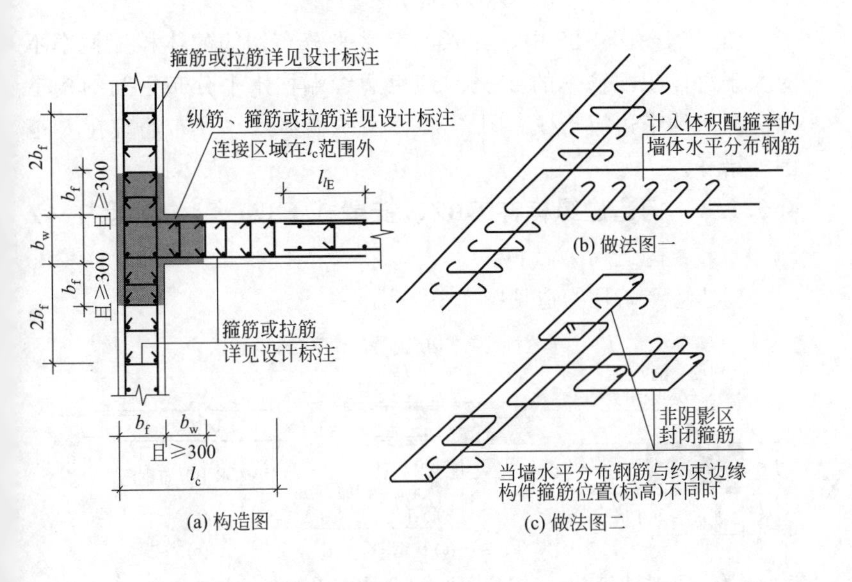

图 4-37 约束边缘翼墙（一）

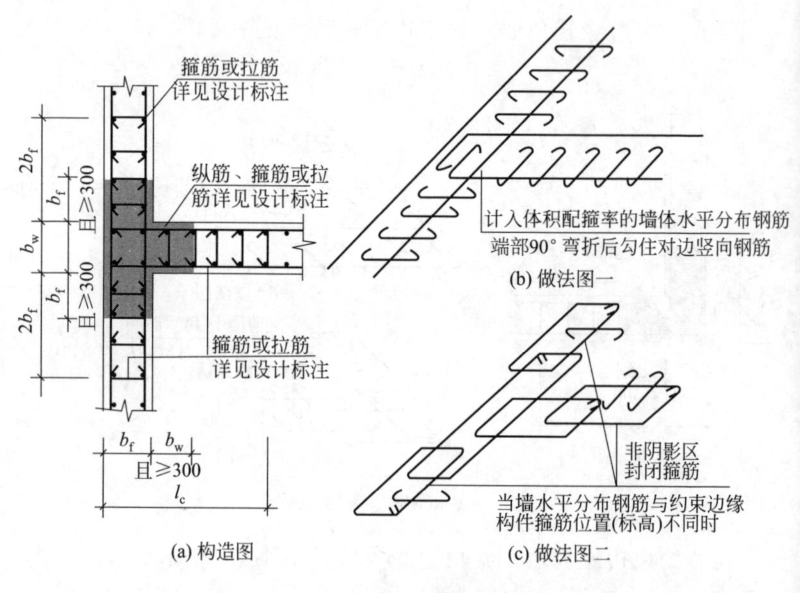

图 4-38　约束边缘翼墙（二）

图 4-34～图 4-38 中，计入的墙水平分布钢筋的体积配箍率不应大于总体积配箍率的 30%。约束边缘端柱水平分布钢筋的构造做法参照约束边缘暗柱。图 4-34 详图中墙体水平分布筋宜在 l_c范围外错开。

4.3.1.3　构造边缘构件 GBZ、扶壁柱 FBZ、非边缘暗柱 AZ 构造

构造边缘暗柱构造见图 4-39～图 4-41。

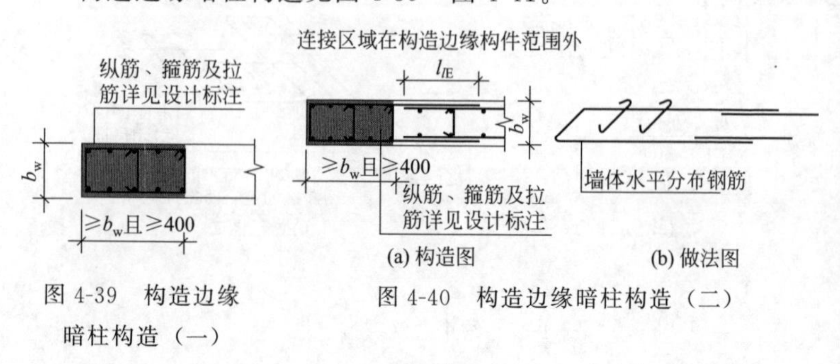

图 4-39　构造边缘暗柱构造（一）

图 4-40　构造边缘暗柱构造（二）

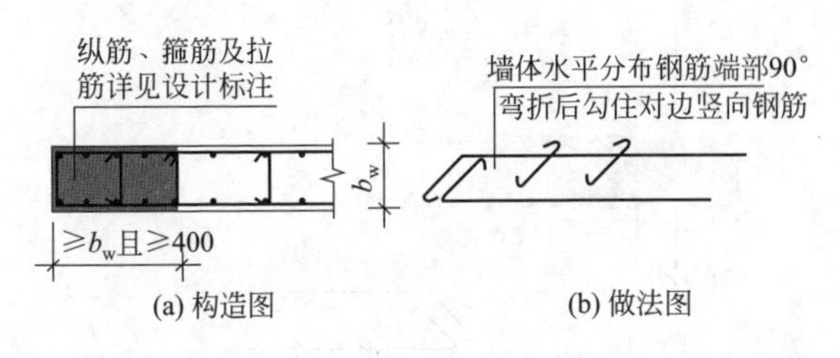

图 4-41　构造边缘暗柱构造（三）

构造边缘端柱构造见图 4-42。

扶壁柱 FBZ 构造见图 4-43。

非边缘暗柱 AZ 构造见图 4-44。

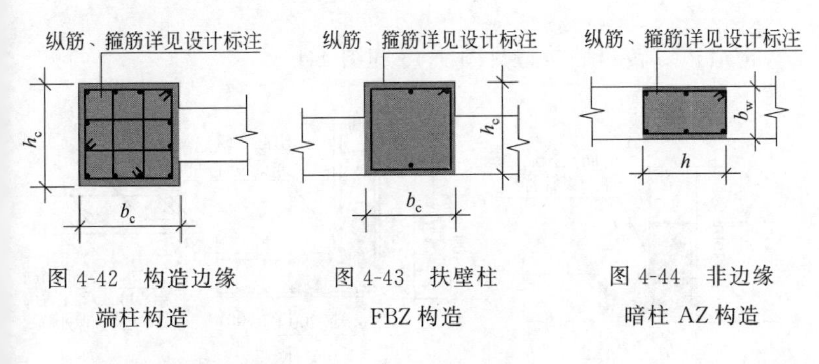

图 4-42　构造边缘端柱构造

图 4-43　扶壁柱 FBZ 构造

图 4-44　非边缘暗柱 AZ 构造

构造边缘翼墙构造见图 4-45～图 4-47。

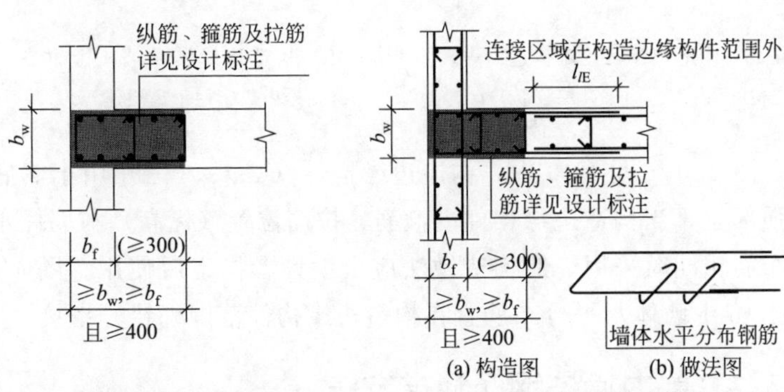

图 4-45　构造边缘翼墙构造（一）
（括号内数字用于高层建筑）

图 4-46　构造边缘翼墙构造（二）
（括号内数字用于高层建筑）

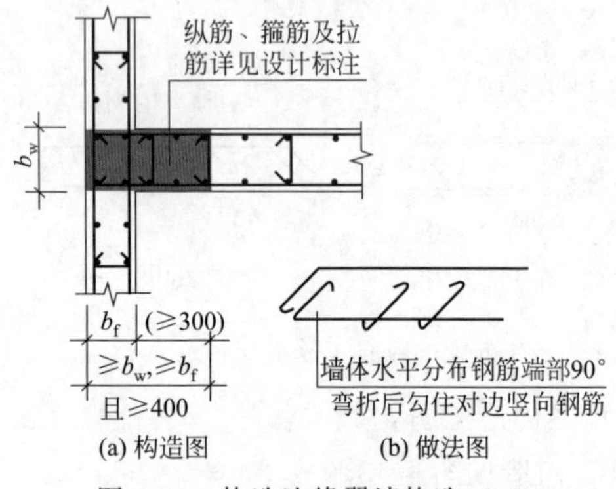

图 4-47　构造边缘翼墙构造（三）
（括号内数字用于高层建筑）

构造边缘转角墙构造见图 4-48 和图 4-49。

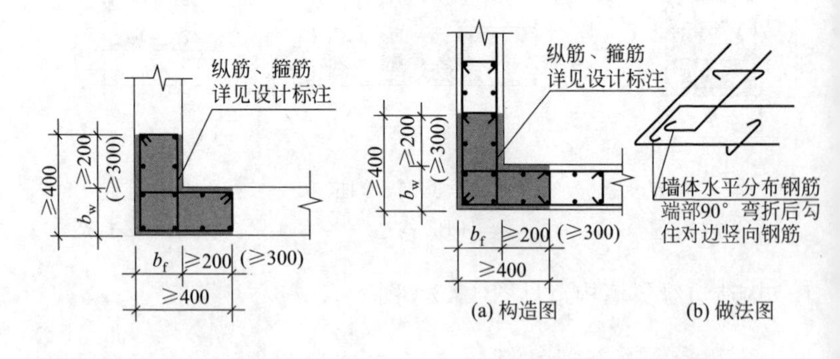

图 4-48　构造边缘转角墙构造（一）
（括号内数字用于高层建筑）

图 4-49　构造边缘转角墙构造（二）
（括号内数字用于高层建筑）

图 4-39～图 4-49 中，构造边缘构件（二）、（三）用于非底部加强部位，当构造边缘构件内箍筋、拉筋位置（标高）与墙体水平分布筋相同时采用，此构造做法应由设计者指定后使用。图 4-40，图 4-46 中墙体水平分布筋宜在构造边缘构件范围外错开搭接。

4.3.2　剪力墙柱钢筋翻样方法

剪力墙柱的计算方法与框架柱计算思路相同，剪力墙柱的钢筋计算包括各种构造边缘构件与约束边缘构件的纵筋（基础层插筋、中间层纵筋、顶层纵筋、变截面纵筋）、箍筋及拉筋形式。这里以暗柱为代表介绍其计算方法，其他墙柱形式的计算基本相同。剪力墙暗柱钢筋计算方法包括以下几部分内容。

4.3.2.1　基础层插筋计算

墙柱基础插筋如图4-50和图4-51所示，长度计算公式为

$$插筋长度=插筋锚固长度+基础外露长度 \qquad (4\text{-}20)$$

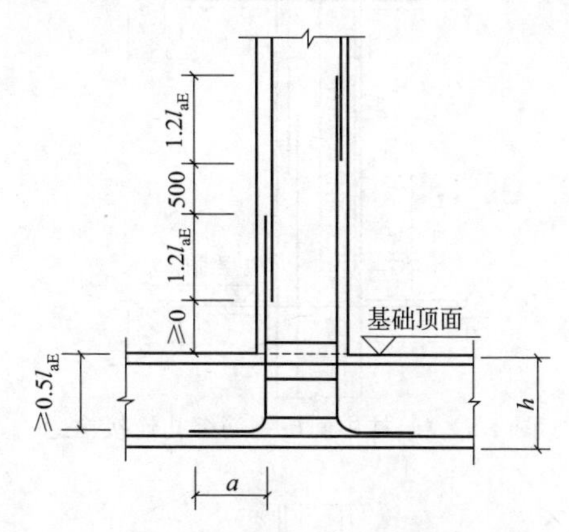

图4-50　暗柱基础插筋绑扎连接构造

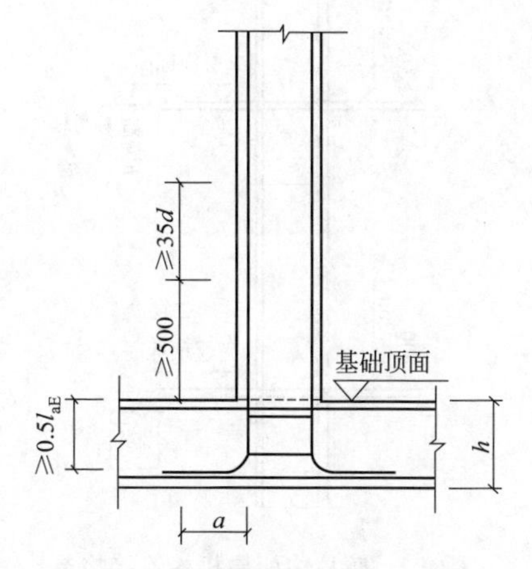

图4-51　暗柱基础插筋机械连接构造

4.3.2.2 中间层纵筋计算

中间层纵筋如图 4-52 和图 4-53 所示，长度计算公式为

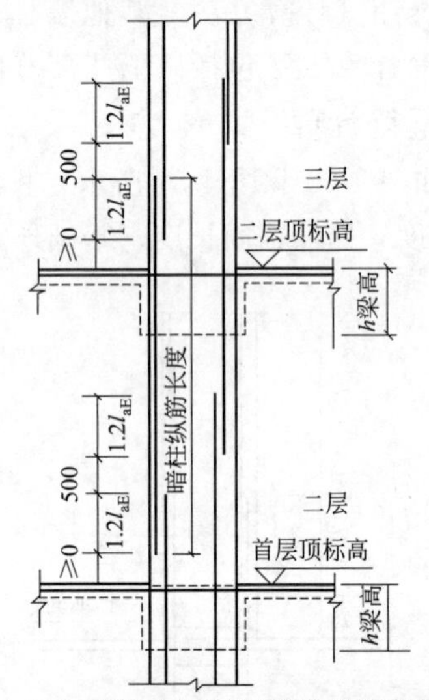

图 4-52 暗柱中间层钢筋绑扎连接构造

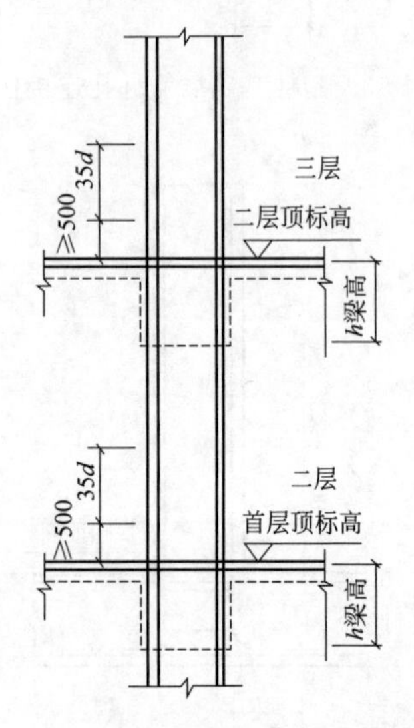

图 4-53 暗柱中间层机械连接构造

绑扎连接时：

$$纵筋长度=中间层层高+1.2l_{aE} \tag{4-21}$$

机械连接时：

$$纵筋长度=中间层层高 \tag{4-22}$$

4.3.2.3　顶层纵筋计算

顶层纵筋如图 4-54 和图 4-55 所示，长度计算公式如下。

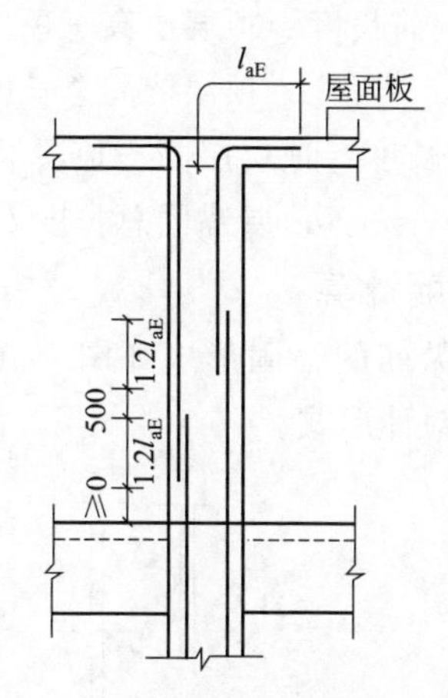

图 4-54　暗柱顶层钢筋绑扎连接构造

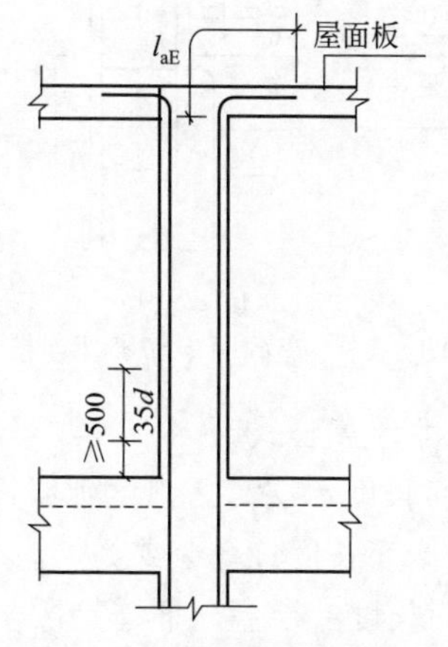

图 4-55　暗柱顶层机械连接构造

绑扎连接时：

与短筋连接的钢筋长度＝顶层层高－顶层板厚＋顶层锚固总长度 l_{aE} （4-23）

与长筋连接的钢筋长度＝顶层层高－顶层板厚－($1.2l_{aE}$＋500)＋顶层锚固总长度 l_{aE} （4-24）

机械连接时：

与短筋连接的钢筋长度＝顶层层高－顶层板厚－500＋顶层锚固总长度 l_{aE} （4-25）

与长筋连接的钢筋长度＝顶层层高－顶层板厚－500－35d＋顶层锚固总长度 l_{aE} （4-26）

4.3.2.4 变截面纵筋计算

剪力墙柱变截面纵筋的锚固形式如图 4-56 所示，包括倾斜锚固与当前锚固加插筋两种形式。

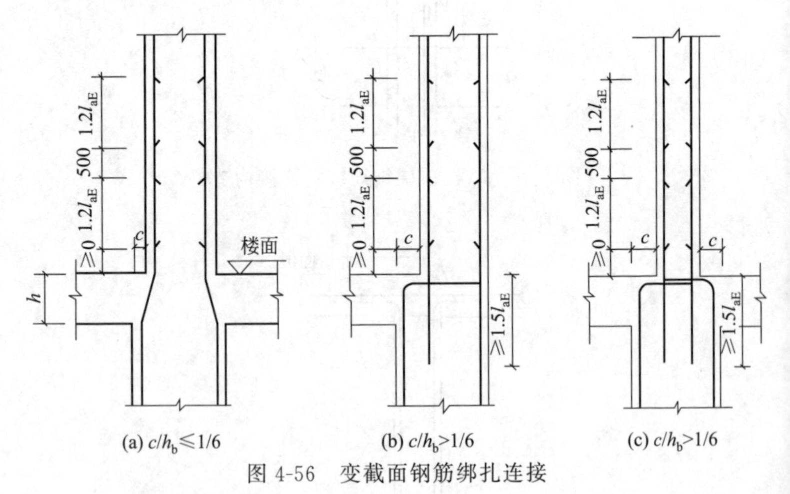

图 4-56 变截面钢筋绑扎连接

倾斜锚固钢筋长度计算公式为

变截面处纵筋长度＝层高＋斜度延伸长度＋$1.2l_{aE}$ （4-27）

当前锚固钢筋和插筋长度计算公式为

当前锚固纵筋长度＝层高－非连接区－板保护层＋下墙柱柱宽－2×墙柱保护层 （4-28）

变截面上层插筋长度＝锚固长度 $1.5l_{aE}$＋非连接区＋$1.2l_{aE}$ (4-29)

4.3.2.5 墙柱箍筋计算

剪力墙柱箍筋计算内容包括箍筋的长度计算与箍筋的根数计算。长度计算方法与框架柱箍筋计算相同，此处省略。

箍筋根数计算如下。

（1）基础插筋箍筋根数

$$(基础高度-基础保护层)/500+1 \tag{4-30}$$

（2）底层、中间层、顶层箍筋根数

绑扎连接时：

$$(2.4l_{aE}+500-50)/加密间距+(层高-搭接范围)/间距+1 \tag{4-31}$$

机械连接时：

$$(层高-50)/箍筋间距+1 \tag{4-32}$$

4.3.2.6 拉筋计算

剪力墙柱拉筋计算内容包括拉筋的长度计算与拉筋的根数计算。拉筋长度计算方法与框架柱单肢箍筋计算相同，此处省略。

拉筋根数计算如下。

（1）基础拉筋根数

$$基础层拉筋根数=\left(\frac{基础高度-基础保护层\ c}{500}+1\right)\times 每排拉筋根数 \tag{4-33}$$

（2）底层、中间层、顶层拉筋根数

$$基础拉筋根数=\left(\frac{层高-50}{间距}+1\right)\times 每排拉筋根数 \tag{4-34}$$

4.4 剪力墙梁钢筋翻样

4.4.1 剪力墙梁钢筋构造

4.4.1.1 暗梁 AL 钢筋构造

暗梁 AL 钢筋构造见表 4-6。

表 4-6 暗梁 AL 钢筋构造

(1)中间层暗梁：端部锚固伸至对边弯折 $15d$	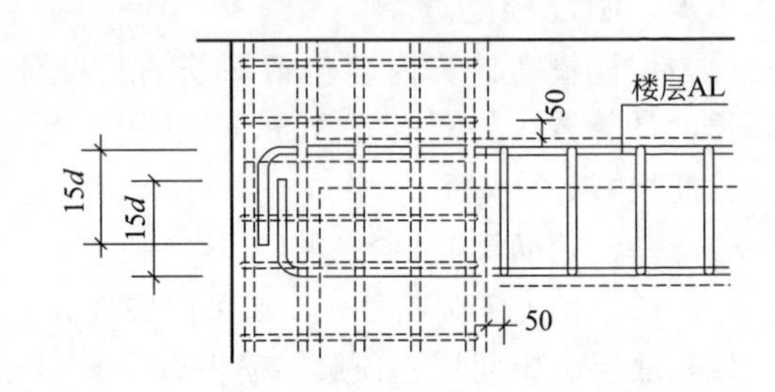
(2)顶层暗梁端部锚固：顶部钢筋伸至端部弯折 l_{lE}，底部钢筋同墙身水平筋伸至对边弯折 $15d$	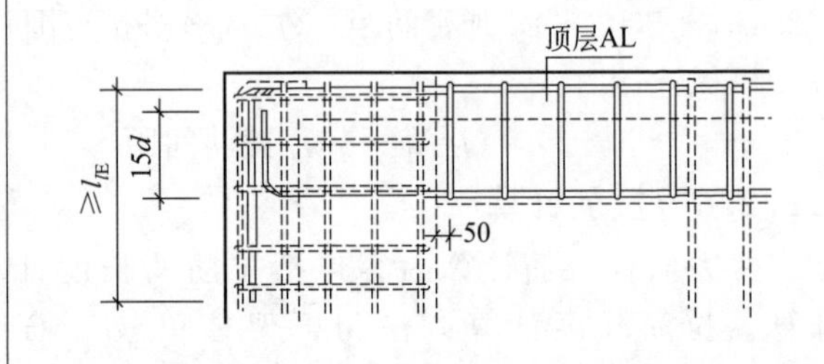
(3)箍筋：在暗梁净长范围内布置	
(4)与连梁重叠时：暗梁纵筋与箍筋算到连梁边，暗梁纵筋与连梁纵筋若位置与规格相同的，则可贯通，规格不同的则相互搭接	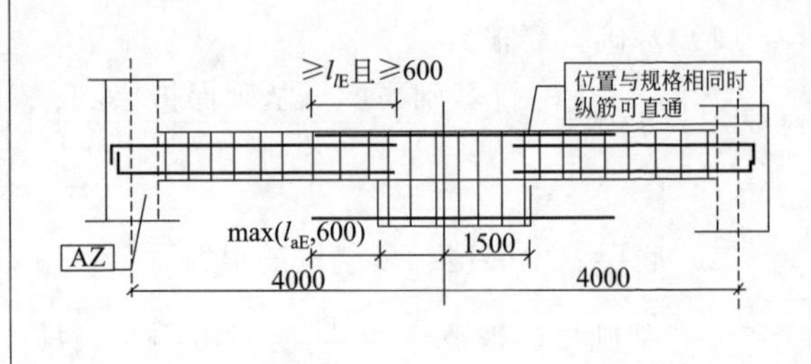

4.4.1.2 边框梁 BKL 钢筋构造

边框梁 BKL 钢筋构造见表 4-7。

4.4.1.3 连梁 LL 钢筋构造

连梁 LL 钢筋构造见表 4-8。

4.4.1.4 剪力墙洞口补强构造

16G101-1 图集第 83 页给出了剪力墙洞口补强结构（图 4-57）。

表 4-7　边框梁 BKL 钢筋构造

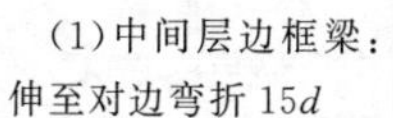(1)中间层边框梁：伸至对边弯折 15d	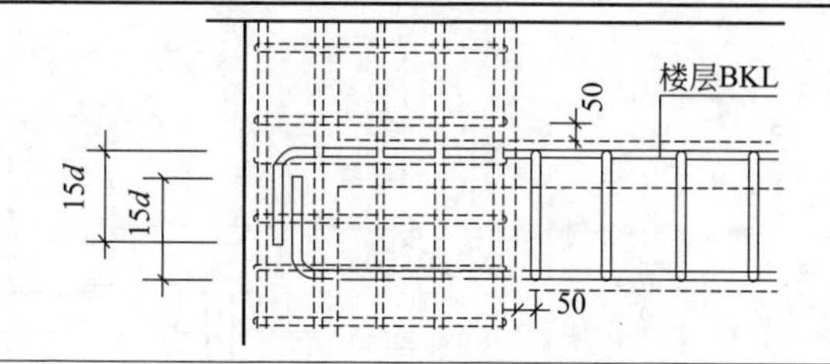
(2)顶层边框梁端部锚固：顶部钢筋伸至端部弯折 l_{lE}，底部钢筋同墙身水平筋伸至对边弯折 15d	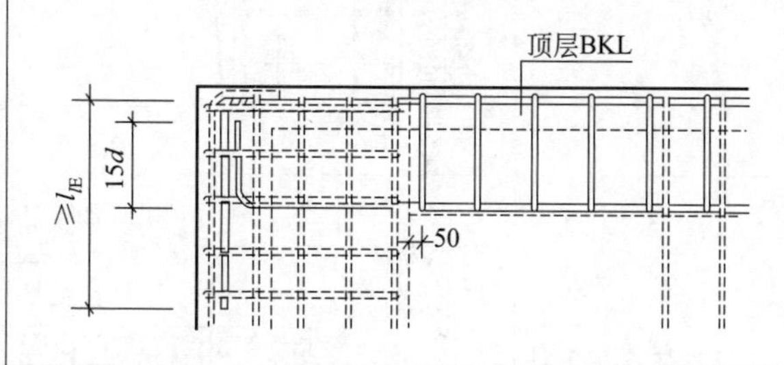
(3)箍筋：在暗梁净长范围内布置	
(4)与连梁重叠时：边框梁与连梁的箍筋及纵筋各自计算，规格和位置相同的可直通	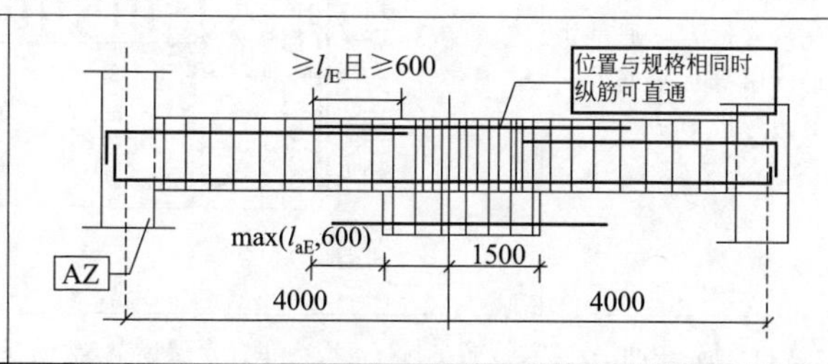

表 4-8　连梁 LL 钢筋构造

(1)中间层连梁在中间洞口：纵筋长度＝洞口宽＋两端锚固 max[l_{aE},600]	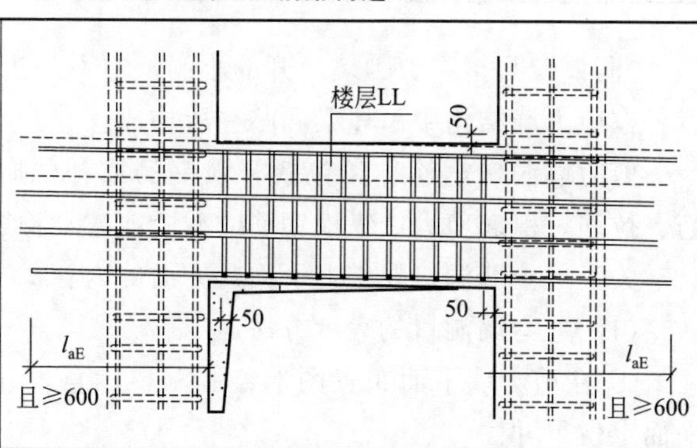

续表

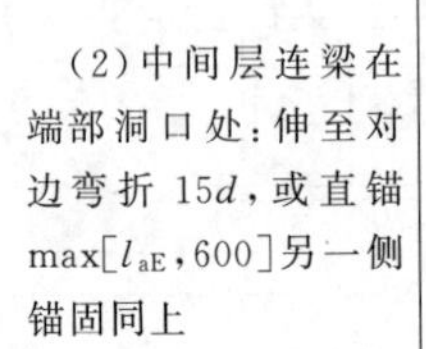(2)中间层连梁在端部洞口处：伸至对边弯折 15d，或直锚 max[l_{aE}，600]另一侧锚固同上	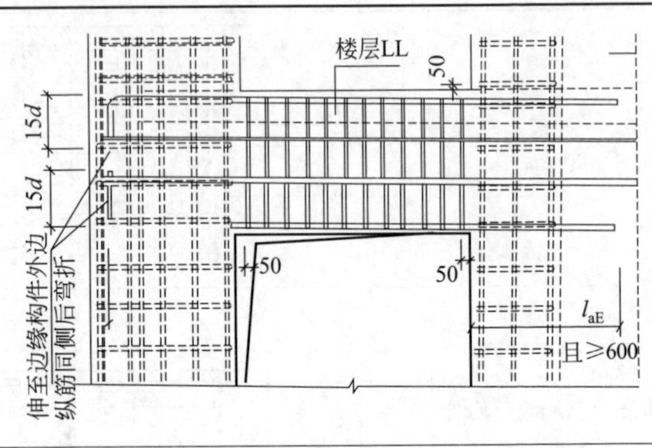
(3)顶层连梁端部锚固：顶部钢筋伸至端部弯折 l_{lE}，底部钢筋同墙身水平筋伸至对边弯折 15d	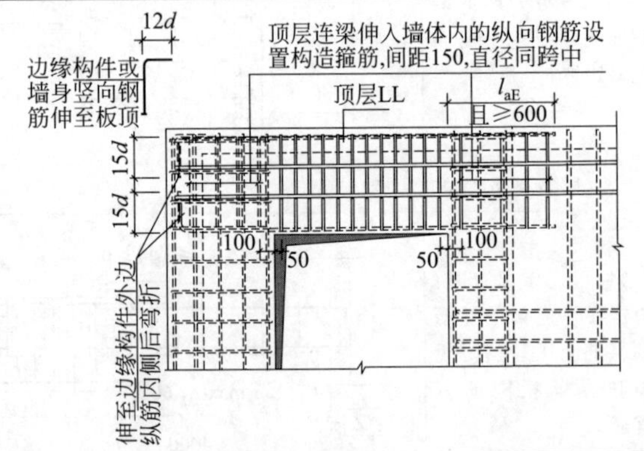
(4)箍筋：中间层连梁，箍筋在洞口范围内布置顶层连梁，箍筋在连梁纵筋水平长度范围内布置	

"洞口"是指在剪力墙上开的小洞，它不是指众多的门窗洞口。后者在剪力墙结构中由连梁和暗柱所构成。

剪力墙洞口钢筋种类包括补强钢筋或补强暗梁纵向钢筋、箍筋、拉筋，引起剪力墙纵横钢筋的截断或连梁箍筋的截断。

关于剪力墙洞口要掌握下面几方面的内容。

(1) 剪力墙洞口的表示方法

① 在剪力墙平面布置图上绘制洞口示意，并标注洞口中心的平面定位尺寸。

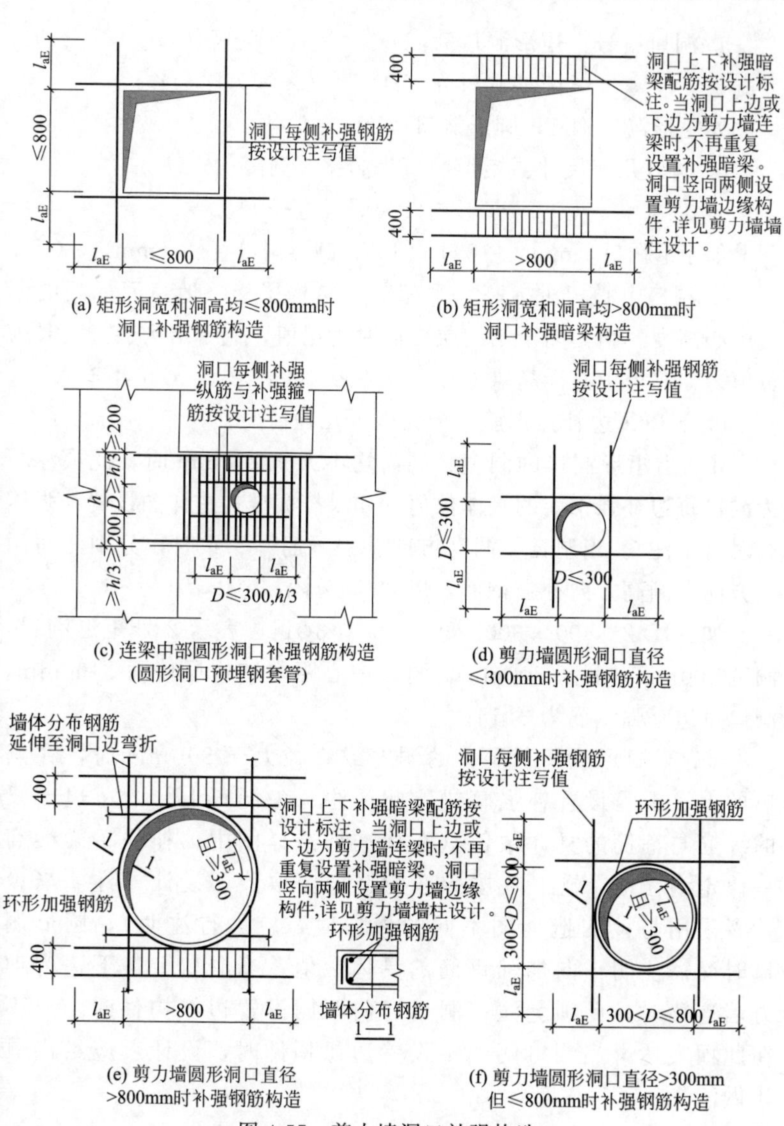

图 4-57 剪力墙洞口补强构造
（图中括号内标注用于非抗震时）

② 在洞口中心位置引注：洞口编号、洞口几何尺寸、洞口中心相对标高、洞口每边补强钢筋，共四项内容。具体说明如下。

a. 洞口编号：矩形洞口为JD××（××为序号）；

圆形洞口为YD××（××为序号）。

如矩形洞口JD1，圆形洞口YD1。

b. 洞口几何尺寸：矩形洞口为洞宽×洞高（$b\times h$）；

圆形洞口为洞口直径D。

如矩形洞口（mm）：1800×2100；圆形洞口直径（mm）：300。

c. 洞口中心相对标高，系相对于结构层楼（地）面标高的洞口中心高度。当其高于结构层楼面时为正值，低于结构层楼面时为负值。如洞口中心标高（m）：+1.800（注："+"号可不输入）。

d. 洞口每边补强钢筋，分为以下几种情况。

ⅰ. 当矩形洞口的洞宽、洞高均不大于800mm时，此项注写为洞口每边补强钢筋的具体数值（如果按标准构造详图设置补强钢筋时可不注）。当洞宽、洞高方向补强钢筋不一致时，分别注写洞宽方向、洞高方向补强钢筋，以"/"分隔。

如：JD 2　400×300　+3.100　3Φ14，表示2号矩形洞口，洞宽400mm，洞高300mm，洞口中心距本结构层楼面3100mm，洞口每边补强钢筋为3Φ14。

ⅱ. 当矩形或圆形洞口的洞宽或直径大于800mm时，在洞口的上、下需设置补强暗梁，此项注写为洞口上、下每边暗梁的纵筋与箍筋的具体数值（在标准构造详图中，补强暗梁梁高一律定为400，施工时按标准构造详图取值，设计不注。当设计者采用与该构造详图不同的做法时，应另行注明），圆形洞口时尚需注明环向加强钢筋的具体数值；当洞口上、下边为剪力墙连梁时，此项免注；洞口竖向两侧设置边缘构件时，亦不在此项表达（当洞口两侧不设置边缘构件时，设计者应给出具体做法）。

如：JD 5　1800×2100　+1.800　6Φ20　Φ8@150，表示5号矩形洞口，洞宽1800mm、洞高2100mm，洞口中心距本结构层楼面1800mm，洞口上下设补强暗梁，每边暗梁纵筋为6Φ20，箍筋为Φ8@150。

ⅲ. 当圆形洞口设置在连梁中部1/3范围（且圆洞直径不应大于1/3梁高）时，需注写在圆洞上下水平设置的每边补强纵筋与箍筋。

ⅳ. 当圆形洞口设置在墙身或暗梁、边框梁位置，且洞口直径不大于300mm时，此项注写为洞口上下左右每边布置的补强纵筋的具体数值。

ⅴ. 当圆形洞口直径大于300mm，但不大于800mm时，其加强钢筋在标准构造详图中系按照圆外切正六边形的边长方向布置，设计仅需注写正六边形中一边补强钢筋的具体数值。

（2）洞口引起的钢筋截断

① 墙身钢筋的截断。在洞口处被截断的剪力墙水平筋和竖向筋，在洞口处拐弯扣过加强筋，直钩长度不小于15d且与对边直钩交错不小于10d绑在一起（图4-58）。如墙的厚度较小或是墙水平钢筋直径较大，使水平设置的15d直钩长出墙面时，可以斜放或伸入到保护层位置为止。

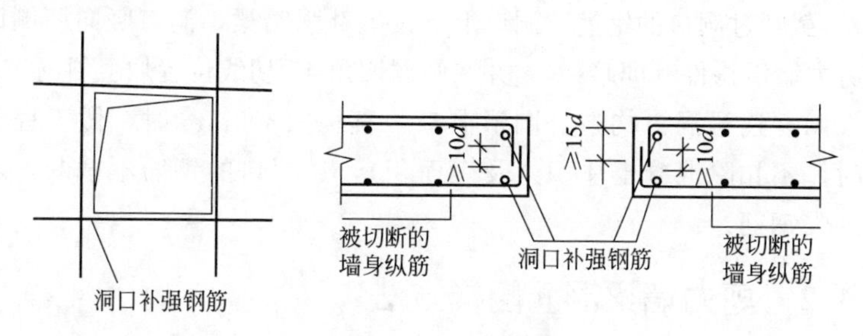

图4-58　墙身钢筋的截断

② 连梁箍筋的截断。连梁箍筋的截断包括截断过洞口的箍筋及设置补强纵筋和补强箍筋两类。

补强纵筋每边伸过洞口l_{aE}，洞口上下的补强箍筋的高度可根据洞口中心标高和洞口高度进行计算（也可以看作是截断一个大箍变成为两个小箍）。

（3）剪力墙洞口构造

① 矩形洞口

a. 洞宽、洞高均≤300mm时，做工程预算时，不扣除混凝土体积（及表面积），过洞口的钢筋不截断，设置补强钢筋。

b. 300mm＜洞宽，洞高≤800mm 时，当面积＞0.3m^2时，做工程预算时扣除混凝土体积（及表面积），截断过洞口钢筋，设置补强钢筋。

c. 洞宽＞800mm 时，做工程预算时扣除混凝土体积（及表面积），截断过洞口的钢筋，洞口上下设置补强暗梁，洞口竖向两侧设置剪力墙沿构件（即暗柱）。

② 圆形洞口

a. 直径≤300mm 时，做工程预算时，不扣除混凝土体积（及表面积），过洞口的钢筋不截断，设置补强钢筋。

b. 300mm＜直径≤800mm 时，当面积＞0.3m^2时，做工程预算时扣除混凝土体积（及表面积），截断过洞口钢筋，设置补强钢筋。

c. 直径＞800mm 时，做工程预算时扣除混凝土体积（及表面积），截断过洞口的钢筋，洞口上下设置补强暗梁，洞口竖向两侧设置剪力墙沿构件（即暗柱），并在圆洞四角 45°切线位置加上斜筋。

（4）连梁洞口构造。圆形洞口：直径≤300mm 时，做工程预算时，不扣除混凝土体积（及表面积），过洞口的钢筋不截断，设置补强钢筋。

4.4.2 剪力墙梁钢筋翻样方法

剪力墙梁包括连梁、暗梁与边框梁，剪力墙梁中的钢筋类型包括纵筋、箍筋、侧面钢筋、拉筋等。连梁纵筋长度需考虑洞口宽度、纵筋的锚固长度等因素，箍筋需要考虑连梁的截面尺寸、布置范围等因素；暗梁与边框梁纵筋长度需要考虑其设置范围与锚固长度等，箍筋需考虑截面尺寸、布置范围等。暗梁与边框梁纵筋长度计算方法与剪力墙身水平分布钢筋基本相同，箍筋的计算方法与普通框架梁相同。因此，文中以连梁为例介绍其纵筋、箍筋的相关计算方法。

根据洞口的位置与洞间墙尺寸以及锚固要求，剪力墙连梁有单洞口与双洞口连梁，根据连梁的楼层与顶层的构造措施及锚固要求不同，连梁有中间层连梁和顶层连梁。根据以上分类，剪力墙连梁钢筋计算分以下几部分讨论。

4.4.2.1　剪力墙单洞口连梁钢筋计算

中间层单洞口连梁（图 4-59）钢筋计算公式：

$$连梁纵筋长度=左锚固长度+洞口长度+右锚固长度 \tag{4-35}$$

$$箍筋根数=\frac{洞口宽度-2\times 50}{间距}+1 \tag{4-36}$$

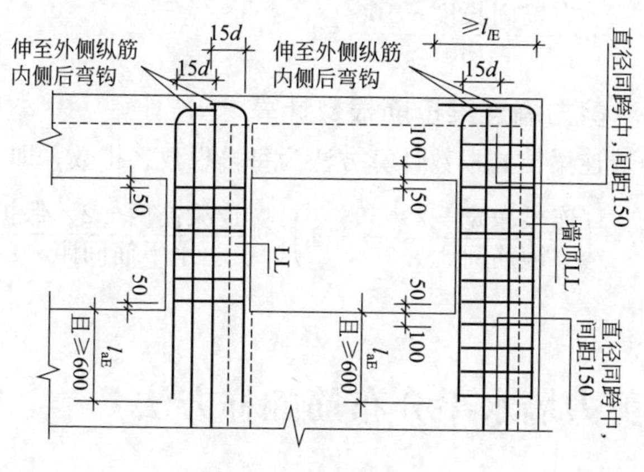

图 4-59　单洞口连梁

顶层单洞口连梁钢筋计算公式如下。

$$连梁纵筋长度=左锚固长度+洞口长度+右锚固长度 \tag{4-37}$$

箍筋根数=左墙肢内箍筋根数+洞口上箍筋根数+右墙肢内箍筋根数

$$=\frac{左侧锚固长度水平段-100}{150}+1+\frac{洞口宽度-2\times 50}{间距}+1$$

$$=\frac{右侧锚固长度水平段-100}{150}+1 \tag{4-38}$$

4.4.2.2　剪力墙双洞口连梁钢筋计算

中间层双洞口连梁钢筋计算公式如下。

$$连梁纵筋长度=左锚固长度+两洞口宽度+洞口墙宽度+右锚固长度 \tag{4-39}$$

$$箍筋根数=\frac{洞口1宽度-2\times50}{间距}+1+\frac{洞口2宽度-2\times50}{间距}+1 \quad (4\text{-}40)$$

顶层双洞口连梁钢筋计算公式如下。

$$连梁纵筋长度=左锚固长度+两洞口宽度+洞间墙宽度+右锚固长度 \quad (4\text{-}41)$$

$$箍筋根数=\frac{左锚固长度-100}{150}+1+\frac{两洞口宽度+洞间墙-2\times50}{间距}+1+\frac{右锚固长度-100}{150}+1 \quad (4\text{-}42)$$

4.4.2.3 剪力墙连梁拉筋根数计算

剪力墙连梁拉筋根数计算方法为每排根数×排数，即

$$拉筋根数=\left(\frac{连梁净宽-2\times50}{箍筋间距\times2}+1\right)\times\left(\frac{连梁高度-2\times保护层}{水平筋间距\times2}+1\right) \quad (4\text{-}43)$$

4.5 剪力墙水平分布筋翻样方法

4.5.1 端部无暗柱时剪力墙水平分布筋计算

（1）水平筋锚固（一）——直筋（图 4-60）

加工尺寸及下料长度：

$$L=L_1=墙长\ N-2\times设计值 \quad (4\text{-}44)$$

（2）水平筋锚固（一）——U 形筋（图 4-60）

加工尺寸：

$$L_1=设计值+l_{lE}-保护层厚 \quad (4\text{-}45)$$

$$L_2=墙厚\ M-2\times保护层厚 \quad (4\text{-}46)$$

下料长度：

$$L=2L_1+L_2-2\times90^\circ量度差值 \quad (4\text{-}47)$$

（3）水平筋锚固（二）（图 4-61）

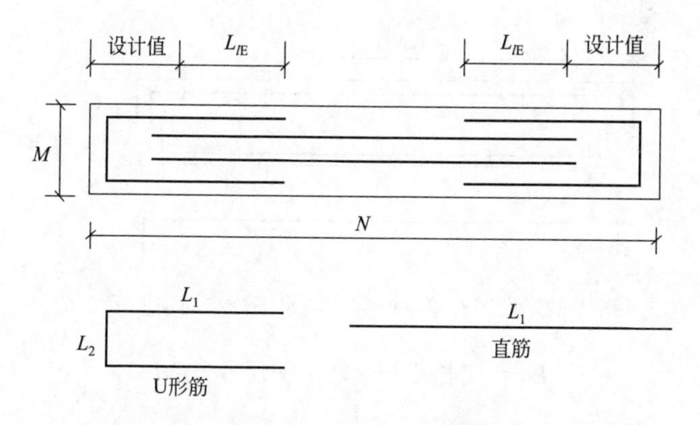

图 4-60 端部无暗柱时剪力墙水平筋锚固（一）示意

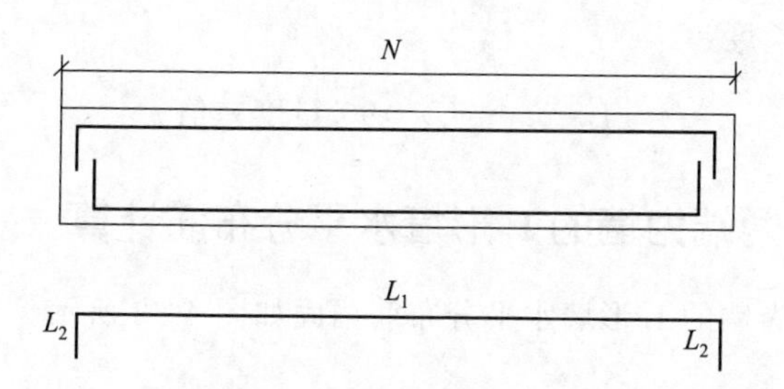

图 4-61 端部无暗柱时剪力墙水平筋锚固（二）示意

加工尺寸：

$$L_1=\text{墙长}\ N-2\times\text{保护层厚} \tag{4-48}$$

$$L_2=15d \tag{4-49}$$

下料长度：

$$L=L_1+L_2-90^\circ\text{量度差值} \tag{4-50}$$

4.5.2 端部有暗柱时剪力墙水平分布筋计算

端部有暗柱时剪力墙水平分布筋锚固如图 4-62 所示。

加工尺寸：

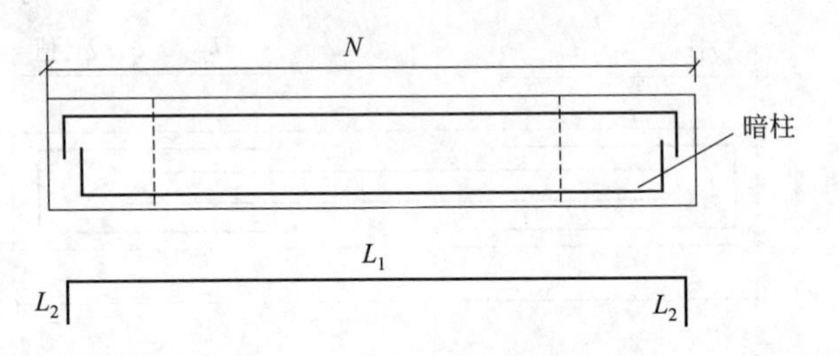

图 4-62　端部有暗柱时剪力墙水平分布筋锚固示意

$$L_1 = \text{墙长 } N - 2\times\text{保护层厚} - 2d \quad (4\text{-}51)$$

d 为竖向纵筋直径。

$$L_2 = 15d \quad (4\text{-}52)$$

下料长度：

$$L = L_1 + L_2 - 90°\text{量度差值} \quad (4\text{-}53)$$

4.5.3　两端为墙的 L 形墙水平分布筋计算

两端为墙的 L 形墙水平分布筋锚固如图 4-63 所示。

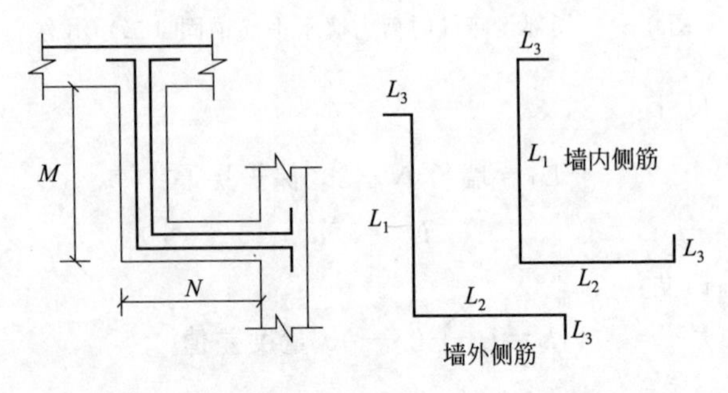

图 4-63　两端为墙的 L 形墙水平分布筋锚固示意

4.5.3.1　墙外侧筋

加工尺寸：

$$L_1 = M - \text{保护层厚} + 0.4l_{aE}\text{伸至对边} \tag{4-54}$$

$$L_2 = N - \text{保护层厚} + 0.4l_{aE}\text{伸至对边} \tag{4-55}$$

$$L_3 = 15d \tag{4-56}$$

下料长度：

$$L = L_1 + L_2 + 2L_3 - 3\times 90^\circ\text{量度差值} \tag{4-57}$$

4.5.3.2　墙内侧筋

加工尺寸：

$$L_1 = M - \text{墙厚} + \text{保护层厚} + 0.4l_{aE}\text{伸至对边} \tag{4-58}$$

$$L_2 = N - \text{墙厚} + \text{保护层厚} + 0.4l_{aE}\text{伸至对边} \tag{4-59}$$

$$L_3 = 15d \tag{4-60}$$

下料长度：

$$L = L_1 + L_2 + 2L_3 - 3\times 90^\circ\text{量度差值} \tag{4-61}$$

4.5.4　闭合墙水平分布筋计算

闭合墙水平分布筋锚固如图 4-64 所示。

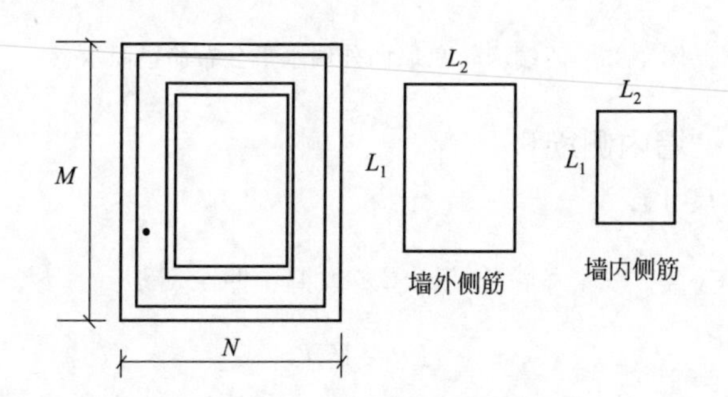

图 4-64　闭合墙水平分布筋锚固示意

4.5.4.1　墙外侧筋

加工尺寸：

$$L_1 = M - 2\times\text{保护层厚} \tag{4-62}$$

$$L_2 = N - 2\times\text{保护层厚} \tag{4-63}$$

下料长度：

$$L=2L_1+2L_2-4\times90^{\circ}\text{量度差值} \tag{4-64}$$

4.5.4.2 墙内侧筋

加工尺寸：

$$L_1=M-\text{墙厚}+2\times\text{保护层厚}+2d \tag{4-65}$$

$$L_2=N-\text{墙厚}+2\times\text{保护层厚}+2d \tag{4-66}$$

下料长度：

$$L=2L_1+2L_2-4\times90^{\circ}\text{量度差值} \tag{4-67}$$

4.5.5 两端为转角墙的外墙水平分布筋计算

两端为转角墙的外墙水平分布筋锚固如图 4-65 所示。

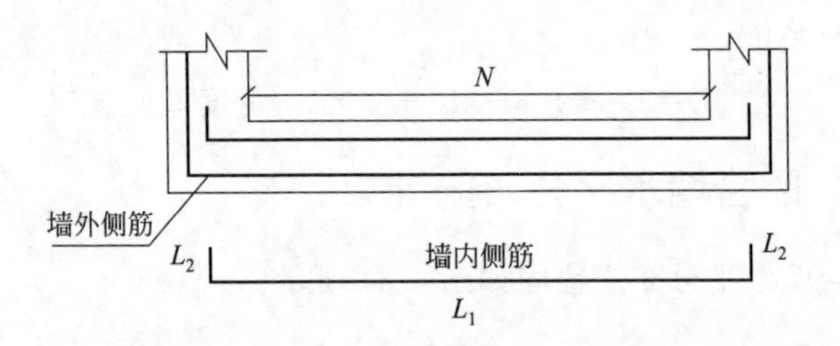

图 4-65 两端为转角墙的外墙水平分布筋锚固示意

4.5.5.1 墙内侧筋

加工尺寸：

$$L_1=\text{墙长}\ N+2\times0.4l_{aE}\text{伸至对边} \tag{4-68}$$

$$L_2=15d \tag{4-69}$$

下料长度：

$$L=L_1+2L_2-2\times90^{\circ}\text{量度差值} \tag{4-70}$$

4.5.5.2 墙外侧筋

墙外侧水平分布筋的计算方法同闭合墙水平分布筋外侧筋计算。

4.5.6 两端为墙的U形墙水平分布筋计算

两端为墙的U形墙水平分布筋锚固如图4-66所示。

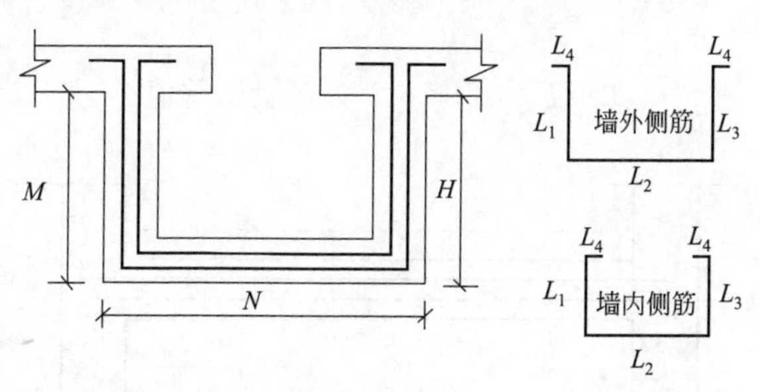

图4-66 两端为墙的U形墙水平分布筋锚固示意

4.5.6.1 墙外侧筋

加工尺寸：

$$L_1=M-\text{保护层厚}+0.4l_{aE}\text{伸至对边} \quad (4\text{-}71)$$

$$L_2=\text{墙}N-2\times\text{保护层厚} \quad (4\text{-}72)$$

$$L_3=H-\text{保护层厚}+0.4l_{aE}\text{伸至对边} \quad (4\text{-}73)$$

$$L_4=15d \quad (4\text{-}74)$$

下料长度：

$$L=L_1+L_2+L_3+2L_4-4\times90°\text{量度差值} \quad (4\text{-}75)$$

4.5.6.2 墙内侧筋

加工尺寸：

$$L_1=M-\text{墙厚}+\text{保护层厚}+0.4l_{aE}\text{伸至对边} \quad (4\text{-}76)$$

$$L_2=N-2\times\text{墙厚}+2\times\text{保护层厚} \quad (4\text{-}77)$$

$$L_3=H-\text{墙厚}+\text{保护层厚}+0.4l_{aE}\text{伸至对边} \quad (4\text{-}78)$$

$$L_4=15d \quad (4\text{-}79)$$

下料长度：

$$L=L_1+L_2+L_3+2L_4-4\times90°\text{量度差值} \quad (4\text{-}80)$$

4.5.7 两端为墙的室内墙水平分布筋计算

两端为墙的室内墙水平分布筋锚固如图4-67所示。

加工尺寸：

$$L_1 = \text{墙长}\ N + 2 \times 0.4 l_{aE}\ \text{伸至对边} \tag{4-81}$$

$$L_2 = 15d \tag{4-82}$$

下料长度：

$$L = L_1 + 2L_2 - 2 \times 90^\circ\text{量度差值} \tag{4-83}$$

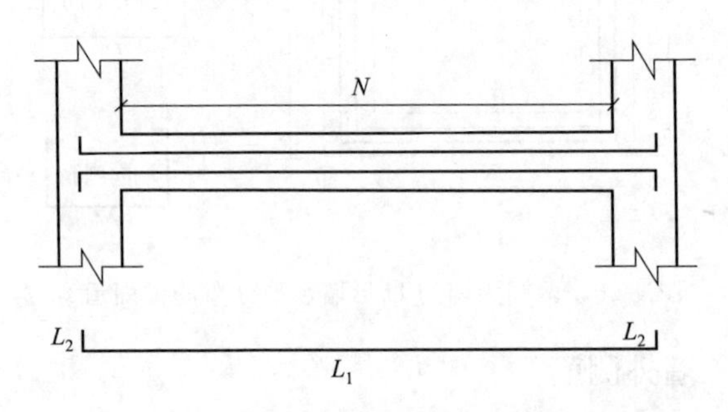

图 4-67　两端为墙的室内墙水平分布筋锚固示意

4.5.8　一端为柱、另一端为墙的外墙内侧水平分布筋计算

一端为柱、另一端为墙的外墙内侧水平分布筋锚固如图 4-68 所示。

4.5.8.1　内侧水平分布筋在端柱中弯锚

如图 4-68 所示，M－保护层厚$< l_{aE}$时，内侧水平分布筋在端柱中弯锚。

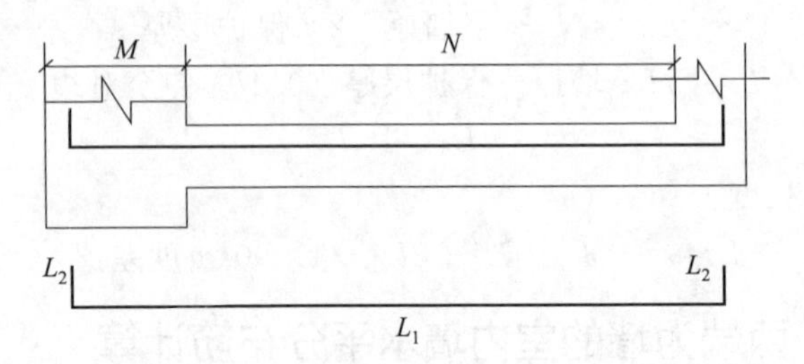

图 4-68　一端为柱、另一端为墙的外墙内侧水平分布筋锚固示意

加工尺寸：

$$L_1=\text{墙长 }N+2\times 0.4l_{aE}\text{伸至对边} \tag{4-84}$$

$$L_2=15d \tag{4-85}$$

下料长度：

$$L=L_1+2L_2-2\times 90^\circ\text{量度差值} \tag{4-86}$$

4.5.8.2　内侧水平分布筋在端柱中直锚

如图 4-68 所示，$M-$保护层厚$>l_{aE}$时，内侧水平分布筋在端柱中直锚，这时钢筋左侧没有 L_2。

加工尺寸：

$$L_1=\text{墙长 }N+0.4l_{aE}\text{伸至对边}+l_{aE} \tag{4-87}$$

$$L_2=15d \tag{4-88}$$

下料长度：

$$L=L_1+L_2-90^\circ\text{量度差值} \tag{4-89}$$

4.5.9　两端为柱的 U 形外墙水平分布筋计算

两端为柱的 U 形外墙水平分布筋锚固如图 4-69 所示。

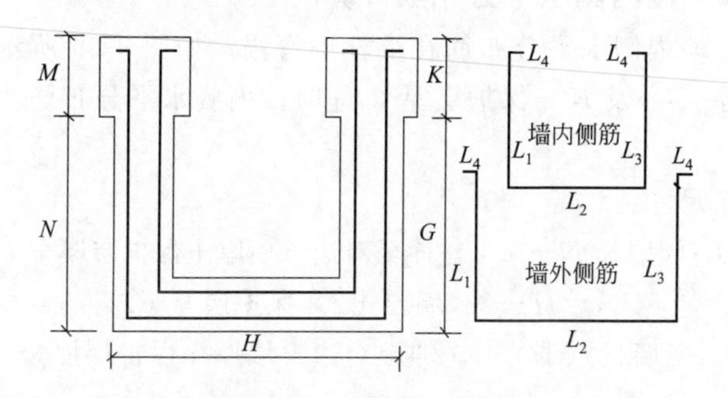

图 4-69　两端为柱的 U 形外墙水平分布筋锚固示意

4.5.9.1　墙外侧水平分布筋计算

（1）墙外侧水平分布筋在端柱中弯锚。如图 4-69 所示，$M-$保护层厚$<l_{aE}$及 $K-$保护层厚$<l_{aE}$时，外侧水平分布筋在端柱中弯锚。

加工尺寸：

$$L_1 = N + 0.4l_{aE}\text{伸至对边} - \text{保护层厚} \quad (4\text{-}90)$$

$$L_2 = \text{墙长 } H - 2\times\text{保护层厚} \quad (4\text{-}91)$$

$$L_3 = G + 0.4l_{aE}\text{伸至对边} - \text{保护层厚} \quad (4\text{-}92)$$

$$L_4 = 15d \quad (4\text{-}93)$$

下料长度：

$$L = L_1 + L_2 + L_3 + 2L_4 - 4\times 90^\circ\text{量度差值} \quad (4\text{-}94)$$

（2）墙外侧水平分布筋在端柱中直锚。如图 4-69 所示，M－保护层厚$>l_{aE}$及 K－保护层厚$>l_{aE}$时，外侧水平分布筋在端柱中直锚，该处没有 L_4。

加工尺寸：

$$L_1 = N + l_{aE} - \text{保护层厚} \quad (4\text{-}95)$$

$$L_2 = H - 2\times\text{保护层厚} \quad (4\text{-}96)$$

$$L_3 = G + l_{aE} - \text{保护层厚} \quad (4\text{-}97)$$

下料长度：

$$L = L_1 + L_2 + L_3 - 2\times 90^\circ\text{量度差值} \quad (4\text{-}98)$$

4.5.9.2 墙内侧水平分布筋计算

（1）墙内侧水平分布筋在端柱中弯锚。如图 4-69 所示，M－保护层厚$<l_{aE}$及 K－保护层厚$<l_{aE}$时，内侧水平分布筋在端柱中弯锚。

加工尺寸：

$$L_1 = \text{墙长 } N + 0.4l_{aE}\text{伸至对边} - \text{墙厚} + \text{保护层厚} + d \quad (4\text{-}99)$$

$$L_2 = H - 2\times\text{墙厚} + 2\times\text{保护层厚} + 2d \quad (4\text{-}100)$$

$$L_3 = \text{墙长 } G + 0.4l_{aE}\text{伸至对边} - \text{墙厚} + \text{保护层厚} + d \quad (4\text{-}101)$$

$$L_4 = 15d \quad (4\text{-}102)$$

下料长度：

$$L = L_1 + L_2 + L_3 + 2L_4 - 4\times 90^\circ\text{量度差值} \quad (4\text{-}103)$$

（2）墙内侧水平分布筋在端柱中直锚。如图 4-69 所示，M－保护层厚$>l_{aE}$及 K－保护层厚$>l_{aE}$时，外侧水平分布筋在端柱中直锚，该处没有 L_4。

加工尺寸：

$$L_1 = N + l_{aE} - 墙厚 + 保护层厚 + d \tag{4-104}$$

$$L_2 = H - 2 \times 墙厚 + 2 \times 保护层厚 + 2d \tag{4-105}$$

$$L_3 = G + l_{aE} - 墙厚 + 保护层厚 + d \tag{4-106}$$

下料长度：

$$L = L_1 + L_2 + L_3 - 2 \times 90° 量度差值 \tag{4-107}$$

注：剪力墙中的拉筋计算同框架梁中的拉筋计算。

4.5.10　一端为柱、另一端为墙的 L 形外墙水平分布筋计算

一端为柱、另一端为墙的 L 形外墙水平分布筋锚固如图 4-70 所示。

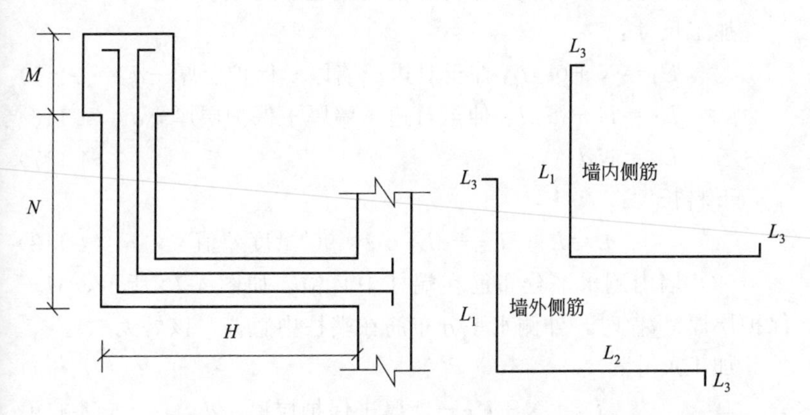

图 4-70　一端为柱、另一端为墙的 L 形外墙水平分布筋锚固示意图

4.5.10.1　墙外侧水平分布筋计算

（1）墙外侧水平分布筋在端柱中弯锚。如图 4-70 所示，$M-$保护层厚$<l_{aE}$时，外侧水平分布筋在端柱中弯锚。

加工尺寸：

$$L_1 = N + 0.4l_{aE} 伸至对边 - 保护层厚 \tag{4-108}$$

$$L_2 = H + 0.4l_{aE} 伸至对边 - 保护层厚 \tag{4-109}$$

$$L_3=15d \quad (4\text{-}110)$$

下料长度：

$$L=L_1+L_2+2L_3-3\times 90°\text{量度差值} \quad (4\text{-}111)$$

（2）墙外侧水平分布筋在端柱中直锚。如图 4-62 所示，$M-$保护层厚$>l_{aE}$时，外侧水平分布筋在端柱中直锚，该处无L_3。

加工尺寸：

$$L_1=N+l_{aE}-\text{保护层厚} \quad (4\text{-}112)$$

$$L_2=H+0.4l_{aE}\text{伸至对边}-\text{保护层厚} \quad (4\text{-}113)$$

下料长度：

$$L=L_1+L_2-2\times 90°\text{量度差值} \quad (4\text{-}114)$$

4.5.10.2 墙内侧水平分布筋计算

（1）墙内侧水平分布筋在端柱中弯锚。如图 4-70 所示，$M-$保护层厚$<l_{aE}$时，内侧水平分布筋在端柱中弯锚。

加工尺寸：

$$L_1=N+0.4l_{aE}\text{伸至对边}-\text{墙厚}+\text{保护层厚}+d \quad (4\text{-}115)$$

$$L_2=H+0.4l_{aE}\text{伸至对边}-\text{墙厚}+\text{保护层厚}+d \quad (4\text{-}116)$$

$$L_3=15d \quad (4\text{-}117)$$

下料长度：

$$L=L_1+L_2+2L_3-3\times 90°\text{量度差值} \quad (4\text{-}118)$$

（2）墙内侧水平分布筋在端柱中直锚。如图 4-70 所示，$M-$保护层厚$>l_{aE}$时，外侧水平分布筋在端柱中直锚，该处无L_3。

加工尺寸：

$$L_1=N+l_{aE}-\text{墙厚}+\text{保护层厚}+d \quad (4\text{-}119)$$

$$L_2=H+0.4l_{aE}\text{伸至对边}-\text{墙厚}+\text{保护层厚}+d \quad (4\text{-}120)$$

下料长度：

$$L=L_1+L_2-2\times 90°\text{量度差值} \quad (4\text{-}121)$$

4.6 剪力墙钢筋翻样实例

【例 4-1】 某二级抗震剪力墙中墙身顶层竖向分布筋，钢筋直

径为 ϕ32（HRB400 级钢筋），混凝土强度等级为 C35。采用机械连接，其层高为 3.2m，屋面板厚 150mm，试计算其顶层分布钢筋的下料长度。

解 已知 d=32mm>28mm，HRB400 级钢筋。

顶层室内净高=层高-屋面板厚度=3.2-0.15=3.05(m)

C35 时的锚固值 $l_{aE}=40d=40\times0.032=1.28$m

HRB335 级框架顶层节点 90°外皮差值为 $4.648d$

代入公式：

长筋=顶层室内净高+l_{aE}-500mm-1 个 90°外皮差值

$=3.05+40\times0.032-0.5-4.648\times0.032$

$=3.681$(m)

短筋=顶层室内净高+l_{aE}-500mm-$35d$-1 个 90°外皮差值

$=3.05+40\times0.032-0.5-35\times0.032-4.648\times0.032$

$=2.561$(m)

【例 4-2】 某三级抗震剪力墙竖向分布基础插筋，钢筋直径为 32mm（HRB400 级钢筋），混凝土强度等级为 C35，采用机械连接，其基础墙梁高 900mm，试计算竖向分布筋基础插筋的下料尺寸。

解 已知 d=32mm>28mm 应采用机械连接，HRB400 级钢筋。

C35 时的锚固值 $l_{aE}=37d$，$37d=37\times32=1184$mm>900mm 不能满足 l_{aE}的要求。

HRB400 级 90°外皮差值为 $3.79d$

长筋=$50d+0.5l_{aE}+500$-1 个 90°外皮差值

$=50\times0.032+0.5\times37\times0.032+0.5-1\times3.79\times0.032$

$=2.57$(m)

短筋=$0.5l_{aE}+15d+500$-1 个 90°外皮差值

$=0.5\times37\times0.032+15\times0.032+0.5-1\times3.79\times0.032$

$=1.45$(m)

【例 4-3】 三级抗震剪力墙中、底层竖向分布筋的直径为 ϕ20（HRB335 级钢筋），其混凝土强度等级为 C30，搭接连接，层高

3.2m，试计算中、底层竖向分布筋的下料长度。

解 已知 d=20mm<28mm，钢筋级别为 HRB335 级。

三级抗震 C30 的搭接长度 $l_{lE}=36d$

代入公式：

钢筋长度=层高+l_{lE}=3.2+36d=3.2+36×0.028=4.21(m)

【例 4-4】 某三级抗震剪力墙约束边缘暗柱，其钢筋级别为 HRB400 级钢筋，钢筋直径 ϕ32mm，混凝土强度等级为 C30，层高为 3.2m，屋面板厚 200mm，基础梁高 500mm，机械连接，试计算钢筋顶层、中层以及底层基础插筋的下料长度。

解 已知钢筋级别为 HRB400 级，d=32mm>28mm，混凝土保护层厚度为 30mm，层高=3.2m，顶层室内净高=3.2−0.2=3（m）。

混凝土强度等级为 C30，三级抗震时的 $l_{aE}=41d$。

90°时的外皮差值：顶层为 4.648d，顶层以下为 3.79d。

（1）计算顶层外侧与内侧的竖向钢筋下料长度。

外侧：长筋=顶层室内净高+l_{aE}−500−1 个 90°外皮差值

=3+40×0.032−0.5−4.648×0.032=3.63(m)

短筋=顶层室内净高+l_{aE}−500−35d−1 个 90°外皮差值

=3+40×0.032−0.5−35×0.032−4.648×0.032=2.51(m)

内侧：长筋=顶层室内净高+l_{aE}−500−(d+30)−1 个 90°外皮差值

=3+40×0.032−0.5−(0.032+0.03)−4.648×0.032

=3.57(m)

短筋=顶层室内净高+l_{aE}−500−35d−(d+30)−1 个 90°外皮差值

=3+40×0.032−0.5−35×0.032−(0.032+0.03)−4.648×0.032=2.448(m)

（2）计算中、底层竖向钢筋下料长度。

中、底层竖向钢筋的下料长度=3.2m

（3）计算基础插筋的钢筋下料长度。

长筋＝35d＋500＋基础构件厚＋12d－1 个 90°外皮差值

＝35×0.032＋0.5＋0.5＋12×0.032－3.79×0.032

＝2.32(m)

短筋＝500＋基础构件厚＋12d－1 个保护层－1 个 90°外皮差值

＝0.5＋0.5＋12×0.032－3.79×0.032＝1.2(m)

【例 4-5】 图 4-71 中钢筋混凝土强度等级为 C25，保护层厚度 15mm，抗震等级为二级，钢筋为 HRB335，直径为 15mm。试计算其外侧水平钢筋下料长度。

解　钢筋下料长度＝(6＋4＋0.15×4)－4×0.015＋2×15×0.015－3×2.931×0.015

≈10.86(m)

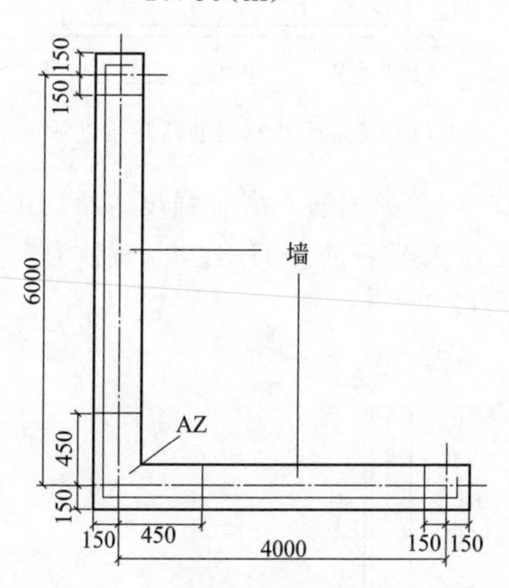

图 4-71　转角墙外侧钢筋连续通过示意

【例 4-6】 图 4-72 中钢筋混凝土强度等级为 C25，保护层厚度 15mm，抗震等级为二级，钢筋为 HRB335，直径为 15mm。试计算其外侧水平钢筋下料长度。

解　由题意得

① 号钢筋下料长度＝(6＋0.15×2)－2×0.015＋2×20×0.015－

$2\times2.931\times0.015=6.782$(m)

② 号钢筋下料长度$=(4+0.15\times2)-2\times0.015+2\times20\times0.015-2\times2.931\times0.015=4.782$(m)

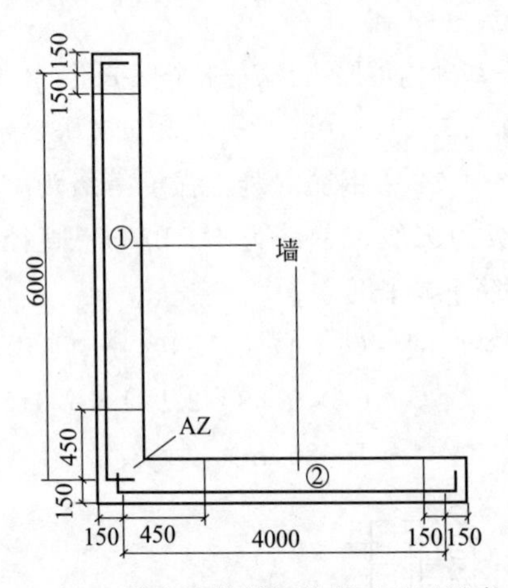

图 4-72　转角墙外侧钢筋断开通过示意

【例 4-7】 图 4-73 中钢筋混凝土强度等级为 C25，保护层厚度 15mm，抗震等级为二级，钢筋为 HRB335，直径为 15mm。试计算其内侧水平钢筋下料长度。

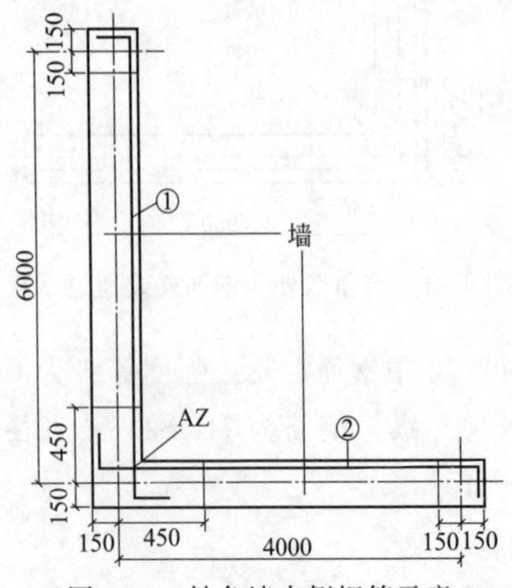

图 4-73　转角墙内侧钢筋示意

解　由题意得

① 号钢筋下料长度＝(6＋0.15×2)－2×0.015＋2×15×0.015－2×2.931×0.015＝6.632(m)

② 号钢筋下料长度＝(4＋0.15×2)－2×0.015＋2×15×0.015－2×2.931×0.015＝4.632(m)

【例 4-8】　图 4-74 中钢筋混凝土强度等级为 C25，保护层厚度 15mm，抗震等级为二级，钢筋为 HRB335，直径为 15mm。试计算其内侧水平钢筋下料长度。

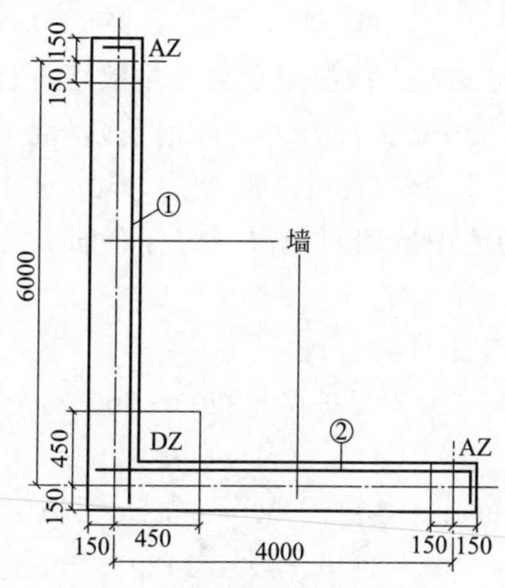

图 4-74　转角墙内侧钢筋示意

解　判断内侧钢筋在端柱内的锚固方式：

$(h_c=600\text{mm})>(l_{aE}=38d=38\times15=570\text{mm})$，故采用直锚。

① 号钢筋下料长度＝(6＋0.15－0.45)－0.015＋15×0.015＋38×0.015－2.931×0.015＝6.436(m)

② 号钢筋下料长度＝(4＋0.15－0.45)－0.015＋15×0.015＋38×0.015－2.931×0.015＝4.436(m)

【例 4-9】　某抗震二级剪力墙端部洞口连梁，钢筋级别为 HRB335 级钢筋，直径 $d=22$mm，混凝土强度等级为 C30，跨度是 1m，试计算墙端部洞口连梁的钢筋下料尺寸（上、下钢筋计算方法相同）。

解　已知C30二级抗震，HRB335级钢筋的$l_{aE}=33d$，90°角外皮差值为2.931d。

$$l_{aE}=33d=33\times0.022=0.726(\text{m})$$

即$l_{aE}>600$mm，故取0.726m。

$$L_1=\text{跨度总长}+0.4l_{aE}+l_{aE}$$
$$=1+0.4\times0.726+0.726=2.0164(\text{m})$$
$$L_2=15d=15\times0.022=0.33(\text{m})$$
$$\text{总下料长度}=L_1+L_2-1\text{个}90°\text{外皮差值}$$
$$=2.0164+0.33-2.931\times0.022=2.28(\text{m})$$

【例4-10】 已知某二级抗震剪力墙中墙墙身顶层竖向分布筋，钢筋规格为$d=32$mm（HRB335级钢筋），混凝土强度等级为C35，机械连接，层高3.2m，顶板厚150mm，保护层厚度为15mm。试求剪力墙中墙墙身顶层竖向分布筋L_1、L_2的加工尺寸与下料尺寸。

解　(1) 计算长L_1

长L_1=层高−500−保护层=3200−500−15=2685(mm)

(2) 计算短L_1

$$\text{短}L_1=\text{层高}-500-35d-\text{保护层}$$
$$=3200-500-1120-15=1565(\text{mm})$$

(3) 计算L_2

$$L_2=l_{aE}-\text{顶板厚}+\text{保护层}=34d-150+15$$
$$=1088-150+15=953(\text{mm})$$

(4) 计算下料尺寸

$$\text{长筋下料尺寸}=\text{长}L_1+L_2-\text{外皮差值}=2685+953-1.751d$$
$$\approx2685+953-56\approx3582(\text{mm})$$
$$\text{短筋下料尺寸}=\text{短}L_1+L_2-\text{外皮差值}$$
$$\approx1565+953-1.751d$$
$$\approx1565+953-56\approx2462(\text{mm})$$

【例4-11】 已知四级抗震剪力墙边墙身顶层竖向分布筋，钢筋规格为$\phi22$（即HPB300级钢筋，直径为22mm），混凝土C30，搭接连接，层高3.5m、板厚150mm和保护层厚度15mm。求剪力墙边墙身顶层竖向分布筋（外侧筋和里侧筋）长l_1、l_2的加工尺寸和下料尺寸。

解 (1) 外侧筋的计算如下。

$$l_1=\text{层高}-\text{保护层}=3500-15=3485(\text{mm})$$

$$l_2=l_{aE}-\text{顶板厚}+\text{保护层}=30d-150+15=525(\text{mm})$$

$$\text{钩}=5d=110(\text{mm})$$

$$\text{下料长度}=3485+525+110-1.751d$$
$$\approx 3485+525+110-39=4081(\text{mm})$$

(2) 里侧筋的计算如下。

$$\text{长}\ l_1=3500-15-22-30=3433(\text{mm})$$

$$l_2=l_{aE}-\text{顶板厚}+\text{保护层}+d+30$$
$$=30d-150+15+22+30=577(\text{mm})$$

$$\text{钩}=5d=110(\text{mm})$$

$$\text{下料长度}=3433+577+110-1.751d$$
$$\approx 3433+577+110-39=4081(\text{mm})$$

【例4-12】 已知二级抗震剪力墙中的墙身顶层竖向分布筋的钢筋规格为$d=30$mm（HRB335级钢筋），混凝土C35，机械连接，层高3.5m、顶板厚150mm和保护层厚度15mm。求剪力墙中墙的身顶层竖向分布筋——长l_1、l_2的加工尺寸和下料尺寸。

解 (1) 长l_1的计算。

$$\text{长}\ l_1=\text{层高}-500-\text{保护层}=3500-500-15=2985(\text{mm})$$

(2) 短l_1的计算。

$$\text{短}\ l_1=\text{层高}-500-35d-\text{保护层}=3500-500-1050-15$$
$$=1935(\text{mm})$$

(3) l_2的计算。

$$l_2=l_{aE}-\text{顶板厚}+\text{保护层}=40d-150+15=1145(\text{mm})$$

(4) 下料尺寸的计算。

$$\text{长筋下料尺寸}=\text{长}\ l_1+l_2-\text{外皮差值}=2985+1145-1.751d$$
$$\approx 2985+1145-56=4074(\text{mm})$$

短筋下料尺寸=短 l_1+l_2-外皮差值

$=1935+1145-1.751d$

$\approx 1935+1145-56=3024$(mm)

【例 4-13】 已知二级抗震剪力墙中的墙身中、底层竖向分布筋的钢筋规格为 $d=20$mm(HRB335 级钢筋),混凝土 C30,搭接连接,层高 3.5m 和搭接连度 $l_{lE}=40d$。求剪力墙中的墙身中、底层竖向分布筋 l_1。

解 l_1=层高$+l_{lE}$

=层高$+40d$

$=3500+40\times 20$

$=3500+800=4300$(mm)

【例 4-14】 已知二级抗震剪力墙中的墙身中、底层竖向分布筋的钢筋规格为 $d=20$mm(HPB300 级钢筋),混凝土 C30,搭接连接,层高 3.5m 和搭接长度 $l_{lE}=42d$。求剪力墙中的墙身中、底层竖向分布筋 l_1、钩的加工尺寸和下料尺寸。

解 l_1=层高$+l_{lE}$

$=3500+l_{lE}$

$=3500+42d=3500+42\times 20=4340$(mm)

钩$=5d=5\times 20=100$(mm)

下料长度$=l_1+2\times$钩$-2\times$外皮差值

$=4340+2\times 5d-2\times 1.751d=4370$(mm)

【例 4-15】 已知二级抗震剪力墙暗柱顶层竖向筋的钢筋规格为 $d=20$mm(HPB300 级钢筋),混凝土 C30,搭接连接,层高 3.5m,保护层 15mm,顶板厚 150mm 和搭接长度 $l_{lE}=42d$。求剪力墙暗柱顶层竖向筋即墙里、外侧筋,长 l_1、短 l_1、钩和 l_2 的加工尺寸和下料尺寸。

解 (1)墙外侧筋的计算

① 墙外侧长 l_1

长 l_1=层高-保护层$=3500-15=3485$(mm)

② 墙外侧短 l_1

短 l_1＝层高－保护层－1.3l_{lE}

＝3500－15－1.3×42d＝3500－15－1.3×42×20

＝2393(mm)

③ 钩

钩＝6.25d＝6.25×20＝125(mm)

④ l_2

l_2＝l_{aE}－顶板厚＋保护层

＝35d－150＋15＝700－150＋15＝565(mm)

⑤ 墙外侧长筋下料长度

墙外侧长筋下料长度＝长 l_1＋l_2＋$l_{钩}$－外皮差值

＝3485＋565＋125－1.751d

≈3485＋565＋125－35＝4140(mm)

⑥ 墙外侧短筋下料长度

墙外侧短筋下料长度＝短 l_1＋l_2＋$l_{钩}$－外皮差值

＝2393＋565＋6.25d－1.751d

≈2393＋565＋125－35＝3048(mm)

(2) 墙里侧筋的计算

① 墙里侧长 l_1

长 l_1＝层高－保护层－d－30＝3500－15－20－30＝3435(mm)

② 墙里侧短 l_1

短 l_1＝层高－保护层－1.3l_{lE}－d－30

＝3500－15－1.3×42d－20－30＝3500－15－1092－50

＝2343(mm)

③ 钩

钩＝6.25d＝6.25×20＝125(mm)

④ l_2

l_2＝l_{aE}－顶板厚＋保护层＋d＋30

＝35d－150＋15＋d＋30＝700－150＋15＋20＋30

＝615(mm)

⑤ 墙里侧长筋下料长度

墙里侧长筋下料长度=长 $l_1+l_2+l_{钩}$ −外皮差值

=3435+615+125−1.751d

≈3435+615+125−35=4140(mm)

⑥ 墙里侧短筋下料长度

墙里侧短筋下料长度=短 $l_1+l_2+l_{钩}$ −外皮差值

=2343+615+125−1.751d

=2343+615+125−35=3048 (mm)

【例 4-16】 已知二级抗震墙端部洞口连梁，钢筋规格为 $d=$ 20mm（HRB335 级钢筋），混凝土 C30，跨度 1000mm，$l_{aE}=$ 33d。求剪力墙墙端部洞口连梁钢筋（上筋和下筋计算方法相同），计算 l_1 和 l_2 的加工尺寸和下料尺寸。

解 $l_1=\max\{l_{aE},600\}$ +跨度+0.4l_{aE}

=max{33d,600}+1000+0.4×33d

=max{33×20,600}+1100+0.4×33×20

=660+1000+264=1924(mm)

$l_2=15d=15\times20=300$(mm)

下料长度=l_1+l_2−外皮差值

=1924+300−2.931d

=1924+300−59=2165(mm)

【例 4-17】 洞口表标注为 JD1 400×4003.100（混凝土强度等级为 C25，纵向钢筋为 HRB335 级钢筋），求水平方向和垂直方向的补强纵筋的强度。

解 由于缺省标注补强钢筋，故认为洞口每边补强钢筋为 2ф12。对于洞宽、洞高均≤300mm 的洞口，不考虑截断墙身水平分布筋和垂直分布筋，所以上述的补强钢筋不需要进行调整。

补强纵筋“2ф12”是指洞口一侧的补强纵筋，则补强纵筋的总数量为 8ф12。

水平方向补强纵筋的长度=洞口宽度+2l_{aE}

=400+2×38×12=1312(mm)

垂直方向补强纵筋的长度=洞口高度+$2l_{aE}$

=400+2×38×12=1312(mm)

【例 4-18】 洞口表标注为 JD3400×3503.1003ф14（混凝土强度等级为 C25，纵向钢筋为 HRB335 级钢筋），求水平方向和垂直方向的补强纵筋的强度。

解 补强纵筋“3ф14”是指洞口一侧的补强纵筋，因此，水平方向和垂直方向的补强纵筋均为 6ф14。

水平方向补强纵筋的长度=洞口宽度+$2l_{aE}$

=400+2×38×14=1464(mm)

垂直方向补强纵筋的长度=洞口高度+$2l_{aE}$

=350+2×38×14=1414(mm)

【例 4-19】 洞口表标注为 JD2600×6003.100

剪力墙厚度为 300，墙身水平分布筋和垂直分布筋均为ф12@250。(混凝土强度等级为 C25，纵向钢筋为 HRB335 级钢筋）求水平方向和垂直方向的补强纵筋的强度。

解 由于缺省标注补强钢筋，默认的洞口每边补强钢筋是 2ф12，但是补强钢筋不应小于洞口每边截断钢筋（6ф12）的 50%，也就说洞口每边补强钢筋应为 3ф12。

补强纵筋的总数量应该是 12ф12。

水平方向补强纵筋的长度=洞口宽度+$2l_{aE}$

=600+2×38×12=1512(mm)

垂直方向补强纵筋的长度=洞口高度+$2l_{aE}$

=600+2×38×12=1512(mm)

【例 4-20】 洞口表标注为 JD51600×18001.8006ф20ф8@150

剪力墙厚度为 300，混凝土强度等级为 C25，纵向钢筋为 HRB335 级钢筋。

墙身水平分布筋和垂直分布筋均为ф12@250。

求水平方向和垂直方向的补强纵筋的强度

解 补强暗梁的长度=1600+$2l_{aE}$=1600+2×38×20=3120(mm)

这就是补强暗梁纵筋的长度。

每个洞口上下的补强暗梁纵筋总数为12ф20。

补强暗梁纵筋的每根长度为3120mm。

但是补强暗梁箍筋并不在整个纵筋长度上设置，只在洞口内侧50mm处开始设置，则

一根补强暗梁的箍筋根数＝(1600－50×2)/150＋1＝11(根)

一个洞口上下两根补强暗梁的箍筋总根数为22根。

箍筋的宽度＝300－2×15－2×12－2×8＝230(mm)

箍筋的高度为400mm，则

箍筋的每根长度＝(230＋400)×2＋26×8＝1468(mm)

5　楼板钢筋翻样

5.1　楼板钢筋识读

5.1.1　板的分类和钢筋配置的关系

板的配筋方式有分离式配筋和弯起式配筋两种（图 5-1）。分离式配筋是指分别设置板的下部主筋和上部的扣筋，弯起式配筋是指把板的下部主筋和上部的扣筋设计成一根钢筋。

一般的民用建筑常采用分离式配筋。有些工业厂房，尤其是具有振动荷载的楼板，必须采用弯起式配筋，当遇到这样的工程时，宜按施工图所给出的钢筋构造详图进行施工。

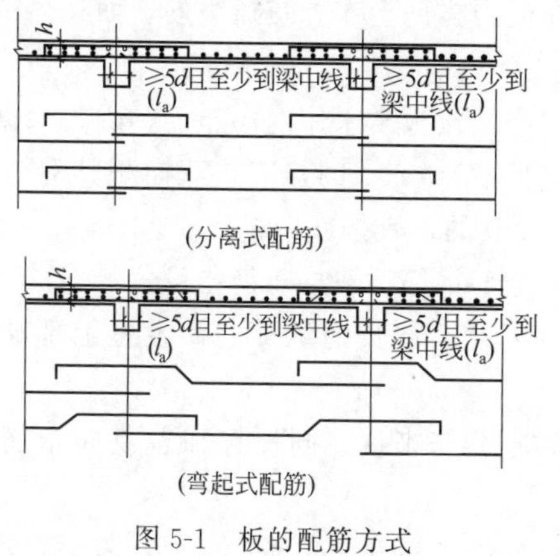

图 5-1　板的配筋方式

5.1.1.1 板的种类的划分

（1）按施工方法划分。有现浇板和预制板两种。预制板又分为平板、空心板、槽形板、大型屋面板等。但现在的民用建筑大量采用的是现浇板，很少采用预制板。

（2）按板的力学特征划分。有悬臂板和楼板两种。悬臂板是一面支撑的板。挑檐板、阳台板、雨篷板等都是悬臂板；楼板是两面支撑或四面支撑的板。

（3）从配筋特点划分

① 楼板的配筋有单向板和双向板两种。单向板在一个方向上布置主筋，在另一个方向上布置分布筋；双向板在两个互相垂直的方向上布置的都是主筋。

此外，配筋的方式有单层布筋和双层布筋两种。

楼板的单层布筋是在板的下部布置贯通纵筋，在板的周边布置扣筋，即非贯通纵筋；楼板的双层布筋就是板的上部和下部都布置贯通纵筋。

② 悬挑板都是单向板，布筋方向与悬挑方向一致。

5.1.1.2 不同种类板的钢筋配置

（1）楼板的下部钢筋。双向板是在两个受力方向上都布置贯通纵筋。

单向板是在受力方向上布置贯通纵筋，而在另一个方向上布置分布筋。

在实际工程中，楼板常采用双向布筋。因为根据规范，当板的(长边长度/短边长度)≤2.0的，应按双向板计算；2.0<(长边长度/短边长度)≤3.0的，宜按双向板计算。

（2）楼板的上部钢筋。双层布筋指设置上部贯通纵筋。

单层布筋指不设上部贯通纵筋，而设置上部非贯通纵筋，即扣筋。

对于上部贯通纵筋来说，同样存在着双向布筋和单向布筋的区别。

对于上部非贯通纵筋（即扣筋）来说，需要布置分布筋。

（3）悬挑板纵筋。指顺着悬挑方向设置上部纵筋。

5.1.2 有梁楼盖板的平法识图

图 5-2 是利用平法制图标准方法绘制的楼板结构施工平面图。准确地说，楼板平面图上钢筋的规格、数量和尺寸，分为集中标注和原位标注两部分。在图 5-2 中间注写的是集中标注，四周注写的是原位标注。“LB1”表示该楼板为 1 号楼面板。集中标注的内容有：“$h=150$”表示板厚度为 150mm，“B”表示板的下部贯通纵筋，“X”表示贯通纵筋沿横向铺设，“Y”表示贯通纵筋沿图纸竖向铺设。图 5-2 中四周原位标注的是负筋。①号负筋下方的 180 是指梁的中心线到钢筋端部的距离，即钢筋长度等于两个 180 为 360。但是，当梁两侧的数据不一样时，就需要把两侧的数据加到一起，才表示梁的长度。②号负筋和①号负筋的道理一样，③号负筋位于梁的一侧，它下面标注的 180 就是钢筋的长度，④号负筋和③号负筋情况一样，只是数据不一样。

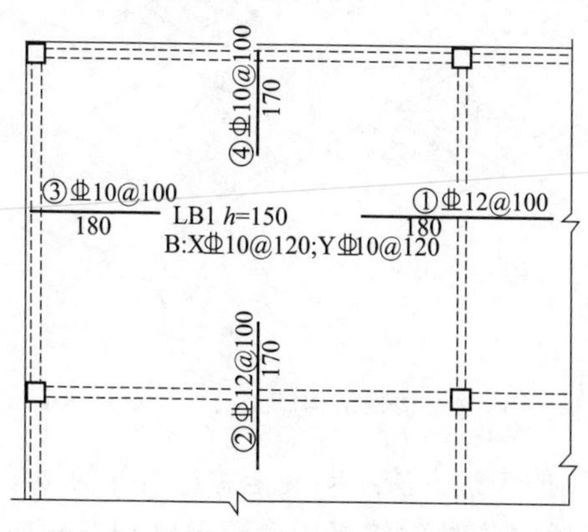

图 5-2 平法制图楼板结构施工平面图

图 5-3 是利用传统的制图标准方法绘制的楼板结构施工平面图。在有梁处的板中设置有①、②、③、④号负筋。这些负筋在图 5-2（平法制图）中是画成不带弯的直线的。但在图 5-3 的传统制图中，钢筋两端是画成直角弯钩的。

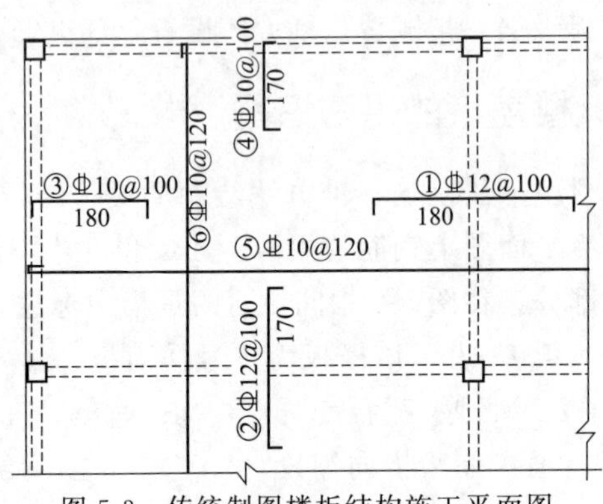

图 5-3 传统制图楼板结构施工平面图

图 5-4 是图 5-2 和图 5-3 的立体示意图。

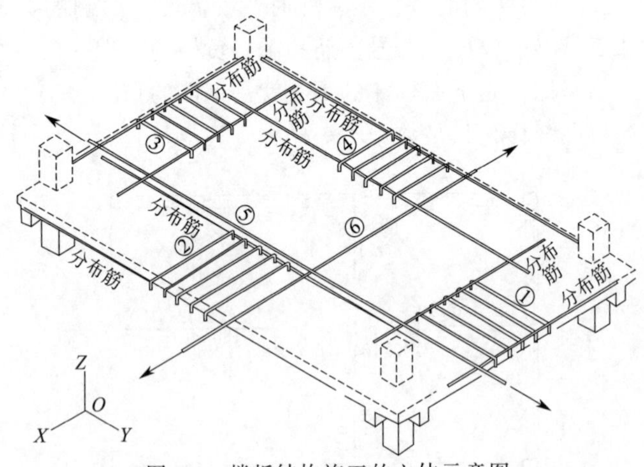

图 5-4 楼板结构施工的立体示意图

用平法制图的表达方法绘制的走廊过道外的楼板中配筋，如图 5-5 所示。在走廊过道处的楼板中，下部既配有横向贯通纵筋，又配有竖向贯通纵筋，在楼板上部配有横向贯通纵筋，另还有负筋跨在一双梁上。集中标注解释见表 5-1。

图 5-6 是用传统的制图方法对照图 5-5 绘出的，用来解释图 5-5 中的集中标注的内容。图 5-6 中的①号筋和②号筋，就是图 5-5 中“B：X&YΦ8@150”。

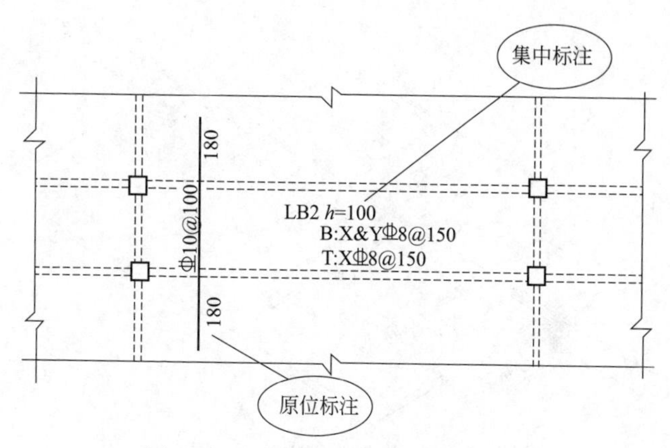

图 5-5 走廊楼板配筋平法制图表达

表 5-1 集中标注解释

标注形式	意 义	标注形式	意 义
LB2	楼面板 2 号	T	板中上部筋
$h=100$	板厚等于 100mm	X	横向贯通纵筋
B	板中下部筋	X&Y	横向贯通纵筋和竖向贯通纵筋

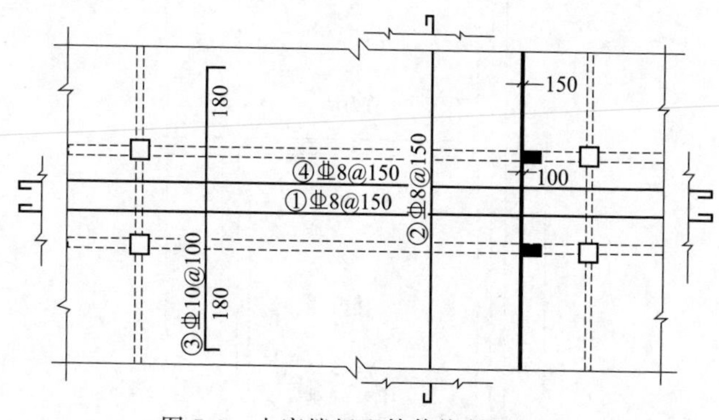

图 5-6 走廊楼板配筋传统制图表达

图 5-7 是图 5-5 和图 5-6 的立体示意图，它是在楼板中铺设钢筋的情况。

楼板结构平面图中楼板配筋的集中标注示例如图 5-8 所示。图 5-8 中只表示了板厚和下部钢筋。下部钢筋配置：X 方向（横向）贯通纵

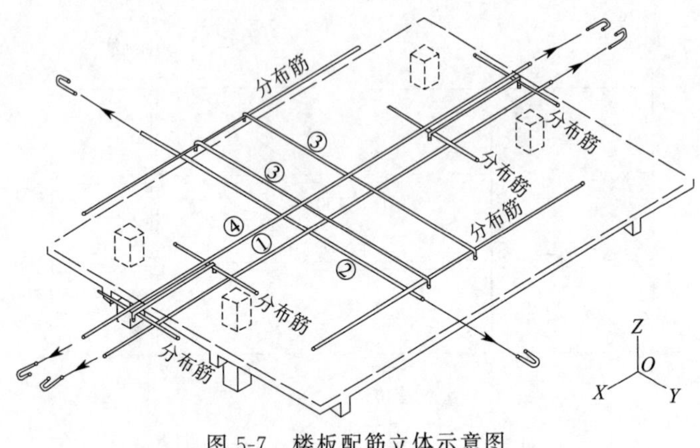

图 5-7　楼板配筋立体示意图

筋，Y 方向（竖向）贯通纵筋。图中只标注了“B”，而没有标注“T”，意思是说楼板中只配置下部贯通纵筋，不配置上部贯通纵筋。

图 5-9 是从图 5-8 中剖切画出的。

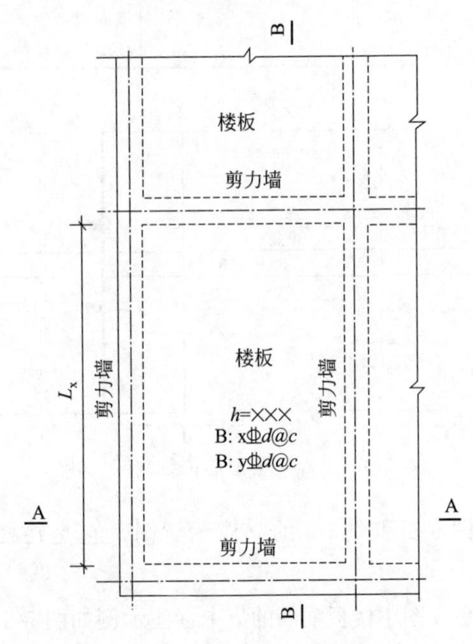

图 5-8　板的多跨下部筋标注

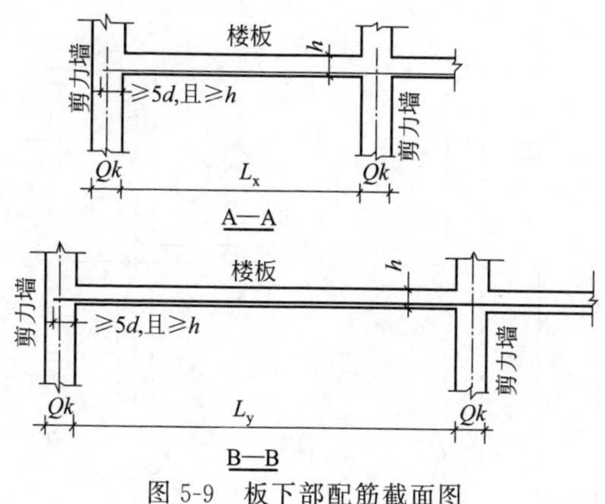

图 5-9 板下部配筋截面图

板搭在边梁中的负筋如图 5-10 所示，图 5-11 是板搭在边梁中负筋的截面图。

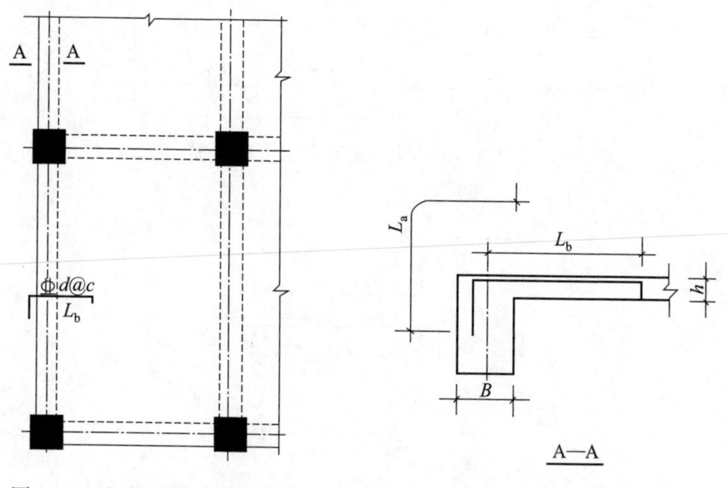

图 5-10 板搭边梁中的负筋

图 5-11 板搭边梁中负筋截面

图 5-12 是板搭在剪力墙上的负筋，图 5-13 是板搭剪力墙负筋截面图。

图 5-14 是板的跨梁负筋，图 5-15 是板的跨梁负筋截面图。

图 5-16 是板中跨走廊双梁的负筋，图 5-17 是板中跨双梁负筋截面图。

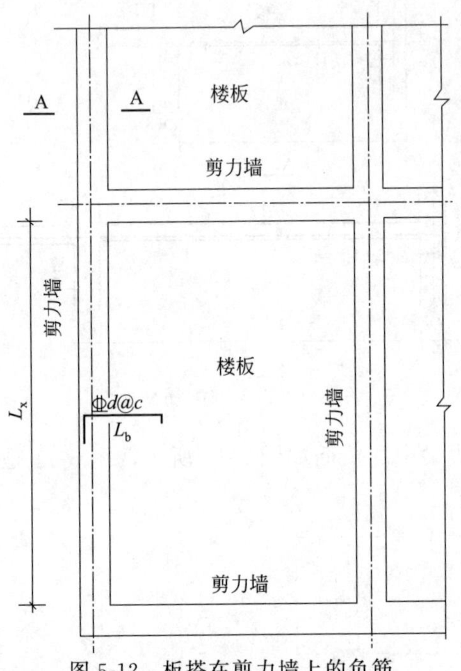

图 5-12　板搭在剪力墙上的负筋

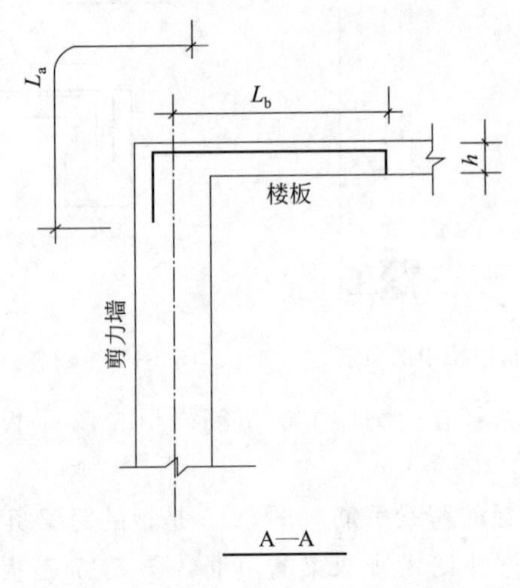

图 5-13　板搭剪力墙负筋截面

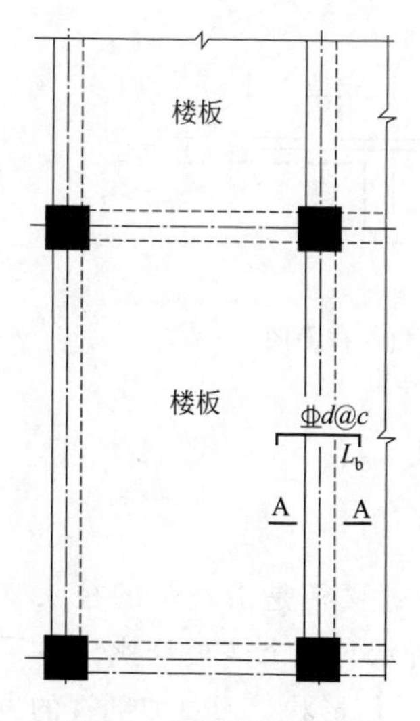

图 5-14　板的跨梁负筋图

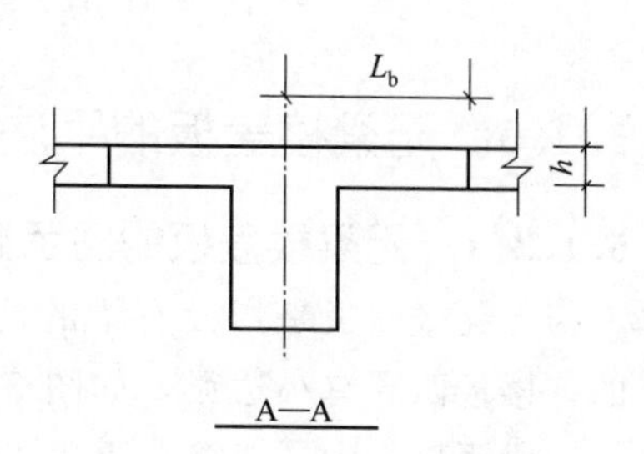

图 5-15　板的跨梁负筋截面图

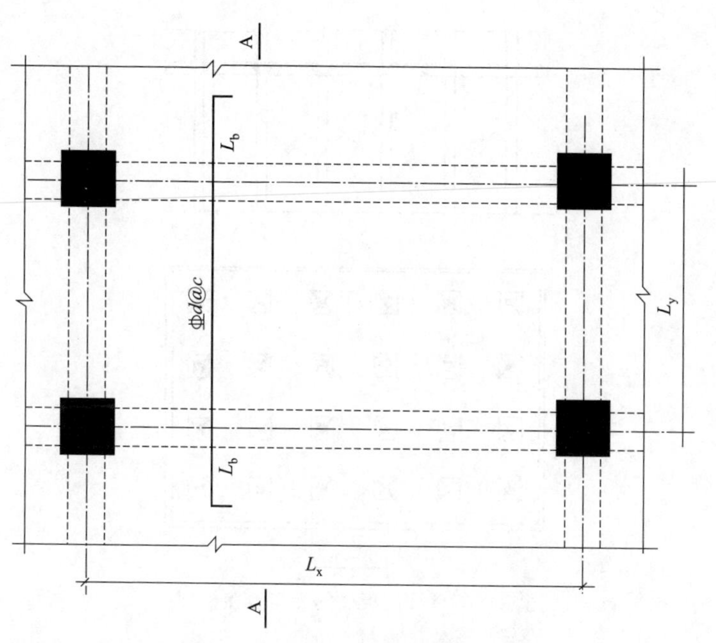

图 5-16　板中跨走廊双梁的负筋

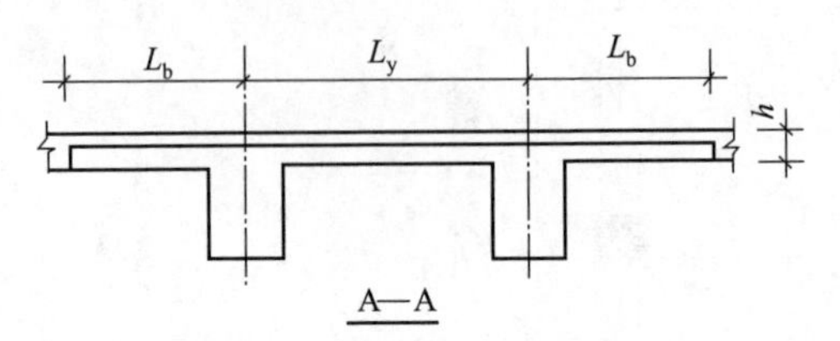

图 5-17　板中跨双梁负筋截面图

5.1.3　无梁楼盖板的平法标注

5.1.3.1　无梁楼盖板的图示概念

无梁楼盖板是指没有梁的楼盖板。楼板是由戴帽的柱头支撑的，楼板四周有小边梁，如图 5-18 所示。这个楼板悬挑出柱子以外一段距离。为了能够看清楚柱帽的几何形状，通过取剖视的方法画出了带剖视的仰视图——“A—A 平面图”。

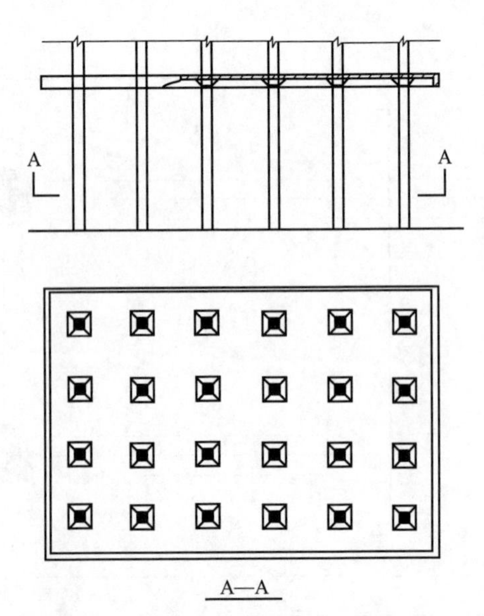

图 5-18　有悬挑板檐的无梁楼盖模型图

(1) 周边具有悬挑板檐的无梁楼盖板如图 5-18 所示。

（2）周边没有悬挑板檐的无梁楼盖板如图 5-19 所示。图 5-19 与图 5-18 相似，只不过图 5-18 有挑檐，而图 5-19 没有挑檐。

（3）无梁楼盖板的其他类型。无梁楼盖板还有前后方具有挑檐的无梁楼盖板和左右方具有挑檐的无梁楼盖板。

（4）无梁楼盖板中集中标注的钢筋。柱上板带 X 向贯通纵筋，柱上板带 Y 向贯通纵筋，跨中板带 X 向贯通纵筋，跨中板带 Y 向贯通纵筋。

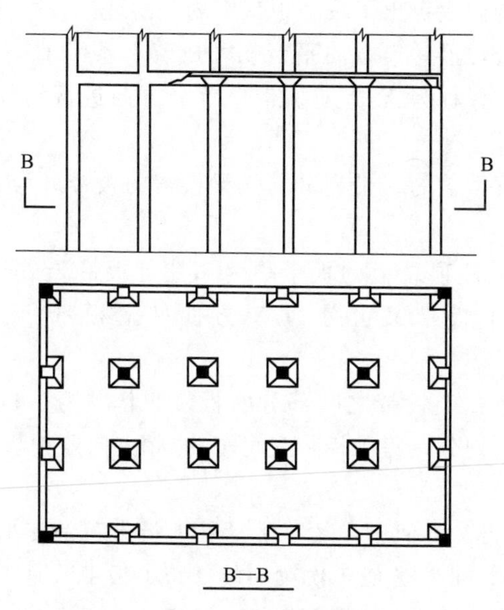

图 5-19 无挑檐无梁楼盖板

5.1.3.2 无梁楼盖板平法标注的主要内容

无梁楼盖板平法施工图系在楼面板和屋面板布置图上，采用平面注写的表达方式。

板平面注写主要有以下两部分的内容：①板带集中标注；②板带支座原位标注。

无论是集中标注还是原位标注，均针对“板带”进行的。因此，在无梁楼盖结构中，必须弄清楚板带的概念。

5.1.3.3 无梁楼盖板平法标注的基本方法

在有梁楼盖中，楼板的周边是梁。扩展到剪力墙结构和砌体结构中，楼板的周边是梁或墙。因此，一个面积硕大的楼面板，可由不同位置的梁或墙把它分割为几块面积较小的平板，以利于对它进行配筋处理。所以说，16G101-1 图集对有梁楼盖板的标注是针对“板块”进行的。

但是，同样面对一个面积硕大的无梁楼盖板，我们如何对它进行划分呢？为此，提出了按“板带”划分的理论。所谓板带，就是把无梁楼盖板，沿一定方向平行切开成若干条带子。沿 X 方向进行划分的板带，称为 X 方向板带；沿 Y 方向进行划分的板带，称为 Y 方向板带。

(1) 无梁楼盖的板带划分。无梁楼盖的板带分为“柱上板带”和“跨中板带”。

那些通过柱顶之上的板带称为“柱上板带”。按不同的方向来划分，柱上板带又可分为 X 方向柱上板带和 Y 方向柱上板带。

相邻两条柱上板带之间部分的板带叫作“跨中板带”。同样，按不同的方向划分，跨中板带又可分为 X 方向跨中板带和 Y 方向跨中板带。

“柱上板带”类似于主梁，故“柱上板带”是支承在框架柱上面的，“跨中板带”类似于次梁，故“跨中板带”是支承在主梁上面的。在设计计算中，板的计算也经常是取出一条板带来进行计算的，因为板带和梁一样，都有宽度和长度。

(2) 16G101-1 图集中的无梁楼盖各类板带。从 16G101-1 图集第 48 页的“无梁楼盖平法施工图示例”中，我们可以看出，无梁楼盖的“板”分为“柱上板带 ZSB”和“跨中板带 KZB”两类。

每条板带只标注纵向钢筋，其横向钢筋由垂直向的板带来标注。这一点可以从 16G101-1 图集第 104 页“无梁楼盖柱上板带 ZSB 与跨中板带 KZB 纵向钢筋构造”图中看出来。

集中标注是指对一条板带的贯通纵筋进行标注。

一条板带只有一个集中标注。同一类板带可能有许多条，但只需要对其中的一条板带进行集中标注。

原位标注是指对一条板带各支座的非贯通纵筋进行标注。

“柱上板带”和“跨中板带”都具有上部非贯通纵筋。从板带方向上看，“柱上板带”和“跨中板带”同样也分为“X 向”和“Y 向”两类。

5.2　楼板底筋翻样

5.2.1　板底筋构造

5.2.1.1　端部锚固构造及根数构造

端部锚固构造及根数构造见图 5-20 和图 5-21。其构造要点包括以下内容。

（1）梁（框架梁、次梁、圈梁）、剪力墙　$\geqslant 5d$ 且至少到支座中线；砖墙：$\geqslant 120$，$\geqslant h$。

（2）钢筋起步距离　1/2 板筋间距，板钢筋布置到支座边。

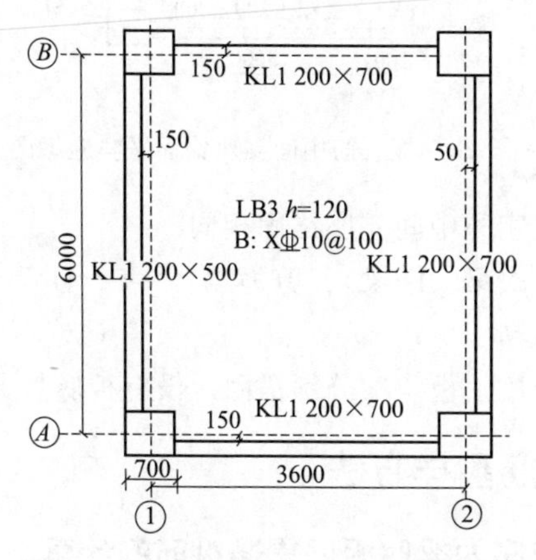

图 5-20　板底筋端部锚固平法施工图

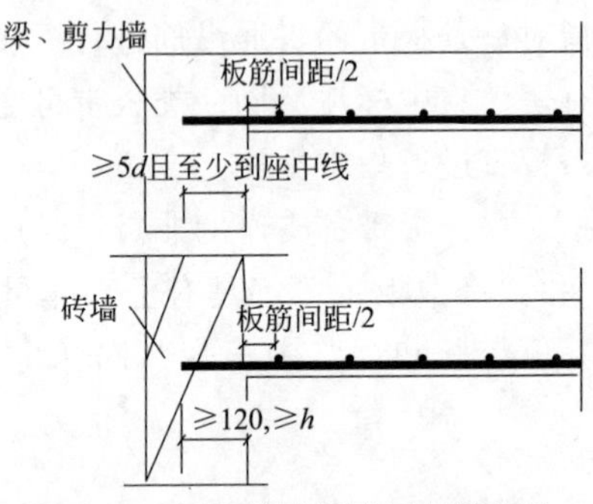

图 5-21　板底筋端部锚固钢筋构造

5.2.1.2　中间支座锚固构造

中间支座锚固构造见图 5-22 和图 5-23。其构造要点如下。

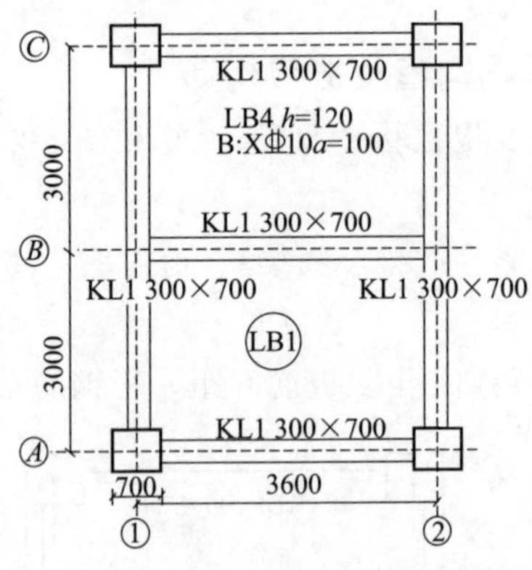

图 5-22　板底筋中间支座锚固平法施工图

（1）端部支座和中间支座锚固相同。

梁（框架、次梁、圈梁）、剪力墙：≥5d 且至少到支座中线；砖墙：≥120，≥h 。

（2）板底筋按“板块”分别锚固，没有板底贯通筋。

5.2.2　板底筋翻样方法

5.2.2.1　端支座为梁时板底贯通纵筋的计算

（1）计算板底贯通纵筋的长度。具体的计算方法如下。

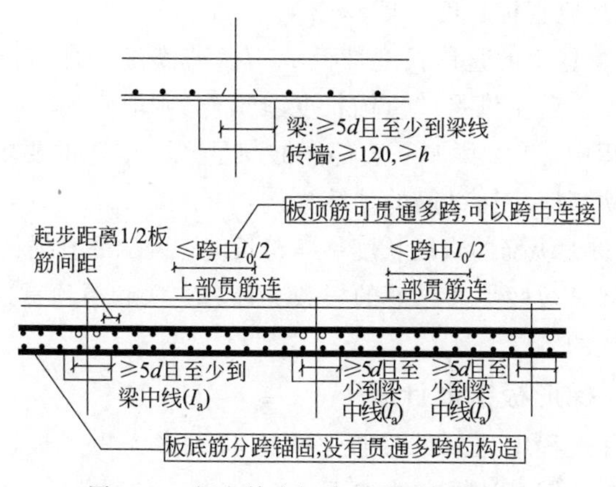

图 5-23　板底筋中间支座锚固钢筋构造

① 选定直锚长度＝梁宽/2。

② 验算选定的直锚长度是否≥5d。若满足“直锚长度≥5d”，则没有问题；若不满足“直锚长度≥5d”，则取定 5d 为直锚长度。在实际工程中，1/2 梁厚一般都能够满足“≥5d”的要求。

以单块板底贯通纵筋的计算为例：

板底贯通纵筋的直段长度＝净跨长度＋两端的直锚长度　(5-1)

(2) 计算板底贯通纵筋的根数。计算方法和板顶贯通纵筋根数算法是一致的。

按 16G101-1 图集的规定，第一根贯通纵筋在距梁边 1/2 板筋间距处开始设置。假设梁角筋直径为 25mm，混凝土保护层为 25mm，则

梁角筋中心到混凝土内侧的距离 a＝25/2＋25＝37.5(mm)

这样，板顶贯通纵筋的布筋范围＝净跨长度＋2a。

在这个范围内除以钢筋的间距，得到的“间隔个数”就是钢筋的根数，因为在施工中，常把钢筋放在每个“间隔”的中央位置。

5.2.2.2　端支座为剪力墙时板底贯通纵筋的计算

(1) 计算板底贯通纵筋的长度。具体的计算方法如下。

① 先选定直锚长度=墙厚/2。

② 验算选定的直锚长度是否≥5d。若满足"直锚长度≥5d"，则没有问题；若不满足"直锚长度≥5d"，则取定5d为直锚长度。在实际工程中，1/2梁厚一般都能够满足"≥5d"的要求。

以单块板底贯通纵筋的计算为例：

板底贯通纵筋的直段长度=净跨长度+两端的直锚长度　(5-2)

(2) 计算板底贯通纵筋的根数。计算方法和板顶贯通纵筋根数算法是一致的。

5.2.2.3　梯形板钢筋计算

在实际工程中遇到的楼板平面形状大多为矩形板，少有异形板。梯形板的钢筋计算方法如下。

异形板的钢筋计算和矩形板不一样。矩形板的同向钢筋(X向钢筋或Y向钢筋)长度是一样的；而异形板的同向钢筋(例如X向钢筋)长度就各不相同，需要每根钢筋分别进行计算。

一块梯形板可被划分为矩形板加上三角形板，于是梯形板钢筋的变长度问题就转化成三角形板的变长度问题，如图5-24所示。而计算三角形板的变长度钢筋，可通过相似三角形的对应边成比例的原理来进行计算。

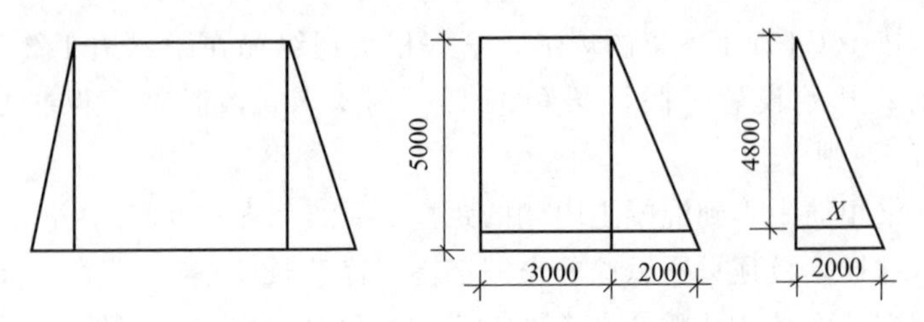

图5-24　梯形板每根钢筋长度计算分析

5.2.2.4　弧形板钢筋计算

当板的某一边缘线不是直线，而是弧线时，这样的板就变成"弧形板"了。弧形板也是比较常见的一种异形板。钢筋计算方法如下。

（1）图算法原理。对于异形板的钢筋计算，经验丰富的钢筋下料人员常采用“大样图法”。所谓大样图法就是在白纸上或是绘图纸上，采用一定的比例尺，画出实际工程楼板的平面形状。例如，画出楼板内边缘的轮廓线，由按照第一根钢筋的位置和钢筋间距画出每一根钢筋的具体位置。画一条线段代表一根钢筋，这条线段同楼板内的边缘轮廓线有两个交点，用比例尺量出两个交点之间的距离，得到的就是这根钢筋的净跨长度，再加上钢筋两端的支座锚固长度，就得到整根钢筋的长度。这整个过程就是“图算法”的过程。图算法原理如图 5-25 所示。

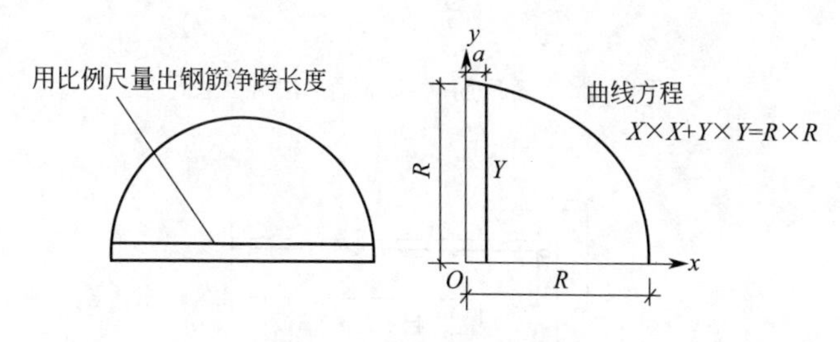

图 5-25　图算法原理示意

（2）解析算法原理。解析几何即代数几何，基本原理是求出弧线的代数方程，再求解每根钢筋的长度。

5.3　楼板顶筋翻样

5.3.1　板顶筋构造

5.3.1.1　端部锚固构造及根数构造

端部锚固构造及根数构造见图 5-26 和图 5-27。其构造要点如下。

（1）板顶支座内锚 l_a。

（2）钢筋起步距离：1/2 板筋间距，板钢筋布置到支座边。

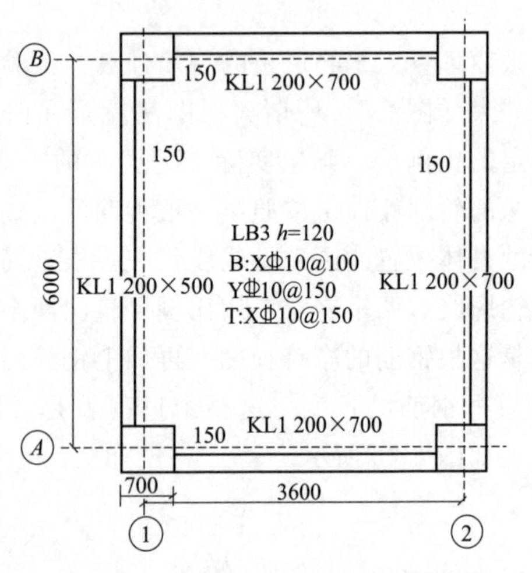

图 5-26　板顶筋端部锚固平法施工图

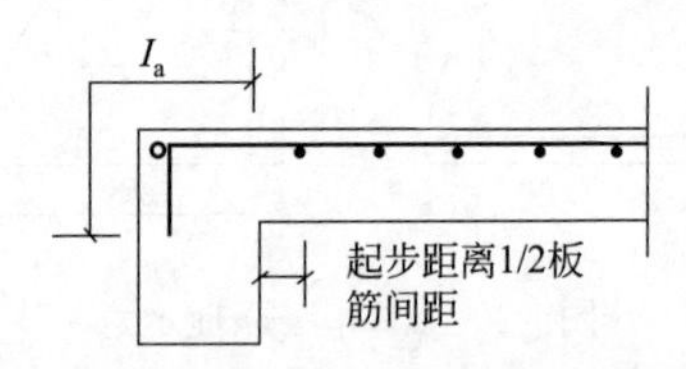

图 5-27　板顶筋端部锚固钢筋构造

5.3.1.2　板顶贯通筋中间连接（相邻跨配筋相同）

板顶贯通筋中间连接构造见图 5-28 和图 5-29。其构造要点如下。

（1）板顶贯通的连接区域为跨中 $l/2$（l 为相邻跨较大跨的轴线尺寸）。

（2）预算时，一般按定尺长度计算接头。

5.3.1.3　板顶贯通筋中间连接（相邻跨配筋不同）

相邻跨配筋不同，板顶贯通筋中间连接构造见图 5-30 和图 5-31。其构造要点主要是相邻两跨板顶贯通配筋不同时，配筋较大的伸至配置较小的跨中 $l/3$ 范围内连接。

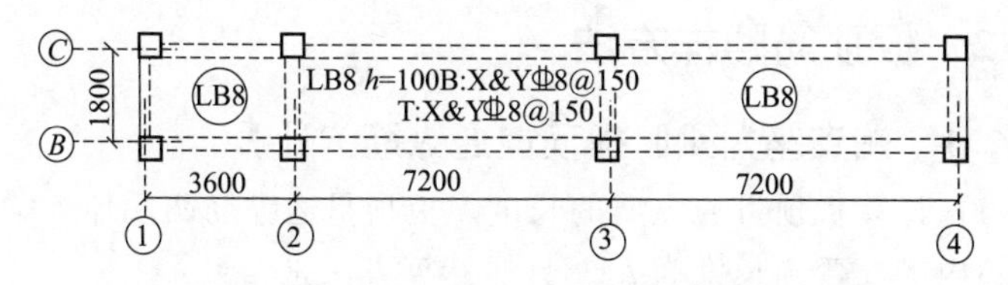

图 5-28 板顶贯通筋中间连接构造平法施工图

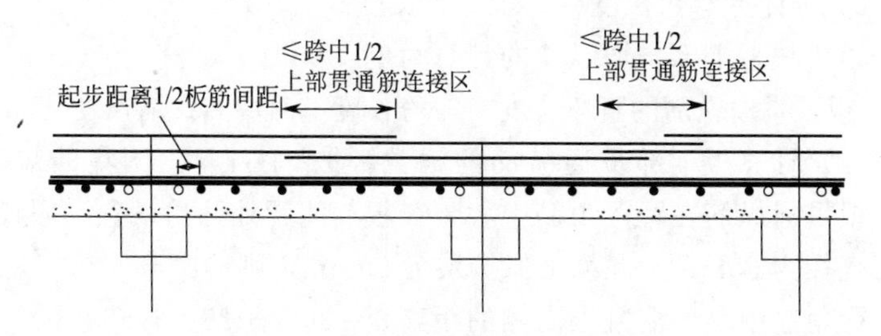

图 5-29 板顶贯通筋中间连接钢筋构造

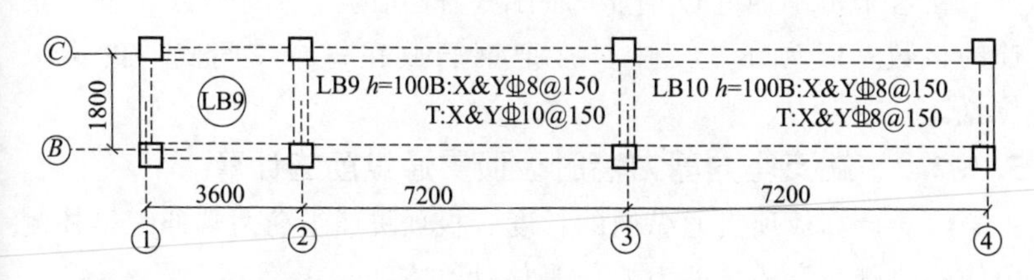

图 5-30 板顶贯通筋中间连接构造平法施工图（相邻跨配筋不同）

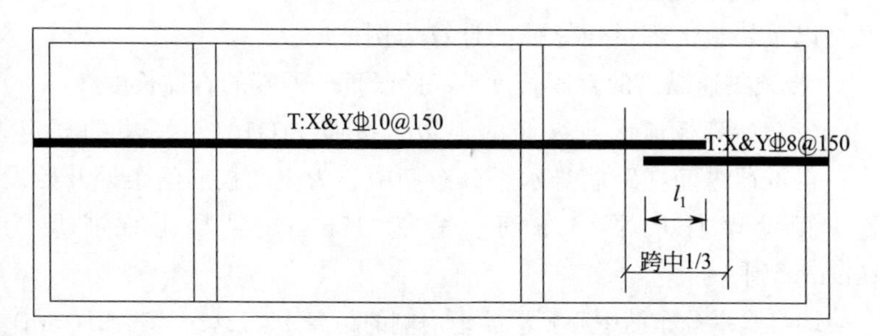

图 5-31 板顶贯通筋中间连接钢筋构造（相邻跨配筋不同）

5.3.2 板顶筋翻样方法

5.3.2.1 端支座为梁时板顶贯通纵筋的计算

（1）计算板顶贯通纵筋的长度。板顶贯通纵筋两端伸入梁外侧角筋的内侧，弯锚长度为 l_a。具体计算方法是：

① 先计算直锚长度=梁截面宽度－保护层－梁角筋直径；

② 再计算弯钩长度=l_a－直锚长度。

以单块板上部贯通纵筋的计算为例：

板顶贯通纵筋的直段长度=净跨长度+两端的直锚长度　(5-3)

（2）计算板上部贯通纵筋的根数。按 11G101-1 图集的规定，第一根贯通纵筋在距梁角筋中心 1/2 板筋间距处开始设置。假设梁角筋直径为 25mm，混凝土保护层为 25mm，则

梁角筋中心到混凝土内侧的距离 $a=25/2+25=37.5$(mm)

这样，板顶贯通纵筋的布筋范围=净跨长度+$2a$。

在这个范围内除以钢筋的间距，得到的“间隔个数”就是钢筋的根数，因为在施工中，常把钢筋放在每个“间隔”的中央位置。

5.3.2.2 端支座为剪力墙时板顶贯通纵筋的计算

（1）计算板顶贯通纵筋的长度。板顶贯通纵筋两端伸入梁外侧角筋的内侧，弯锚长度为 l_a。具体计算方法是：

① 先计算直锚长度=梁截面宽度－保护层－梁角筋直径；

② 再计算弯钩长度=l_a－直锚长度。

以单块板上部贯通纵筋的计算为例：

板顶贯通纵筋的直段长度=净跨长度+两端的直锚长度　(5-4)

（2）计算板顶贯通纵筋的根数。按照 11G101-1 图集的规定，第一根贯通纵筋在距墙身水平分布筋中心为 1/2 板筋间距处开始设置。假设墙身水平分布筋直径为 12mm，混凝土保护层为 15mm，则

墙身水平分布筋中心到混凝土内侧的距离 $a=12/2+15=21$(mm)

这样，板顶贯通纵筋的布筋范围=净跨长度+$2a$。

在这个范围内除以钢筋的间距，得到的“间隔个数”就是钢筋的根数，因为在施工中，常把钢筋放在每个“间隔”的中央位置。

5.4　其他板筋翻样

5.4.1　中间支座负筋构造

中间支座负筋平法施工图见图5-32，钢筋构造见图5-33。其构造要点如下。

（1）中间支座负筋的延伸长度是指自支座中心线向跨内的长度。

（2）弯折长度为$h-15$，也就是板厚减一个保护层。

（3）支座负筋分布筋：长度，支座负筋的布置范围；根数，从梁边起步布置。

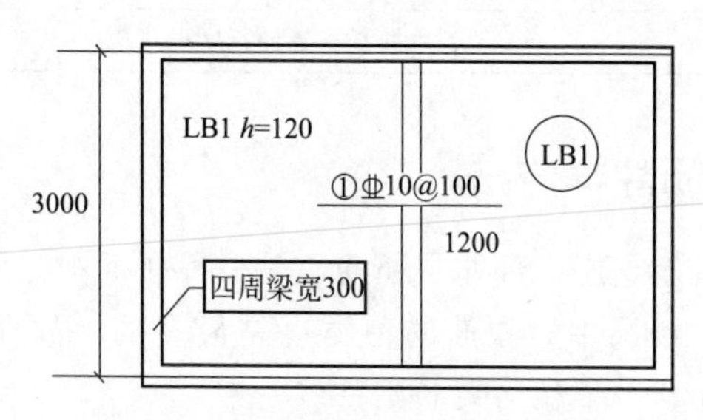

图5-32　中间支座负筋平法施工图

注：图中未注明分布筋为ф6@200

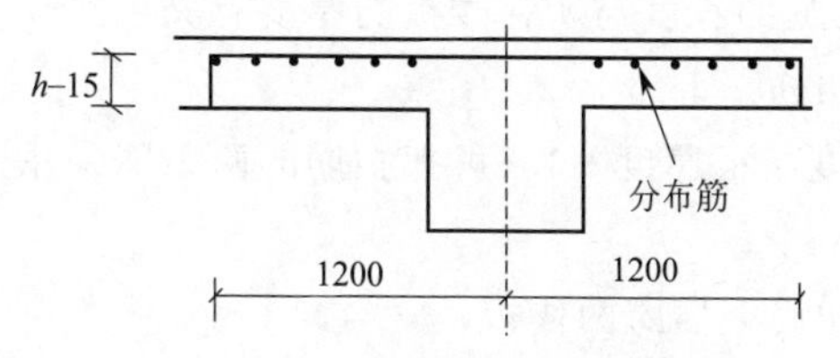

图5-33　中间支座负筋钢筋一般构造

5.4.2　支座负筋翻样方法

支座负筋计算见表5-2。

表5-2　支座负筋计算

<table>
<tr><td colspan="4">支座负筋总结</td></tr>
<tr><td rowspan="6">中间支座</td><td rowspan="2">基本公式＝延伸长度＋弯折</td><td>延伸长度</td><td>自支座中心线向跨内的延伸长度</td></tr>
<tr><td>弯折长度</td><td>$h-15$</td></tr>
<tr><td>转角处分布筋扣减</td><td colspan="2">分布筋和与之相交的支座负筋搭接150mm</td></tr>
<tr><td>两侧与不同长度的支座负筋相交</td><td colspan="2">其两侧分布筋分别按各自的相交情况计算</td></tr>
<tr><td>丁字相交</td><td colspan="2">支座负筋遇丁字相交不空缺</td></tr>
<tr><td>板顶筋替代分布筋</td><td colspan="2">双层配筋，又配置支座负筋时，
板顶可替代同向的负筋分布筋</td></tr>
<tr><td rowspan="2">端支座负筋</td><td rowspan="2">基本公式＝延伸长度＋弯折</td><td>延伸长度</td><td>自支座中心线向跨内的延伸长度</td></tr>
<tr><td>弯折长度</td><td>$h-15$</td></tr>
<tr><td>跨板支座负筋</td><td colspan="3">跨长＋延伸长度＋弯折</td></tr>
</table>

5.4.3　扣筋翻样方法

扣筋是指板支座上部非贯通筋，是一种在板中应用得比较多的钢筋。在一个楼层中，扣筋的种类也是最多的，故在板钢筋计算中，扣筋的计算占了相当大的比重。

5.4.3.1　扣筋计算的基本原理

扣筋的形状为“┌──┐”形，包括两条腿和一个水平段。

（1）扣筋腿的长度与所在楼板的厚度有关

① 单侧扣筋

扣筋腿的长度＝板厚度－15（可把扣筋的两条腿采用同样的长度）　(5-5)

② 双侧扣筋（横跨两块板）

扣筋腿1的长度＝板1的厚度－15　(5-6)

扣筋腿 2 的长度＝板 2 的厚度－15　　(5-7)

（2）扣筋的水平段长度可以根据扣筋延伸长度的标注值来计算　若只根据延伸长度标注值还不能计算的话，则还需依据平面图板的相关尺寸进行计算。

5.4.3.2　最简单的扣筋计算

横跨在两块板中的“双侧扣筋”的扣筋计算如下。

（1）双侧扣筋（两侧都标注延伸长度）

扣筋水平段长度＝左侧延伸长度＋右侧延伸长度　　(5-8)

（2）双侧扣筋（单侧标注延伸长度）表明该扣筋向支座两侧对称延伸，其计算公式为

扣筋水平段长度＝单侧延伸长度×2　　(5-9)

5.4.3.3　需要计算端支座部分宽度的扣筋计算

单侧扣筋，一端支承在梁（墙）上，另一端伸到板中，其计算公式为

扣筋水平段长度＝单侧延伸长度＋端部梁中线至外侧部分长度　　(5-10)

5.4.3.4　横跨两道梁的扣筋计算（贯通短跨全跨）

（1）在两道梁之外都有伸长度

扣筋水平段长度＝左侧延伸长度＋两梁的中心间距＋右侧延伸长度　　(5-11)

（2）仅在一道梁之外有延伸长度

扣筋水平段长度＝单侧延伸长度＋两梁的中心间距＋端部梁中线至外侧部分长度　　(5-12)

其中：

端部梁中线至外侧部分的扣筋长度＝梁宽度/2－保护层－梁纵筋直径　　(5-13)

5.4.3.5　贯通全悬挑长度的扣筋计算

贯通全悬挑长度的扣筋的水平段长度计算公式如下：

扣筋水平段长度＝跨内延伸长度＋梁宽/2＋悬挑板的挑出长度－保护层　　(5-14)

5.4.3.6 扣筋分布筋的计算

(1) 扣筋分布筋根数的计算原则

① 扣筋拐角处必须布置一根分布筋。

② 在扣筋的直段范围内按照分布筋间距进行布筋。板分布筋的直径和间距在结构施工图的说明中有明确的规定。

③ 当扣筋横跨梁（墙）支座时，在梁（墙）宽度范围内不布置分布筋，这时应分别对扣筋的两个延伸净长度计算分布筋的根数。

(2) 扣筋分布筋的长度。扣筋分布筋的长度无需按全长计算。因为在楼板角部矩形区域，横竖两个方向的扣筋相互交叉，互为分布筋，所以这个角部矩形区域不应再设置扣筋的分布筋，否则，四层钢筋交叉重叠在一块，混凝土无法覆盖住钢筋。

5.4.3.7 一根完整的扣筋的计算过程

(1) 计算扣筋的腿长。若横跨两块板的厚度不同，则扣筋的两腿长度要分别进行计算。

(2) 计算扣筋的水平段长度。

(3) 计算扣筋的根数。若扣筋的分布范围为多跨，也还需“按跨计算根数”，相邻两跨之间的梁（墙）上不布置扣筋。

(4) 计算扣筋的分布筋。

5.5 楼板钢筋翻样实例

【例 5-1】 如图 5-34 所示，板 LB1 的集中标注为 LB1h=100，B：X&Y⌀8@150，T：X&Y⌀8@150。板 LB1 的尺寸为 7200mm×6900mm，X 方向的梁宽度为 320mm，Y 方向的梁宽度为 220mm，均为正中轴线。X 方向的 KL1 上部纵筋直径为 25mm，Y 方向的 KL5 上部纵筋直径为 22mm。混凝土强度等级 C30，二级抗震等级。试计算板 LB1 的钢筋下料长度。

解 (1) 计算 LB1 板 X 方向的上部贯通纵筋的长度

① 支座直锚长度=梁宽－保护层－梁角筋直径

=220－20－22=178(mm)

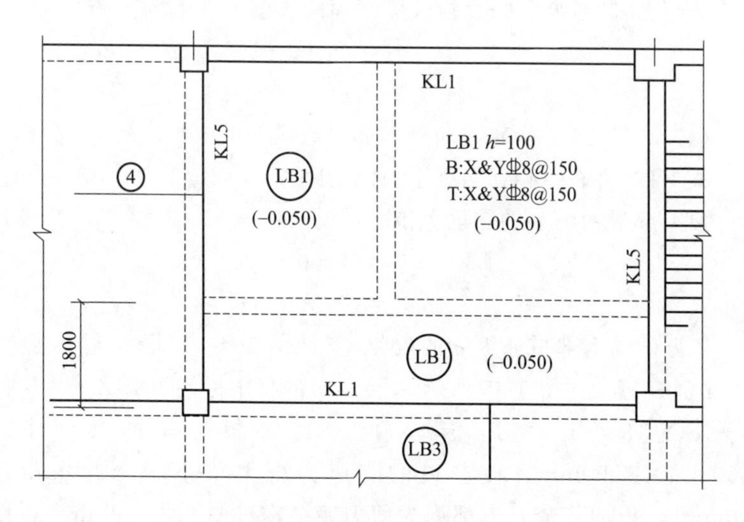

图 5-34　【例 5-1】图示

② 弯钩长度$=l_a-$直锚长度$=35d-178=35\times8-178=102$(mm)

③ 上部贯通纵筋的直段长度＝净跨长度＋两端的直锚长度

$$=(7200-220)+178\times2$$

$$=7336(\text{mm})$$

(2) 计算 LB1 板 X 方向的上部贯通纵筋的根数

梁 KL1 角筋中心到混凝土内侧的距离 $a=25/2+20=32.5$(mm)

板上部贯通纵筋的布筋范围＝净跨长度$+32.5\times2$

$$=(6900-320)+32.5\times2$$

$$=6645(\text{mm})$$

X 方向的上部贯通纵筋的根数$=6645/150=45$(根)

(3) 计算 LB1 板 Y 方向的上部贯通纵筋的长度

① 支座直锚长度＝梁宽－保护层－梁角筋直径

$$=320-20-25=275(\text{mm})$$

② 弯钩长度$=l_a-$直锚长度$=35d-275=35\times8-275=5$(mm)

(说明：弯钩长度等于 5mm 在施工中是难以做到的，在实际操作中可适当加大。)

③ 上部贯通纵筋的直段长度＝净跨长度＋两端的直锚长度

$$=(6900-320)+275\times 2$$

$$=7130(\text{mm})$$

（4）计算 LB1 板 Y 方向的上部贯通纵筋的根数

梁 KL5 角筋中心到混凝土内侧的距离 $a=22/2+20=31(\text{mm})$

板上部贯通纵筋的布筋范围＝净跨长度＋31×2

$$=(7200-220)+31\times 2$$

$$=7042(\text{mm})$$

Y 方向的上部贯通纵筋的根数＝7042/150＝47（根）

【例 5-2】 如图 5-35 所示，板 LB1 的集中标注为 LB1 $h=100$，B：X&Y ⌀8 @ 150，T：X&Y ⌀8 @ 150。板 LB1 的其尺寸为 3600mm×6900mm，板左边的支座为框架梁 KL5（250mm×700mm），板的其余三边都均为剪力墙结构（厚度为 280mm），板中有一道非框架梁 L1（250mm×450mm）混凝土强度等级为 C30，二级抗震等级。墙身水平分布筋直径为 14mm，KL5 上部纵筋直径为 22mm。试计算板 LB1 的钢筋下料长度。

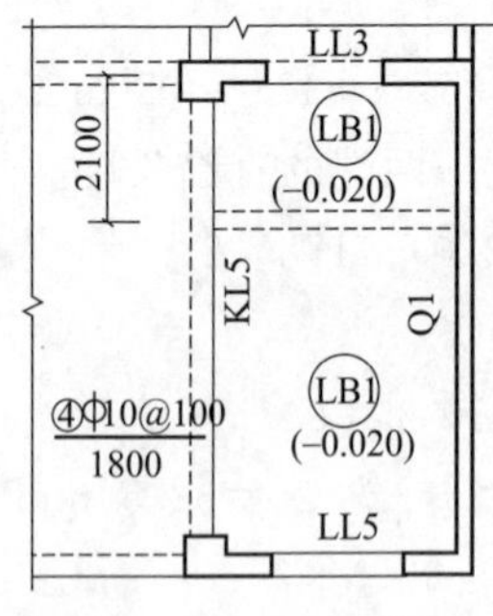

图 5-35 【例 5-2】图示

解 （1）计算 LB1 板 X 方向的上部贯通纵筋的长度

① 由于左支座为框架梁、右支座为剪力墙，所以两个支座锚固长度分别计算

左支座直锚长度＝梁宽－保护层－梁角筋直径

$$=250-20-22=208(\text{mm})$$

右支座直锚长度＝墙厚度－保护层－墙身水平分布筋直径

$$=280-20-14=246(\text{mm})$$

② 左支座弯钩长度＝l_a－直锚长度＝$35d-208=35\times 8-208$

$$=72(\text{mm})$$

右支座弯钩长度＝l_a－直锚长度＝$35d-246=35\times 8-246$

$$=34(\text{mm})$$

③ 上部贯通纵筋的直段长度＝净跨长度＋两端的直锚长度

＝(3600－125－150)＋208＋246

＝3779(mm)

(2) 计算 LB1 板 X 方向的上部贯通纵筋的根数

板上部贯通纵筋的布筋范围＝净跨长度＋27×2

＝(6900－280)＋27×2

＝6674(mm)

X 方向的上部贯通纵筋的根数＝6674/150＝45(根)

(3) 计算 LB1 板 Y 方向的上部贯通纵筋的长度

① 左、右支座均为剪力墙，则

支座直锚长度＝墙厚度－保护层－墙身水平分布筋直径

＝280－20－14＝246(mm)

② 右支座弯钩长度＝l_a－直锚长度＝35d－246

＝35×8－246＝34(mm)

③ 上部贯通纵筋的直段长度＝净跨长度＋两端的直锚长度

＝(6900－140－150)＋246×2

＝7102(mm)

(4) 计算 LB1 板 Y 方向的上部贯通纵筋的根数

板上部贯通纵筋的布筋范围＝净跨长度＋31＋27

＝(3600－125－140)＋31＋27

＝3393(mm)

Y 方向的上部贯通纵筋的根数＝3393/150＝23(根)

【例 5-3】 如图 5-36 所示，板 LB1 的集中标注为 LB1 h＝100，B：X&Y⌀8@150，T：X&Y⌀8@150。

板 LB1 是一块“刀把形”的楼板，板的大边尺寸是 3600mm×6900mm，在板的左下角设有两个并排的电梯井（尺寸为 2400mm×4800mm）。该板右边的支座为框架梁 KL3（250mm×650mm），板的其余各边都均为剪力墙结构（厚度为 280mm）混凝土强度等级为 C30，二级抗震等级。墙身水平分布筋直径为 14mm，KL3 上部纵筋直径为 20mm。试计算该板的钢筋下料

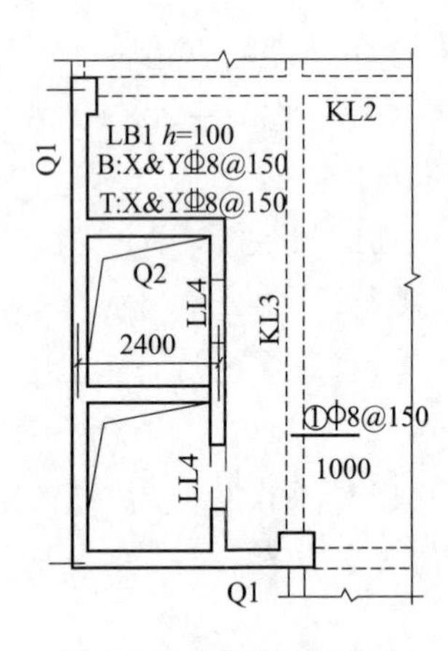

图 5-36 【例 5-3】图示

长度。

解 (1) X 方向的上部贯通纵筋计算

① 长筋计算

a. 钢筋长度的计算（轴线跨度 3600mm；左支座为剪力墙，厚度为 280mm；右支座为框架梁，宽度为 250mm）

左支座直锚长度 $=l_a=35d$

$=35\times8$

$=280(\text{mm})$

右支座直锚长度 $=250-20-20=210(\text{mm})$

上部贯通纵筋的直段长度 $=(3600-150-125)+280+210$

$=3815(\text{mm})$

右支座弯钩长度 $=l_a-$直锚长度 $=35d-210$

$=35\times8-210=70(\text{mm})$

上部贯通纵筋的左端无弯钩。

b. 钢筋根数的计算（轴线跨度 2100mm；左端到 250mm 剪力墙的右侧；右端到 280mm 框架梁的左侧）

钢筋根数 $=[(2100-125-140)+27+30]/150=13$(根)

② 短筋计算

a. 钢筋长度的计算（轴线跨度 1200mm；左支座为剪力墙，厚度为 250mm；右支座为框架梁，宽度为 250mm）

左支座直锚长度 $=l_a=35d=35\times8=280(\text{mm})$

右支座直锚长度 $=250-20-20=210(\text{mm})$

上部贯通纵筋的直段长度 $=(1200-125-125)+280+210$

$=1440(\text{mm})$

右支座弯钩长度 $=l_a-$直锚长度 $=35d-210$

$=35\times8-210=70(\text{mm})$

上部贯通纵筋的左端无弯钩。

b. 钢筋根数的计算（轴线跨度 4800mm；左端到 280mm 剪力墙的右侧；右端到 250mm 剪力墙的右侧）

钢筋根数=[(4800－140－125)+27×2]/150=31(根)

(2) Y 方向的上部贯通纵筋计算

① 长筋计算

a. 钢筋长度的计算（轴线跨度 6900mm；左支座为剪力墙，厚度为 280mm；右支座为框架梁，宽度为 280mm）

左支座直锚长度=$l_a=35d=35\times8=280$(mm)

右支座直锚长度=$l_a=35d=35\times8=280$(mm)

上部贯通纵筋的直段长度=(6900－140－140)+280+280

=7180(mm)

上部贯通纵筋的两端无弯钩。

b. 钢筋根数的计算（轴线跨度 1200mm；左支座为剪力墙，厚度为 250mm；右支座为框架梁，宽度为 250mm）：

钢筋根数=[(1200－125－125)+27+30]/150=7(根)

② 短筋计算：

a. 钢筋长度的计算（轴线跨度 2100mm；左支座为剪力墙，厚度为 250mm；右支座为框架梁，宽度为 280mm）：

左支座直锚长度=$l_a=35d=35\times8=280$(mm)

右支座直锚长度=$l_a=35d=35\times8=280$(mm)

上部贯通纵筋的直段长度=(2100－125－140)+280+280

=2395(mm)

上部贯通纵筋的两端无弯钩。

b. 钢筋根数的计算（轴线跨度 2400mm；左支座为剪力墙，厚度为 280mm；右支座为框架梁，宽度为 250mm）

钢筋根数=[(2400－140－125)+27×2]/150=15(根)

【例 5-4】 如图 5-37 所示，板 LB1 的集中标注为 LB1 h=100，B：X&Y⌀8@150，T：X&Y⌀8@150。

板 LB1 的尺寸为 7200mm×6900mm，X 方向的梁宽度为 280mm，Y 方向的梁宽度为 240mm，均为正中轴线。混凝土强度等级为C30，二级抗震等级。试计算该板的钢筋下料长度。

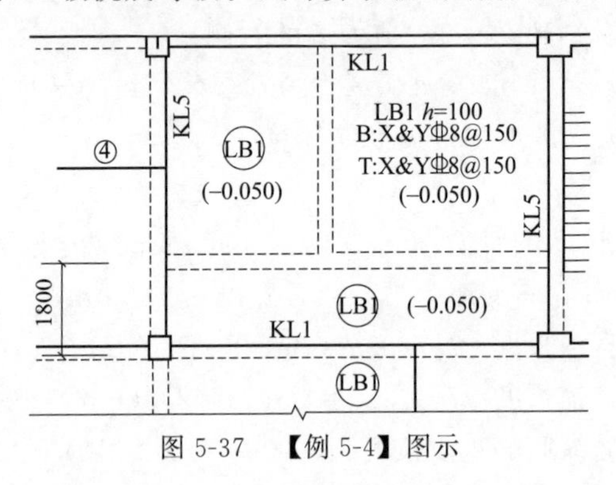

图5-37 【例5-4】图示

解 (1) 计算LB1板X方向的下部贯通纵筋的长度

① 直锚长度=梁宽/2=240/2=120(mm)

② 验算：$5d=5\times8=40$(mm)，显然，直锚长度=120mm>40mm，满足要求。

③ 上部贯通纵筋的直段长度=净跨长度+两端的直锚长度

=(7200−240)+120×2

=7200(mm)

(2) 计算LB1板X方向的下部贯通纵筋的根数

注：梁KL1角筋中心到混凝土内侧的距离$a=25/2+20=32.5$(mm)

板下部贯通纵筋的布筋范围=净跨长度+32.5×2

=(6900−280)+32.5×2

=6685(mm)

X方向的下部贯通纵筋的根数=6685/150=45(根)

(3) 计算LB1板Y方向的下部贯通纵筋的长度

直锚长度=梁宽/2=280/2=140(mm)

上部贯通纵筋的直段长度=净跨长度+两端的直锚长度

=(6900−280)+140×2

=6900(mm)

(4) 计算LB1板Y方向的下部贯通纵筋的根数

注：梁KL1角筋中心到混凝土内侧的距离$a=22/2+20=31$(mm)

板下部贯通纵筋的布筋范围＝净跨长度＋31×2

＝(7200－240)＋31×2

＝7022(mm)

Y 方向的下部贯通纵筋的根数＝7022/150＝47(根)

【例 5-5】 如图 5-38 所示，⑤号扣筋覆盖整个延伸悬挑板，其原位标注如下：在扣筋的上部标注⑤ϕ10＠100，在扣筋下部向跨内的延伸长度标注为 2000，覆盖延伸悬挑板一侧的延伸长度不作标注。

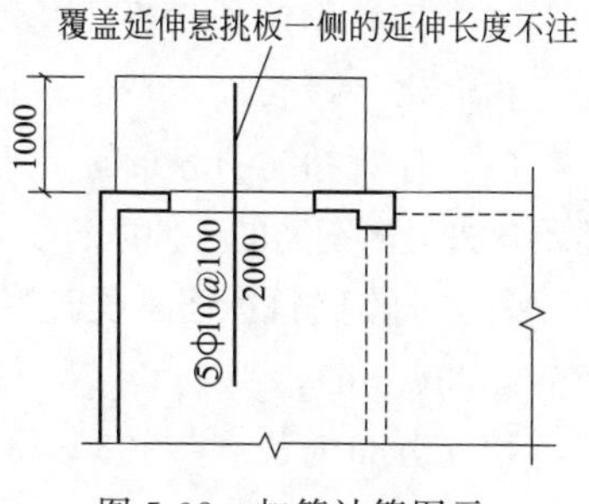

图 5-38　扣筋计算图示

解　悬挑板的挑出长度（净长度）为 1000mm，悬挑板的支座梁宽为 280mm。则

扣筋水平段长度＝2000＋280/2＋1000＝3140(mm)

【例 5-6】 如图 5-39 所示，一根横跨一道框架梁的双侧扣筋③号钢筋，扣筋的两条腿分别伸到 LB1 与 LB2 两块板中，LB1 的厚度为 100mm，LB2 的厚度为 100mm。

在扣筋的上部标注：③ϕ10＠150（2），在扣筋下部的左侧标注：1800，在扣筋下部的右侧标注：1400。

扣筋标注的所在跨及相邻跨的轴线跨度均为 3600mm，两跨之

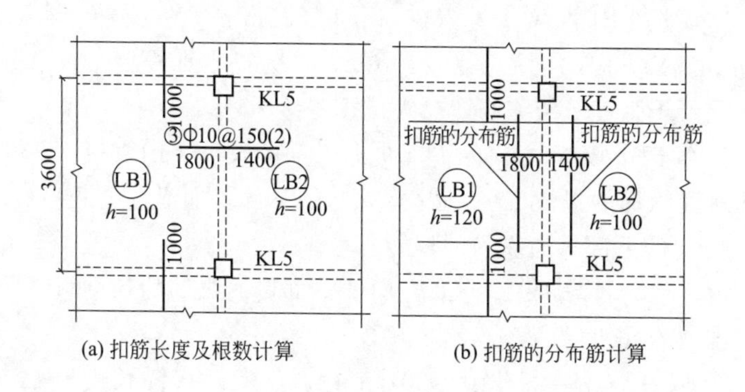

图 5-39　扣筋计算示意

间的框架梁 KL5 的宽度为 250mm，均为正中轴线。扣筋分布筋为 ф8@250。

解 (1) 计算扣筋的腿长

扣筋腿 1 的长度＝LB1 的厚度－15＝100－15＝85(mm)

扣筋腿 2 的长度＝LB2 的厚度－15＝100－15＝85(mm)

(2) 计算扣筋的水平段长度

扣筋水平段长度＝1800＋1400＝3200(mm)

(3) 计算扣筋的分布筋。计算扣筋分布筋长度的基数为 3350mm，还要减去另向钢筋的延伸净长度，再加上搭接长度 150mm。

若另向钢筋的延伸长度为 1000mm，延伸净长度＝1000－125＝875(mm)，则

扣筋分布筋长度＝3350－875×2＋150×2＝1900(mm)

扣筋分布筋的根数：

扣筋左侧的分布筋根数＝(1800－125)/250＋1＝7＋1＝8(根)

扣筋右侧的分布筋根数＝(1400－125)/250＋1＝6＋1＝7(根)

因此，扣筋分布筋的根数＝8＋7＝15(根)。

【例 5-7】 板 LB1 的集中标注如下。

LB1 h＝100

B：X&Yф10@150

T：X&Yф10@150

这块板 LB1 的尺寸为 7000mm×6800mm，X 方向的梁宽度为 280mm，Y 方向的梁宽度为 240mm，均为正中轴线。

混凝土强度等级 C25，二级抗震等级。

计算 LB1 板 X 方向的下部贯通纵筋的长度、LB1 板 X 方向的下部贯通纵筋的根数、LB1 板 Y 方向的下部贯通纵筋的长度、LB1 板 Y 方向的下部贯通纵筋的根数。

解 (1) 计算 LB1 板 X 方向的下部贯通纵筋的长度

① 直锚长度＝梁宽/2＝240/2＝120(mm)

② 验算：$5d$＝5×10＝50(mm)，显然，直锚长度＝120mm＞50mm，满足要求。

③ 下部贯通纵筋的直段长度＝净跨长度＋两端的直锚长度

＝(7000－240)＋120×2＝7000(mm)

(2) 计算 LB1 板 X 方向的下部贯通纵筋的根数

梁 KL1 角筋中心到混凝土内侧的距离 a ＝25/2＋25

＝37.5(mm)

板下部贯通纵筋的布筋范围＝净跨长度＋37.5×2

＝(6800－280)＋37.5×2＝6595(mm)

X 方向的下部贯通纵筋的根数＝6595/150＝44(根)

(3) 计算 LB1 板 Y 方向的下部贯通纵筋的长度

直锚长度＝梁宽/2＝280/2＝140(mm)

下部贯通纵筋的直段长度＝净跨长度＋两端的直锚长度

＝(6800－280)＋140×2＝6800(mm)

(4) 计算 LB1 板 Y 方向的下部贯通纵筋的根数

梁 KL1 角筋中心到混凝土内侧的距离 a ＝22/2＋25

＝36(mm)

板下部贯通纵筋的布筋范围＝净跨长度＋36×2

＝(7000－240)＋36×2＝6832(mm)

Y 方向的下部贯通纵筋的根数＝6832/150＝46(根)

【例 5-8】 板 LB1 的集中标注如下。

LB1 h＝100

B：X&Y⌀8@150

T：X&Y⌀8@150

这块板 LB1 的尺寸为 4000mm×7000mm，板左边的支座为框架梁 KL1 (300mm×700mm)，板其余三边均为剪力墙结构 (厚度为 350mm)，在板中距上边梁 2000mm 处有一道非框架梁 L1 (300mm×500mm)。

混凝土强度等级 C25，二级抗震等级。

计算 LB1 板 X 方向的下部贯通纵筋的长度、LB1 板 X 方向的下部贯通纵筋的根数、LB1 板 Y 方向的下部贯通纵筋的长度、LB1 板 Y 方向的下部贯通纵筋的根数。

解 （1）计算 LB1 板 X 方向的下部贯通纵筋的长度

① 左支座直锚长度＝墙厚/2＝350/2＝175(mm)

右支座直锚长度＝墙厚/2＝300/2＝150(mm)

② 验算：$5d=5\times8=40$(mm)，显然，直锚长度＝150mm＞40mm，满足要求。

③ 上部贯通纵筋的直段长度＝净跨长度＋两端的直锚长度

＝(4000－175－150)＋175＋150

＝4000（mm）

（2）计算 LB1 板 X 方向的下部贯通纵筋的根数

左板的根数＝(5000－175－150＋21＋33)/150＝32(根)

右板的根数＝(2000－150－175＋33＋21)/150＝12(根)

所以，LB1 板 X 方向的下部贯通纵筋的根数＝32＋12＝44(根)

（3）计算 LB1 板 Y 方向的下部贯通纵筋的长度

直锚长度＝墙厚/2＝350/2＝175(mm)

下部贯通纵筋的直段长度＝净跨长度＋两端的直锚长度

＝(7000－175－175)＋175×2＝7000(mm)

（4）计算 LB1 板 Y 方向的下部贯通纵筋的根数

板下部贯通纵筋的布筋范围＝净跨长度＋36＋21

＝(4000－150－175)＋36＋21＝3732(mm)

Y 方向的下部贯通纵筋的根数＝3732/150＝25(根)

【例 5-9】 如图 5-40 所示，板 LB1 的集中标注为：

LB1 $h=100$

B：X&Yɸ10@150

T：X&Yɸ10@150

这块板 LB1 的尺寸为 7000mm×6800mm，X 方向的梁宽度为 340mm，Y 方向的梁宽度为 300mm，均为正中轴线。X 方向的 KL1 上部纵筋直径为 24mm，Y 方向的 KL2 上部纵筋直径为 20mm。

计算 LB1 板 X 方向的上部贯通纵筋的长度、LB1 板 X 方向的上部贯通纵筋的根数、LB1 板 Y 方向的上部贯通纵筋的长度、LB1

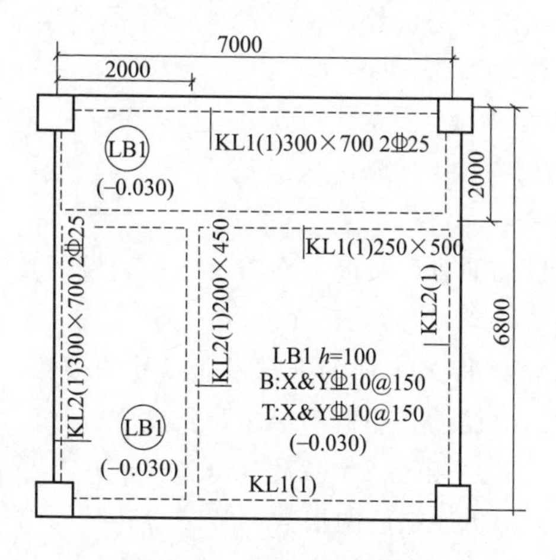

图 5-40　【例 5-9】题图

板 Y 方向的上部贯通纵筋的根数。

解　(1) 计算 LB1 板 X 方向的上部贯通纵筋的长度

支座直锚长度＝梁宽－保护层－梁角筋直径＝300－24－20

＝256(mm)

弯钩长度＝l_a－直锚长度

＝$27d$－256＝27×10－256＝14(mm)

上部贯通纵筋的直段长度＝净跨长度＝两端的直锚长度

＝(7000－300)＋256×2＝7212(mm)

(2) 计算 LB1 板 X 方向的上部贯通纵筋的根数

板上部贯通纵筋的布筋范围＝净跨长度＋37.5×2

＝(6800－340)＋37.5×2＝6535(mm)

X 方向的上部贯通纵筋的根数＝6535/150＝44(根)

(3) 计算 LB1 板 Y 方向的上部贯通纵筋的长度

支座直锚长度＝梁宽－保护层－梁角筋直径

＝340－24－20＝296(mm)

弯钩长度＝l_a－直锚长度＝$27d$－250

＝27×10－296＝－26(mm)

因为弯钩长度等于负数，说明这种计算是错误的，也就是说，这根钢筋不应该弯钩。

计算出来的支座长度＝296mm 已经大于 l_a［27×10＝270（mm）］，所以，这根上部贯通纵筋在支座的直锚长度就取定为270mm，不设弯钩。

上部贯通纵筋的直段长度＝净跨长度＋两端的直锚长度

＝(6800－340)＋270×2＝7000(mm)

(4) 计算 LB1 板 Y 方向的上部贯通纵筋的根数。

板上部贯通纵筋的布筋范围＝净跨长度＋36×2

＝(7000－300)＋36×2＝6772(mm)

Y 方向的上部贯通纵筋的根数＝6772/150＝46(根)

【例 5-10】 如图 5-41 所示，板 LB1 的集中标注如下。

LB1 h＝100

B：X&Y⌀8@150

T：X&Y⌀8@150

图 5-29 中 LB1 的尺寸为 4000mm×7000mm，板左边的支座为框架梁 KL1（250mm×700mm），板的其余三边均为剪力墙结构（厚度为 300mm），在板中距上边梁 2100mm 处有一道非框架梁 L1

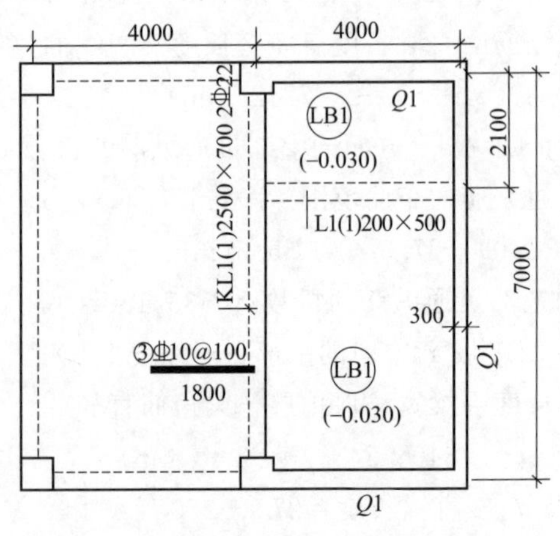

图 5-41 【例 5-10】题图

(300mm×500mm)。

混凝土强度等级C25，二级抗震等级。墙身水平分布筋直径为15mm，KL1上部纵筋直径为20mm。

计算LB1板X方向的上部贯通纵筋的长度、LB1板X方向的上部贯通纵筋的根数、LB1板Y方向的上部贯通纵筋的长度、LB1板Y方向的上部贯通纵筋的根数。

解 (1) 计算LB1板X方向的上部贯通纵筋的长度。

① 由于左支座为框架梁、右支座为剪力墙，所以两个支座锚固长度要分别进行计算。

左支座直锚长度＝梁宽－保护层－梁角筋直径

＝250－25－20＝205(mm)

右支座直锚长度＝墙厚度－保护层－墙身水平分布筋直径

＝300－25－15＝260(mm)

② 左支座弯钩长度＝l_a－直锚长度＝$40d$－205

＝40×8－205＝115(mm)

右支座弯钩长度＝l_a－直锚长度＝$40d$－260

＝40×8－260＝60(mm)

③ 上部贯通纵筋的直段长度＝净跨长度＋两端的直锚长度

＝(4000－125－150)＋205＋260

＝4190(mm)

(2) 计算LB1板X方向的上部贯通纵筋的根数。

板上部贯通纵筋的布筋范围＝净跨长度＋32.5×2

＝(7000－300)＋32.5×2＝6765(mm)

X方向的上部贯通纵筋的根数＝6765/150＝46(根)

(3) 计算LB1板Y方向的上部贯通纵筋的长度。

① 左、右支座均为剪力墙，则：

支座直锚长度＝墙厚度－保护层－墙身水平分布筋直径

＝300－25－15＝260(mm)

② 支座弯钩长度＝l_a－直锚长度＝$40d$－260

＝40×8－260＝60(mm)

③ 上部贯通纵筋的直段长度＝净跨长度＋两端的直锚长度

＝(7000－150－150)＋260×2

＝7220(mm)

(4) 计算LB1板Y方向的上部贯通纵筋的根数。

板上部贯通纵筋的布筋范围＝净跨长度＋35＋32.5

＝(4000－125－150)＋35＋32.5

＝3793(mm)

Y方向的上部贯通纵筋的根数＝3793/150＝26(根)

【例5-11】 一根横跨一道框架梁的双侧扣筋③号钢筋，扣筋的两条腿分别伸到LB1和LB2两块板中（图5-42)。

在扣筋的上部标注③ф12@150，在扣筋下部的左侧标注1600，在扣筋下部的右侧标注1200。

计算图5-42所示③号扣筋的水平段长度。

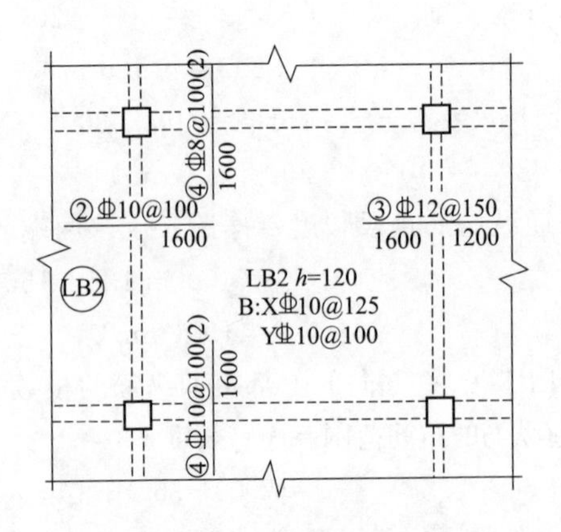

图5-42 【例5-11】、【例5-12】题图

解 ③号扣筋的水平段长度＝1600＋1200＝2800(mm)

【例5-12】 一根横跨一道框架梁的双侧扣筋②号钢筋，扣筋的两条腿分别伸到LB1和LB2两块板中（图5-42)。

在扣筋的上部标注：②ф10@100

在扣筋下部的右侧标注：1600

而在扣筋下部的左侧为空白，没有尺寸标注。

计算图 5-42 所示②号扣筋的水平段长度。

解　②号扣筋的水平段长度＝1600×2＝3200(mm)

【例 5-13】　图 5-43 边梁 KL2 上的单侧扣筋①号钢筋。

在扣筋的上部标注①ф8@150，在扣筋的下部标注 1200。

计算图 5-43 所示①号扣筋的水段长度。

解　表示这个编号为①号的扣筋，规格和间距为ф8@150，从梁中线向跨内的延伸长度为 1200mm（图 5-32)。

根据 16G101-1 图集规定的板在端部支座的锚固构造，板上部受力纵筋伸到支座梁外侧角筋的内侧，则

板上部受力纵筋在端支座的直锚长度＝梁宽度－保护层－梁纵筋直径

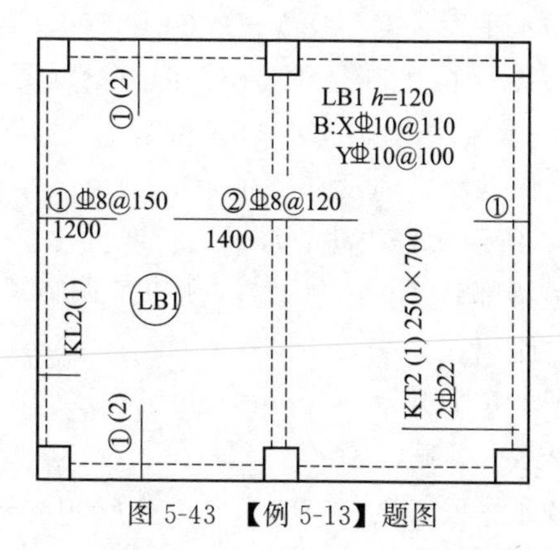

图 5-43　【例 5-13】题图

端部梁中线至外侧部分的扣筋长度＝梁宽度/2－保护层－梁纵筋直径

边框架梁 KL3 的宽度为 250mm，梁保护层为 25mm，梁上部纵筋的直径为 22mm，则

扣筋水平段长度＝1200＋(250/2－25－22)＝1278(mm)

【例 5-14】　图 5-44 左端的④号扣筋横跨两道梁。

在扣筋的上部标注④ф10@100 (2)

在扣筋下端延伸长度标注 1800，在扣筋横跨两梁的中段没有

尺寸标注，在扣筋上端延伸长度标注 1800

计算图 5-44 所示④号扣筋的水平段长度。

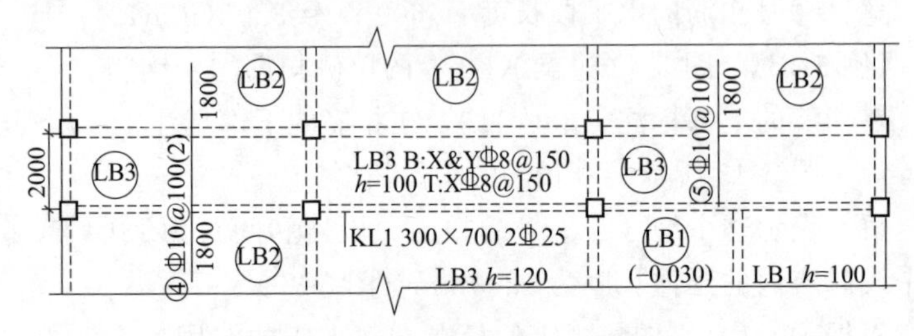

图 5-44 【例 5-14】、【例 5-15】题图

解 因两道梁都是“正中轴线”，所以这两道梁中心线的距离就是轴线距离 2000。所以

④号扣筋的水平段长度＝1800＋2000＋1800＝5600(mm)

【例 5-15】 图 5-44 的⑤号扣筋横跨两道梁（图 5-44 右端）。

在扣筋的上部标注⑤Φ10@100，在扣筋上端延伸长度标注 1800，在扣筋横跨两梁之间没有尺寸标注。

计算图 5-44 所示⑤号扣筋的水平段长度。

解 这两道梁都是“正中轴线”，所以这两道梁中心线的距离就是轴线之间的距离 2000。

这两道框架梁的宽度为 300mm，梁保护层为 25mm，梁上部纵筋的直径为 25mm，则

⑩号扣筋的水平段长度＝1800＋2000＋(300/2－25－25)

＝3900(mm)

6.1 梁板式筏形基础钢筋翻样

6.1.1 梁板式筏形基础钢筋识读

6.1.1.1 梁板式筏形基础平法施工图的表示方法

（1）梁板式筏形基础平法施工图，系在基础平面布置图上采用平面注写方式进行表达。

（2）当绘制基础平面布置图时，应将梁板式筏形基础与其所支承的柱、墙一起绘制。梁板式筏形基础以多数相同的基础平板底面标高作为基础底面基准标高。当基础底面标高不同时，需注明与基础底面基准标高不同之处的范围和标高。

（3）通过选注基础梁底面与基础平板底面的标高高差来表达两者间的位置关系，可以明确其“高板位”（梁顶与板顶一平）、“低板位”（梁底与板底一平）以及“中板位”（板在梁的中部）三种不同位置组合的筏形基础，方便设计表达。

（4）对于轴线未居中的基础梁，应标注其定位尺寸。

6.1.1.2 梁板式筏形基础构件的类型与编号

梁板式筏形基础由基础主梁、基础次梁、基础平板等构成，编号按表 6-1 的规定。

表 6-1 梁板式筏型基础构件编号

构件类型	代　号	序　号	跨数及有无外伸
基础主梁(柱下)	JL	××	(××)或(××A)或(××B)
基础次梁	JCL	××	(××)或(××A)或(××B)
梁板阀基础平板	LPB	××	

注：1.（××A）为一端有外伸，（××B）为两端有外伸，外伸不计入跨数。

2. 梁板式筏形基础平板跨数及是否有外伸分别在 X、Y 两向的贯通纵筋之后表达。图面从左至右为 X 向，从下至上为 Y 向。

3. 梁板式筏形基础主梁与条形基础梁编号与标准构造详图一致。

6.1.1.3 基础主梁与基础次梁的平面注写方式

（1）基础主梁 JL 与基础次梁 JCL 的平面注写，分集中标注与原位标注两部分内容。当集中标注中的某项数值不适用于梁的某部位时，则将该数值采用原位标注，施工时，原位标注优先。

（2）基础主梁 JL 与基础次梁 JCL 的集中标注内容为：基础梁编号、截面尺寸、配筋三项必注内容，以及基础梁底面标高高差（相对于筏形基础平板底面标高）一项选注内容。具体规定如下。

① 注写基础梁的编号，见表 6-1。

② 注写基础梁的截面尺寸。以 $b\times h$ 表示梁截面宽度与高度；当为加腋梁时，用 $b\times h$ $Yc_1\times c_2$表示，其中 c_1为腋长，c_2为腋高。

③ 注写基础梁的配筋

a. 注写基础梁箍筋

ⅰ. 当采用一种箍筋间距时，注写钢筋级别、直径、间距与肢数（写在括号内）。

ⅱ. 当采用两种箍筋时，用“/”分隔不同箍筋，按照从基础梁两端向跨中的顺序注写。先注写第 1 段箍筋（在前面加注箍数），在斜线后再注写第 2 段箍筋（不再加注箍数）。

施工时应注意：两向基础主梁相交的柱下区域，应有一向截面较高的基础主梁按梁端箍筋贯通设置；当两向基础主梁高度相同时，任选一向基础主梁箍筋贯通设置。

b. 注写基础梁的底部、顶部及侧面纵向钢筋

ⅰ. 以B打头，先注写梁底部贯通纵筋（不应少于底部受力钢筋总截面面积的1/3）。当跨中所注根数少于箍筋肢数时，需要在跨中加设架立筋以固定箍筋，注写时，用加号“+”将贯通纵筋与架立筋相连，架立筋注写在加号后面的括号内。

ⅱ. 以T打头，注写梁顶部贯通纵筋值。注写时用分号“;”将底部与顶部纵筋分隔开。如有个别跨与其不同，按（3）原位标注的规定处理。

ⅲ. 当梁底部或顶部贯通筋多于一排时，用斜线“/”将各排纵筋自上而下分开。

ⅳ. 以大写字母G打头注写基础梁两侧面对称设置的纵向构造钢筋的总配筋值（当梁腹板高度h_w不小于450mm时，根据需要配置）。

当需要配置抗扭纵向钢筋时，梁两个侧面设置的抗扭纵向钢筋以N打头。

④ 注写基础梁底面标高高差（系指相对于筏形基础平板底面标高的高差值），该项为选注值。有高差时需将高差写入括号内（如“高板位”与“中板位”基础梁的底面与基础平板底面标高的高差值），无高差时不注（如“低板位”筏形基础的基础梁）。

（3）基础主梁与基础次梁的原位标注规定

①梁支座的底部纵筋，系指包含贯通纵筋与非贯通纵筋在内的所有纵筋：

a. 当底部纵筋多于一排时，用“/”将各排纵筋自上而下分开。

b. 当同排纵筋有两种直径时，用加号“+”将两种直径的纵筋相连。

c. 当梁中间支座两边的底部纵筋配置不同时，需在支座两边分别标注；当梁中间支座两边的底部纵筋相同时，可仅在支座的一边标注配筋值。

d. 当梁端（支座）区域的底部全部纵筋与集中注写过的贯通纵筋相同时，可不再重复做原位标注。

e. 竖向加腋梁加腋部位钢筋，需在设置加腋的支座处以 Y 打头注写在括号内。

设计时应注意：当对底部一平的梁支座两边的底部非贯通纵筋采用不同配筋值时，应先按较小一边的配筋值选配相同直径的纵筋贯穿支座，再将较大一边的配筋差值选配适当直径的钢筋锚入支座，避免造成两边大部分钢筋直径不相同的不合理配置结果。

施工及预算方面应注意：当底部贯通纵筋经原位修正注写后，两种不同配置的底部贯通纵筋应在两毗邻跨中配置较小一跨的跨中连接区域连接（即配置较大一跨的底部贯通纵筋需越过其跨数终点或起点伸至毗邻跨的跨中连接区域。具体位置见标准构造详图）。

② 注写基础梁的附加箍筋或（反扣）吊筋。将其直接画在平面图中的主梁上，用线引注总配筋值（附加箍筋的肢数注在括号内），当多数附加箍筋或（反扣）吊筋相同时，可在基础梁平法施工图上统一注明，少数与统一注明值不同时，再原位引注。

施工时应注意：附加箍筋或（反扣）吊筋的几何尺寸应按照标准构造详图，结合其所在位置的主梁和次梁的截面尺寸确定。

③ 当基础梁外伸部位变截面高度时，在该部位原位注写 $b \times h_1/h_2$，h_1 为根部截面高度，h_2 为尽端截面高度。

④ 注写修正内容。当在基础梁上集中标注的某项内容（如梁截面尺寸、箍筋、底部与顶部贯通纵筋或架立筋、梁侧面纵向构造钢筋、梁底面标高高差等）不适用于某跨或某外伸部分时，则将其修正内容原位标注在该跨或该外伸部位，施工时原位标注取值优先。

当在多跨基础梁的集中标注中已注明竖向加腋，而该梁某跨根不需要竖向加腋时，则应在该跨原位标注等截面的 $b \times h$，以修正集中标注中的加腋信息。

6.1.1.4 基础梁底部非贯通纵筋的长度规定

（1）为方便施工，凡基础主梁柱下区域和基础次梁支座区域底部非贯通纵筋的伸出长度 a_0 值，当配置不多于两排时，在标准构造详图中统一取值为自支座边向跨内伸出至 $l_n/3$ 位置；当非贯通纵筋配置多于两排时，从第三排起向跨内的伸出长度值应由设计者注明。l_n的取值规定为：边跨边支座的底部非贯通纵筋，l_n取本边跨的净跨长度值；中间支座的底部非贯通纵筋，l_n取支座两边较大一跨的净跨长度值。

（2）基础主梁与基础次梁外伸部位底部纵筋的伸出长度 a_0 值，在标准构造详图中统一取值为：第一排伸出至梁端头后，全部上弯 $12d$ 或 $15d$，其他排伸至梁端头后截断。

（3）设计者在执行（1）、（2）基础梁底部非贯通纵筋伸出长度的统一取值规定时，应注意按《混凝土结构设计规范》（GB 50010—2010）、《建筑地基基础设计规范》（GB 50007—2011）和《高层建筑混凝土结构技术规程》（JGJ 3—2010）的相关规定进行校核，若不满足时应另行变更。

6.1.1.5　梁板式筏形基础平板的平面注写方式

（1）梁板式筏形基础平板 LPB 的平面注写，分为集中标注与原位标注两部分内容。

（2）梁板式筏形基础平板 LPB 贯通纵筋的集中标注，应在所表达的板区双向均为第一跨（X 与 Y 双向首跨）的板上引出（图面从左至右为 X 向，从下至上为 Y 向）。

板区划分条件：板厚相同、基础平板底部与顶部贯通纵筋配置相同的区域为同一板区。

集中标注的内容规定如下。

① 注写基础平板的编号，见表 6-1。

② 注写基础平板的截面尺寸。注写 $h=\times\times\times$表示板厚。

③ 注写基础平板的底部与顶部贯通纵筋及其跨数及外伸情况。先注写 X 向底部（B 打头）贯通纵筋与顶部（T 打头）贯通纵筋及纵向长度范围；再注写 Y 向底部（B 打头）贯通纵筋与顶部（T 打头）贯通纵筋及其跨数及外伸情况（图面从左至右为 X 向，从下至上为 Y 向）。

贯通纵筋的跨数及外伸情况注写在括号中，注写方式为“跨数及有无外伸”，其表达形式为：（××）（无外伸）、（××A）（一端有外伸)或(××B)(两端有外伸)。

注：基础平板的跨数以构成柱网的主轴线为准；两主轴线之间无论有几道辅助轴线（例如框筒结构中混凝土内筒中的多道墙体），均可按一跨考虑。

当贯通筋采用两种规格钢筋“隔一布一”方式时，表达为ϕxx/yy@×××，表示直径 xx 的钢筋和直径 yy 的钢筋之间的间距为×××，直径为 xx 的钢筋、直径为 yy 的钢筋间距分别为×××的 2 倍。

施工及预算方面应注意：当基础平板分板区进行集中标注，且相邻板区板底一平时，两种不同配置的底部贯通纵筋应在两毗邻板跨中配筋较小板跨的跨中连接区域连接（即配置较大板跨的底部贯通纵筋需越过板区分界线伸至毗邻板跨的跨中连接区域，具体位置见标准构造详图）。

(3) 梁板式筏形基础平板 LPB 的原位标注，主要表达板底部附加非贯通纵筋。

① 原位注写位置及内容。板底部原位标注的附加非贯通纵筋，应在配置相同跨的第一跨表达（当在基础梁悬挑部位单独配置时则在原位表达）。在配置相同跨的第一跨（或基础梁外伸部位），垂直于基础梁绘制一段中粗虚线（当该筋通长设置在外伸部位或短跨板下部时，应画至对边或贯通短跨），在虚线上注写编号（如①、②等）、配筋值、横向布置的跨数及是否布置到外伸部位。

注：(××) 为横向布置的跨数，(××A) 为横向布置的跨数及一端基础梁的外伸部位，(××B) 为横向布置的跨数及两端基础梁外伸部位。

板底部附加非贯通纵筋自支座中线向两边跨内的伸出长度值注写在线段的下方位置。当该筋向两侧对称伸出时，可仅在一侧标注，另一侧不注；当布置在边梁下时，向基础平板外伸部位一侧的伸出长度与方式按标准构造，设计不注。底部附加非贯通筋相同者，可仅注写一处，其他只注写编号。

横向连续布置的跨数及是否布置到外伸部位，不受集中标注贯通纵筋的板区限制。

原位注写的底部附加非贯通纵筋与集中标注的底部贯通钢筋，宜采用“隔一布一”的方式布置，即基础平板（X 向或 Y 向）底部附加非贯通纵筋与贯通纵筋间隔布置，其标注间距与底部纵筋相同（两者实际组合后的间距为各自标注间距的 1/2）。

② 注写修正内容。当集中标注的某些内容不适用于梁板式筏形基础平板某板区的某一板跨时，应由设计者在该板跨内注明，施工时应按注明内容取用。

③ 当若干基础梁下基础平板的底部附加非贯通纵筋配置相同时（其底部、顶部的贯通纵筋可以不同），可仅在一根基础梁下做原位注写，并在其他梁上注明“该梁下基础平板底部附加非贯通纵筋同××基础梁”。

（4）梁板式筏形基础平板 LPB 的平面注写规定，同样适用于钢筋混凝土墙下的基础平板。

6.1.1.6 其他

应在图中注明的其他内容如下。

① 当在基础平板周边沿侧面设置纵向构造钢筋时，应在图中注明。

② 应注明基础平板外伸部位的封边方式，当采用 U 形钢筋封边时应注明其规格、直径及间距。

③ 当基础平板外伸变截面高度时，应注明外伸部位的 h_1/h_2，h_1为板根部截面高度，h_2为板尽端截面高度。

④ 当基础平板厚度大于 2m 时，应注明具体构造要求。

⑤ 当在基础平板外伸阳角部位设置放射筋时，应注明放射筋的强度等级、直径、根数以及设置方式等。

⑥ 板的上、下部纵筋之间设置拉筋时，应注明拉筋的强度等级、直径、双向间距等。

⑦ 应注明混凝土垫层厚度与强度等级。

⑧ 结合基础主梁交叉纵筋的上下关系，当基础平板同一层面的纵筋相交叉时，应注明何向纵筋在下，何向纵筋在上。

⑨ 设计需注明的其他内容。

6.1.2 梁板式筏形基础构造

6.1.2.1 基础主梁纵向钢筋与箍筋构造

基础主梁纵向钢筋构造要求如图 6-1 所示，主要内容如下。

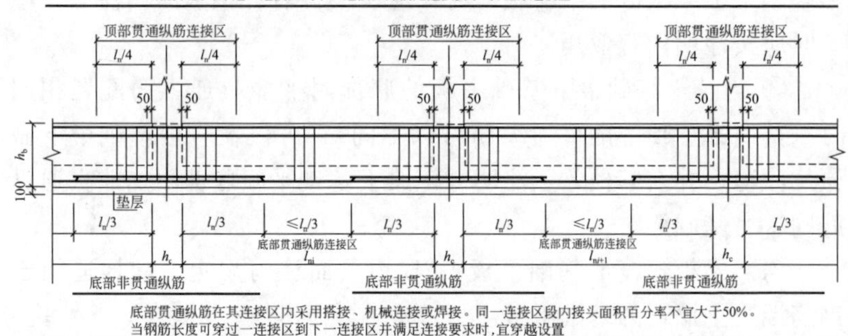

图 6-1 基础梁纵向钢筋与箍筋构造

(1) 顶部钢筋。基础主梁纵向钢筋的顶部钢筋在梁顶部应连续贯通；其连接区位于柱轴线 $l_n/4$ 左右范围，在同一连接区内的接头面积百分率不应大于 50%。

(2) 底部钢筋。基础主梁纵向钢筋的底部非贯通纵筋向跨内延伸长度为：自柱轴线算起，左右各 $l_0/3$ 长度值；底部钢筋连接区位于跨中$\leq l_0/3$ 范围，在同一连接区内的接头面积百分率不应大于 50%。

当两毗邻跨的底部贯通纵筋配置不同时，应将配置较大一跨的底部贯通纵筋越过其标注的跨数终点或起点，伸至配置较小的毗邻跨的跨中连接区进行连接。

(3) 箍筋。节点区内箍筋按梁端箍筋设置。梁相互交叉宽度内的箍筋按截面高度较大的基础梁设置。同跨箍筋有两种时，各自设置范围按具体设计注写。

6.1.2.2 基础梁端部与外伸部位钢筋构造

基础梁端部与外伸部位钢筋构造有三种形式：端部等截面外伸

构造、端部变截面外伸构造、端部无外伸构造，主要内容如下。

（1）端部等截面外伸构造。上部钢筋：上部钢筋伸至柱外伸端部，竖向弯折 12d；下部钢筋：贯通钢筋伸至外伸端部竖向弯折 12d，非贯通筋伸至外伸端部直接截断，如图 6-2 所示。

（2）端部变截面外伸构造。截面变化部位，钢筋沿着截面变化布置，截断和弯折要求同端部等截面外伸构造相同，如图 6-3 所示。

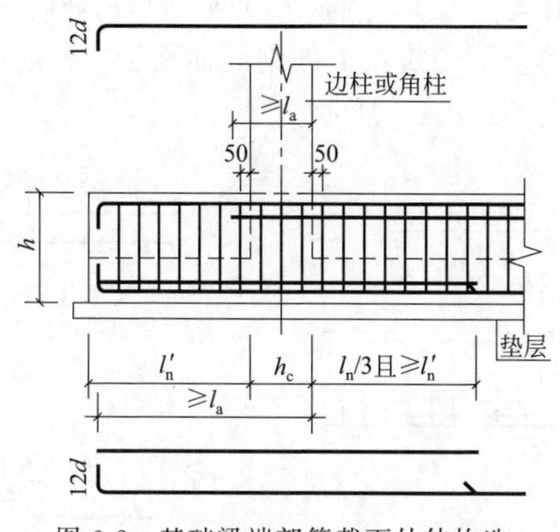

图 6-2 基础梁端部等截面外伸构造

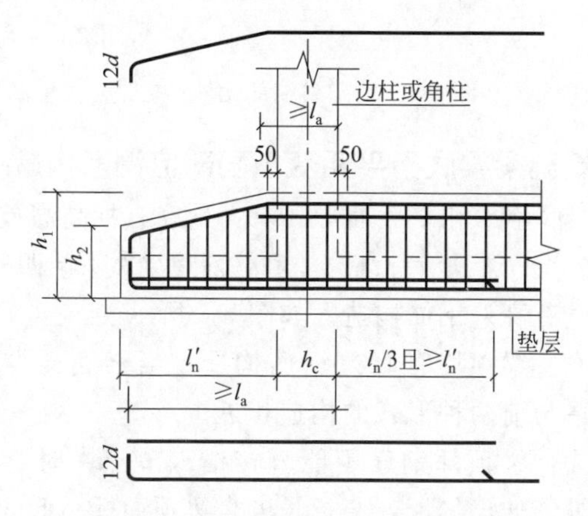

图 6-3 基础梁端部变截面外伸构造

当$l'_n+h_c \leqslant l_a$时，基础梁下部钢筋应伸至端部后弯折，且从柱内边算起水平段长度≥$0.4l_{ab}$，弯折长度15d。

（3）端部无外伸构造。基础梁底部与顶部纵筋成对连通设置，可采用通长钢筋或将底部与顶部钢筋对焊连接后弯折成型，并向跨内延伸或在跨内规定区域连接。成对连通后，顶部或底部多余的钢筋伸至端部弯钩。

基础梁底部下排与顶部上排纵筋伸至梁包柱侧腋，与侧腋的水平构造钢筋绑扎在一起。上部钢筋伸至尽端钢筋内侧弯折15d，当直段长度≥l_a时可不弯折；下部钢筋伸至尽端钢筋内侧弯折15d，水平段≥$0.4l_{ab}$。如图6-4所示。

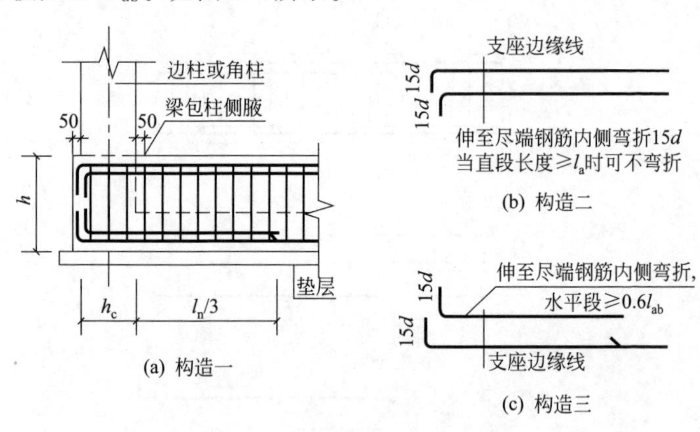

图6-4 基础梁端部无外伸构造

6.1.2.3 基础梁梁底不平和变截面部位钢筋构造

基础梁梁底不平和变截面形式有：梁底有标高高差、梁底与梁顶均有标高高差、梁顶有标高高差和柱两边梁宽不同四种形式。

（1）梁底有高差钢筋构造。如图6-5所示。

（2）梁底、梁顶均有高差钢筋构造。当梁底、梁顶均有高差时，钢筋构造与前两种形式的构造相近。

可概括为：梁顶部钢筋不能直接锚入节点中时，其构造要求为：第一排纵筋伸至尽端，弯折长度自梁顶面标高低的梁（简称低梁）顶部算起l_a；高梁顶部第二排纵筋伸至尽端钢筋内侧，弯折

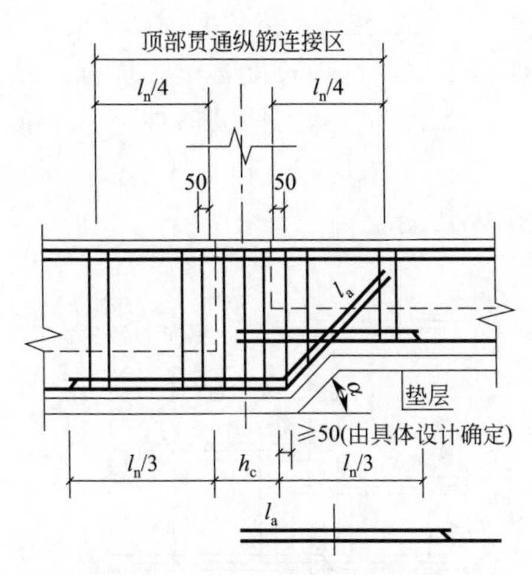

图 6-5 梁底有高差钢筋构造

注：α 根据场地实际情况可取 30°、45°或 60°。

长度 15d，当直锚长度≥l_a时可直锚。梁顶钢筋能直接锚入节点中时，其构造要求为：低梁上部纵筋锚固长度≥l_a截断即可。如图 6-6 所示。

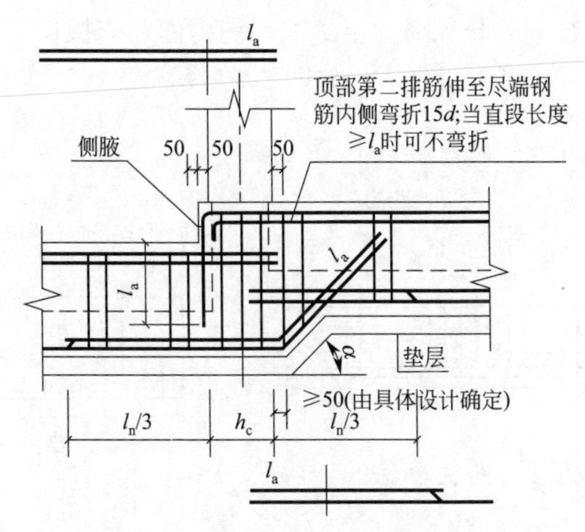

图 6-6 梁顶和梁底均有高差钢筋构造

注：α 根据场地实际情况可取 30°、45°或 60°。

(3) 梁顶有高差钢筋构造。梁顶面标高高的梁（简称高梁）顶部第一排纵筋伸至尽端，弯折长度自梁顶面标高低的梁（简称低梁）顶部算起 l_a；高梁顶部第二排纵筋伸至尽端钢筋内侧，弯折长度 15d，当直锚长度≥l_a时可直锚。低梁上部纵筋锚固长度≥l_a截断即可，如图 6-7 所示。

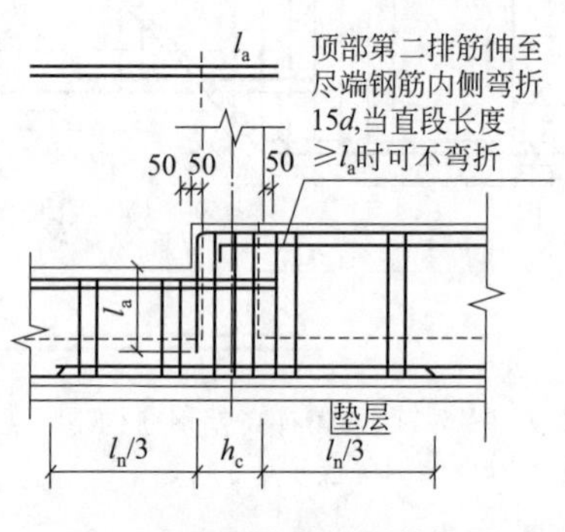

图 6-7　梁顶有高差钢筋构造

(4) 柱两边梁宽不同钢筋构造。柱两边梁宽不同时，宽出部位梁的上、下部第一排纵筋连通设置；在宽出部位，不能连通的钢筋，上、下部第二排纵筋伸至尽端钢筋内侧，弯折长度 15d，当直锚长度≥l_a时，可采用直锚，如图 6-8 所示。

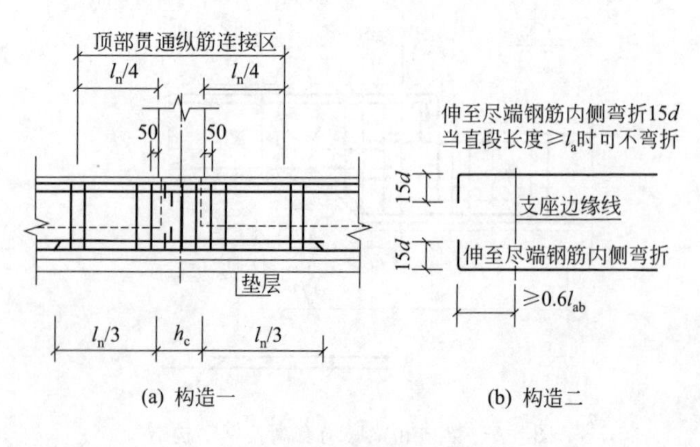

图 6-8　柱两边梁宽不同钢筋构造

6.1.2.4 基础梁与柱结合部侧腋构造

基础梁与柱结合部的侧腋设置的部位有：有十字交叉基础梁与柱结合部、丁字交叉基础梁与柱结合部、无外伸基础梁与角柱结合部、基础梁中心穿柱侧腋、基础梁偏心穿柱与柱结合部等形式，如图 6-9～图 6-12 所示，其构造要求如下。

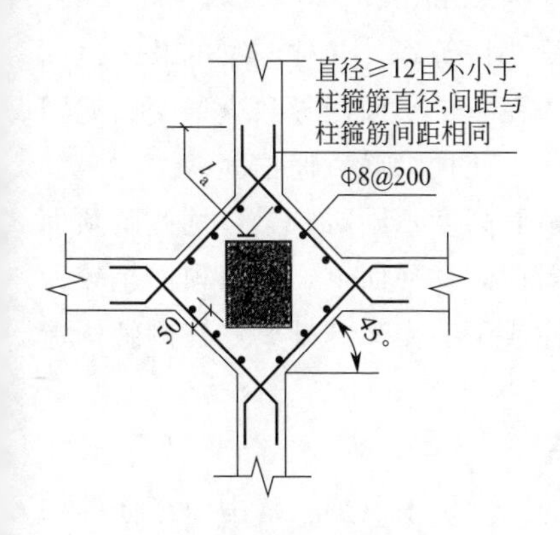

图 6-9　十字交叉基础梁与柱结合部侧腋构造

注：各边侧腋宽出尺寸与配筋均相同。

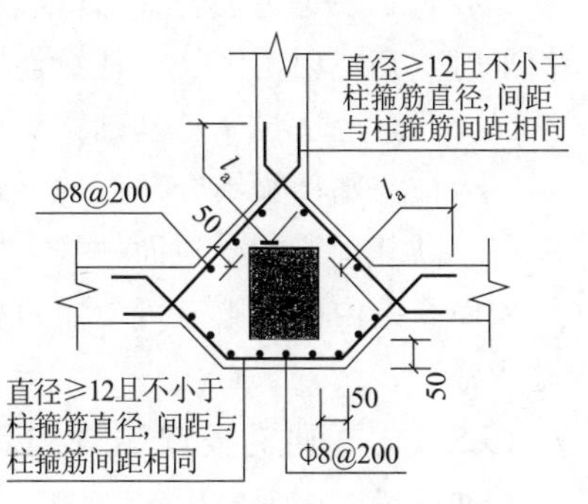

图 6-10　丁字交叉基础梁与柱结合部侧腋构造

注：各边侧腋宽出尺寸与配筋均相同。

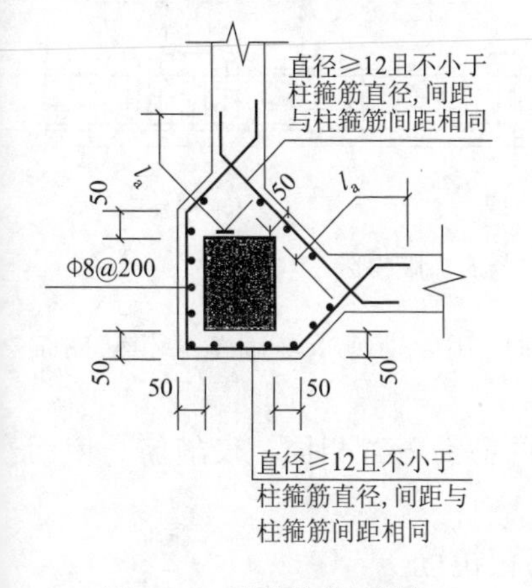

图 6-11　无外伸基础梁与角柱结合部侧腋构造

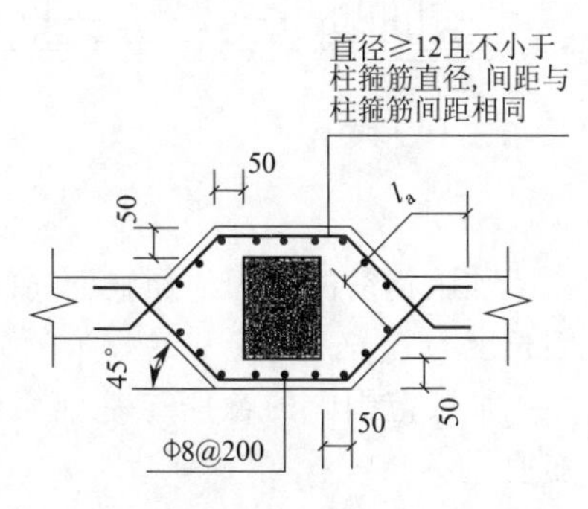

图 6-12　基础梁中心穿柱侧腋构造

（1）侧腋配筋。纵筋：直径≥12mm，且不小于柱箍筋直径，间距与柱箍筋相同。

分布钢筋：ϕ8@200。

锚固长度：伸入柱内总锚固长度≥l_a。

侧腋尺寸：各边侧腋宽出尺寸为50mm。

（2）梁柱等宽设置。当基础梁与柱等宽，或柱与梁的某一侧面相平时，存在因梁纵筋与柱纵筋同在一个平面内导致直通交叉遇阻情况，此时应适当调整基础梁宽度，使柱纵筋直通锚固。

当柱与基础梁结合部位的梁顶面高度不同时，梁包柱侧腋顶面应与较高基础梁的梁顶面一平，即在同一平面上，侧腋顶面至较低梁顶面高差内的侧腋，可参照角柱或丁字交叉基础梁包柱侧腋构造进行施工。

6.1.2.5 基础梁竖向加腋构造

基础梁竖向加腋内容：钢筋的锚固要求及加腋范围内箍筋的构造要求，如图6-13所示。

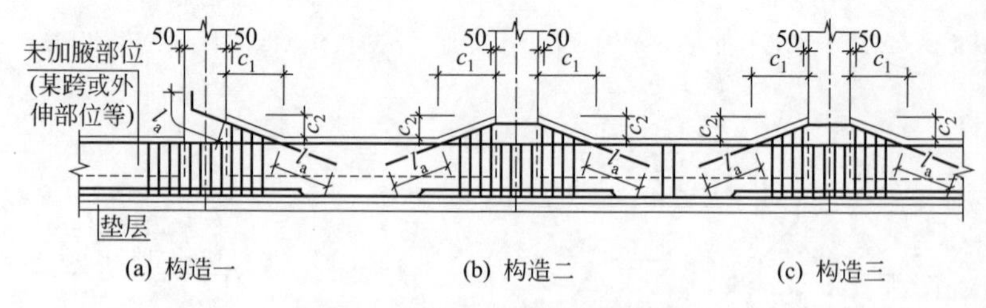

(a) 构造一　　(b) 构造二　　(c) 构造三

图6-13　基础梁竖向加腋构造

加腋钢筋的锚固：加腋钢筋的两端分别伸入基础主梁和柱内锚固长度为l_a。

加腋范围内的箍筋与基础梁的箍筋配置相同，仅箍筋高度为变值。

6.1.2.6 基础梁侧面构造纵筋和拉筋

基础梁侧面构造纵筋和拉筋如图6-14所示。梁侧钢筋的拉筋直径除注明者外均为8mm，间距为箍筋间距的2倍。当设有多排拉筋时，上下两排拉筋竖向错开设置。

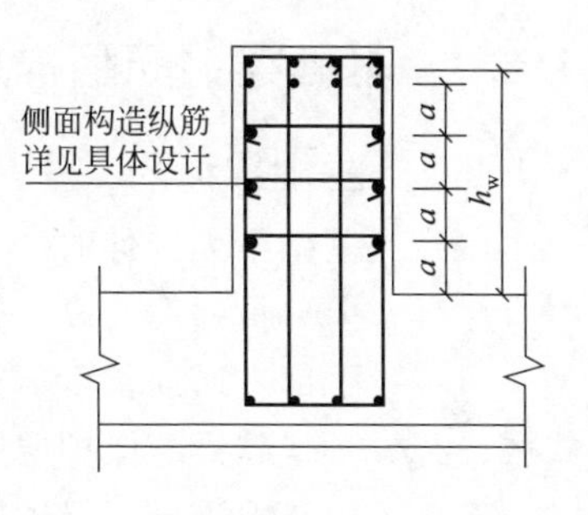

图 6-14　基础梁侧面构造纵筋和拉筋
（$a \leqslant 200$）

基础梁侧面纵向构造钢筋搭接长度为 15d。十字相交的基础梁，当相交位置有柱时，侧面构造纵筋锚入梁包柱侧腋内 15d，见图 6-15(a)；当无柱时侧面构造纵筋锚入交叉梁内 15d，见图 6-15(d)；丁字相交的基础梁，当相交位置无柱时，横梁外侧的构造纵筋应贯通，横梁内侧的构造纵筋锚入交叉梁内 15d，见图 6-15(e)。

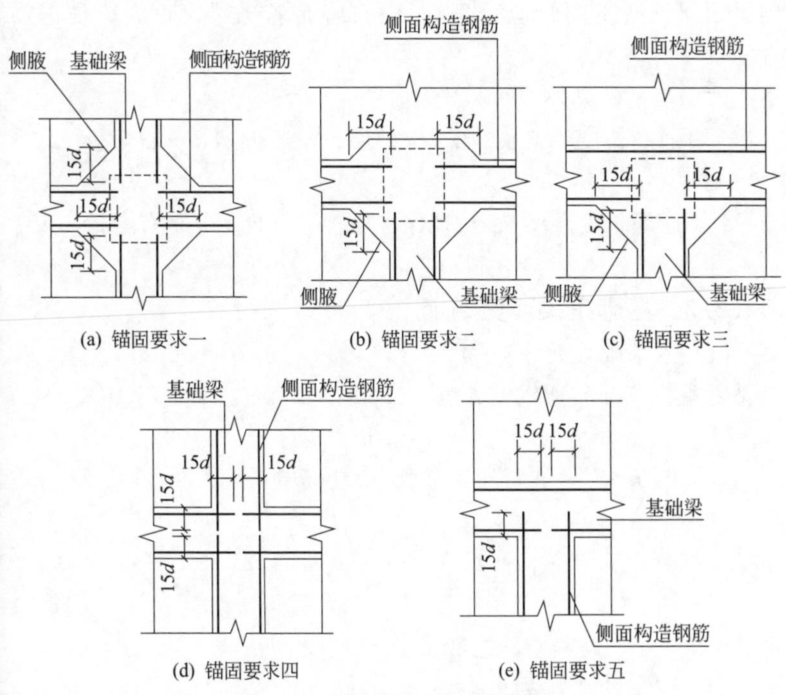

图 6-15　侧面纵向钢筋锚固要求

基础梁侧面受扭纵筋的搭接长度为 l_l，其锚固长度为 l_a。

6.1.3 基础梁钢筋翻样方法

6.1.3.1 基础梁纵筋

（1）当基础梁无外伸时

$$上部贯通筋长度=梁长-2c_1+(h_b-2c_2)/2 \tag{6-1}$$

$$下部贯通筋长度=梁长-2c_1+(h_b-2c_2)/2 \tag{6-2}$$

式中 c_1——基础梁端保护层厚度；

c_2——基础梁上下保护层厚度。

上部或者下部钢筋根数不同时：

$$多出的钢筋长度=梁长-2c+左弯折\ 15d+右弯折\ 15d \tag{6-3}$$

其中，c 是基础梁保护层厚度（当基础梁端、基础梁底、基础梁顶保护层不同时应分别计算）；h_b是基础梁高度；d 是钢筋直径。

（2）当基础梁外伸时

$$上部贯通筋长度=梁长-2\times保护层+左弯折\ 12d+右弯折\ 12d \tag{6-4}$$

$$下部贯通筋长度=梁长-2\times保护层+左弯折\ 12d+右弯折\ 12d \tag{6-5}$$

6.1.3.2 基础主梁非贯通筋

（1）当基础梁无外伸时

$$下部端支座非贯通钢筋长度=0.5h_c+\max(l_0/3,1.2l_a+h_b+0.5h_c)+(h_b-2c)/2 \tag{6-6}$$

$$下部多出的端支座非贯通钢筋长度=0.5h_c+\max(l_0/3,1.2l_a+h_b+0.5h_c)+15d \tag{6-7}$$

$$下部中间支座非贯通钢筋长度=\max(l_0/3,1.2l_a+h_b+0.5h_c)\times 2 \tag{6-8}$$

式中 l_0——左跨与右跨之较大值；

h_b——基础梁截面高度；

h_c——沿基础梁跨度方向柱截面高度；

c——基础梁保护层厚度。

（2）当基础梁外伸时

$$下部端支座非贯通钢筋长度=外伸长度\ l+\max(l_0/3,1.2l_a+h_b+0.5h_c)+12d \tag{6-9}$$

$$下部中间支座非贯通钢筋长度=\max(l_0/3,1.2l_a+h_b+0.5h_c)\times 2 \tag{6-10}$$

6.1.3.3 基础梁架立筋翻样

当梁下部贯通筋的根数少于箍筋的肢数时，在梁的跨中1/3跨度范围内必须设置架立筋用来固定箍筋，架立筋与支座负筋搭接150mm。

$$基础梁首跨架立筋长度=l_1-\max(l_1/3,1.2l_a+h_b+0.5h_c)-\max(l_1/3,l_2/3,1.2l_a+h_b+0.5h_c)+2\times 150 \tag{6-11}$$

式中 l_1——首跨轴线至轴线长度；

l_2——第二跨轴线至轴线长度；

h_b——梁高；

h_c——柱宽。

6.1.3.4 基础梁拉筋翻样

$$梁侧面拉筋根数=侧面筋道数\ n\times\left(\frac{l_n-50\times 2}{2\times 非加密区间距}+1\right) \tag{6-12}$$

$$梁侧面拉筋长度=(梁宽\ b-保护层厚度\ c\times 2)+4d+2\times 11.9d \tag{6-13}$$

6.1.3.5 基础梁箍筋翻样

箍筋根数：

$$根数1+根数2+\{[梁净长-2\times 50-(根数1-1)\times 间距1-(根数2-1)\times 间距2]\}/间距3-1 \tag{6-14}$$

当设计未标注加密箍筋范围时

$$箍筋加密区长度\ L_1=\max(1.5\times h_b,500) \tag{6-15}$$

$$箍筋根数=2\times[(L_1-50)/加密区间距+1]+\Sigma(梁宽-2\times 50)/加密区间距-1+(l_n-2L_1)/非加密区间距-1 \tag{6-16}$$

为方便计算，箍筋与拉筋弯钩平直段长度按10d计算。实际钢筋预算与下料时应根据箍筋直径和构件是否抗震而定。

$$箍筋预算长度=(b+h)\times 2-8c+2\times 11.9d+8d \quad (6\text{-}17)$$

$$箍筋下料长度=(b+h)\times 2-8c+2\times 11.9d+8d-3\times 1.75d \quad (6\text{-}18)$$

$$内箍预算长度=\{[(b-2c-D)/n-1]\times j+D\}\times 2+2\times(h-c)+2\times 11.9d+8d \quad (6\text{-}19)$$

$$内箍下料长度=\{[(b-2c-D)/n-1]\times j+D\}\times 2+2\times(h-c)+2\times 11.9d+8d-3\times 1.75d \quad (6\text{-}20)$$

式中 b—— 梁宽度；

c—— 梁侧保护层厚度；

D—— 梁纵筋直径；

n—— 梁箍筋肢数；

j—— 梁内箍包含的主筋孔数；

d—— 梁箍筋直径。

6.1.3.6 基础梁附加箍筋翻样

附加箍筋间距 $8d$（d 是箍筋直径）且不大于梁正常箍筋间距。

附加箍筋根数若设计注明则按设计，若设计只注明间距而没注写具体数量则按平法构造，计算如下：

$$附加箍筋根数=2\times(次梁宽度/附加箍筋间距+1) \quad (6\text{-}21)$$

6.1.3.7 基础梁附加吊筋翻样

$$附加吊筋长度=次梁宽+2\times 50+2\times(主梁高-保护层厚度)/\sin 45^\circ(60^\circ)+2\times 20d \quad (6\text{-}22)$$

6.1.3.8 变截面基础梁钢筋算法

梁变截面包括几种情况：上平下不平、下平上不平、上下均不平、左平右不平、右平左不平、左右无不平。

当基础梁下部有高差时，低跨的基础梁必须做成 45°或者 60°梁底台阶或者斜坡。

当基础梁有高差时，不能贯通的纵筋必须相互锚固。

（1）当基础下平上不平时。低跨的基础梁上部纵筋伸入高跨内一个 l_a：

高跨梁上部第一排纵筋弯折长度＝高差值＋l_a　(6-23)

(2) 当基础上平下不平时

高跨基础梁下部纵筋伸入低跨梁＝l_a　(6-24)

低跨梁下部第一排纵筋斜弯折长度＝高差值/sin45°(60°)＋l_a

(6-25)

(3) 当基础梁上下均不平时。低跨的基础梁上部纵筋伸入高跨内一个 l_a：

高跨梁上部第一排纵筋弯折长度＝高差值＋l_a　(6-26)

高跨基础梁下部纵筋伸入低跨内长度＝l_a　(6-27)

低跨梁下部第一排纵筋斜弯折长度＝高差值/sin45°(60°)＋l_a

(6-28)

当支座两边基础梁宽不同或者梁不对齐时，将不能拉通的纵筋伸入支座对边后弯折 15d；

当支座两边纵筋根数不同时，可以将多出的纵筋伸入支座对边后弯折 15d。

6.1.3.9　基础梁侧腋钢筋算法

除了基础梁比柱宽且完全形成梁包柱的情形外，基础梁必须加腋，加腋钢筋直径不小于 12mm 并且不小于柱箍筋直径，间距同柱箍筋间距。在加腋筋内侧梁高位置布置分布筋ϕ8@200。

加腋纵筋长度＝$\sum$侧腋边净长＋2l_a　(6-29)

6.1.3.10　基础梁竖向加腋钢筋算法

加腋上部斜纵筋根数＝梁下部纵筋根数－1　(6-30)

且不少于两根，并插空放置。其箍筋与梁端部箍筋相同。

箍筋根数＝2×(1.5h_b/加密区间距)＋(l_n－3h_b－2c_1)/非加密区间距－1　(6-31)

加腋区箍筋根数＝(c_1－50)/箍筋加密区间距＋1　(6-32)

加腋区箍筋理论长度＝2b＋2×(2h＋c_2)－8c＋2×11.9d＋8d

(6-33)

加腋区箍筋下料长度＝2b＋2×(2h＋c_2)－8c＋2×11.9d＋8d－3×1.75d　(6-34)

$$加腋区箍筋最长预算长度=2\times(b+h+c_2)-8c+2\times11.9d+8d \tag{6-35}$$

$$加腋区箍筋最长下料长度=2\times(b+h+c_2)-8c+2\times11.9d+8d-3\times1.75d \tag{6-36}$$

$$加腋区箍筋最短预算长度=2\times(b+h)-8c+2\times11.9d+8d \tag{6-37}$$

$$加腋区箍筋最短下料长度=2\times(b+h)-8c+2\times11.9d+8d-3\times1.75d \tag{6-38}$$

加腋区箍筋总长缩尺量差=(加腋区箍筋中心线最长长度－加腋区箍筋中心线最短长度)/加腋区箍筋数量－1　(6-39)

加腋区箍筋高度缩尺量差=0.5×(加腋区箍筋中心线最长长度－加腋区箍筋中心线最短长度)/加腋区箍筋数量－1　(6-40)

$$加腋纵筋长度=\sqrt{c_1^2+c_2^2}+2l_a \tag{6-41}$$

6.1.4 梁板式筏基钢筋翻样方法

梁板式筏基相当于有梁板，是基础梁与筏板组合基础。基础底板计算时与基础梁、基坑是关联构件，它们之间存在着相互扣减关系，基础底板布至基础梁边，基础底板的上部纵筋伸到基坑洞侧、向下弯折至基坑内一个锚固。基础底板下部钢筋伸入基坑内一个锚固。同时基坑底部钢筋须锚入基础底板内。当有两个或者两个以上大小高度不同的基坑相连时，它们之间也存在着复杂的扣减关系。

(1) 端部无外伸时

底部贯通筋长度=筏板长度－2×保护层厚度+弯折长度 $2\times15d$　(6-42)

即使底部锚固区水平段长度满足不小于 $0.4l_a$ 时，底部纵筋也必须要伸至基础梁箍筋内侧。

上部贯通筋长度=筏板净跨长+max($12d$，$0.5h_c$)　(6-43)

（2）端部外伸时

底部贯通筋长度＝筏板长度－2×保护层厚度＋弯折长度 （6-44）

上部贯通筋长度＝筏板长度－2×保护层厚度＋弯折长度 （6-45）

弯折长度算法如下。

① 第一种弯钩交错封边时

弯折长度＝筏板高度/2－保护层厚度＋75 （6-46）

② 第二种U形封边构造时

弯折长度＝$12d$ （6-47）

U形封边长度＝筏板高度－2×保护层厚度＋$12d$＋$12d$ （6-48）

③ 第三种无封边构造时

弯折长度＝$12d$ （6-49）

中层钢筋网片长度＝筏板长度－2×保护层厚度＋2×$12d$ （6-50）

（3）梁板式筏形基础平板变截面钢筋翻样。筏板变截面包括几种情况：上平下不平，下平上不平，上下均不平。

当筏板下部有高差时，低跨的筏板必须做成45°或者60°梁底台阶或者斜坡。

当筏板梁有高差时，不能贯通的纵筋必须相互锚固。

① 当基础筏板下平上不平时

低跨筏板上部纵筋伸入基础梁内长度＝$\max(12d, 0.5h_b)$ （6-51）

高跨筏板上部纵筋伸入基础梁内长度＝$\max(12d, 0.5h_b)$ （6-52）

② 当基础上平下不平时

高跨基础筏板下部纵筋伸入高跨内长度＝l_a （6-53）

低跨基础筏板下部纵筋斜弯折长度＝高差值/sin45°(60°)＋l_a （6-54）

③ 当基础筏板上下均不平时

低跨基础筏板上部纵筋伸入基础主梁内 $\max(12d, 0.5h_b)$ (6-55)

高跨基础筏板上部纵筋伸入基础主梁内 $\max(12d, 0.5h_b)$ (6-56)

高跨的基础筏板下部纵筋伸入高跨内长度 $= l_a$ (6-57)

低跨的基础筏板下部纵筋斜弯折长度 $=$ 高差值$/\sin 45°(60°) + l_a$ (6-58)

6.2 条形基础钢筋翻样

6.2.1 条形基础钢筋识读

6.2.1.1 条形基础平法施工图的表示方法

(1) 条形基础平法施工图，有平面注写与截面注写两种表达方式，设计者可根据具体工程情况选择一种，或将两种方式相结合进行条形基础的施工图设计。

(2) 当绘制条形基础平面布置图时，应将条形基础平面与基础所支撑的上部结构的柱、墙一起绘制。当基础底面标高不同时，需注明与基础底面基准标高不同之处的范围和标高。

(3) 当梁板式基础梁中心或板式条形基础板中心与建筑定位轴线不重合时，应标注其定位尺寸；对于编号相同的条形基础，可仅选择一个进行标注。

(4) 条形基础整体上可分为两类。

① 梁板式条形基础。该类条形基础适用于钢筋混凝土框架结构、框架-剪力墙结构、部分框支剪力墙结构和钢结构。平法施工图将梁板式条形基础分解为基础梁和条形基础底板分别进行表达。

② 板式条形基础。该类条形基础适用于钢筋混凝土剪力墙结构和砌体结构。平法施工图仅表达条形基础底板。

6.2.1.2 条形基础编号

条形基础编号分为基础梁和条形基础底板编号，按表 6-2 的规定。

表 6-2 条形基础梁及底板编号

类型		代号	序号	跨数及有无外伸
基础梁		JL	××	(××)端部无外伸 (××A)一端有外伸 (××B)两端有外伸
条形基础底板	坡形	TJB_P	××	
	阶形	TJB_J	××	

注：条形基础通常采用坡形截面或单阶形截面。

6.2.1.3 基础梁的平面注写方式

基础梁 JL 的平面注写方式分集中标注和原位标注两部分内容。当集中标注的某项数值不适用于基础梁的某部位时，则将该数值采用原位标注，施工时，原位标注优先。

基础梁的集中标注内容为：基础梁编号、截面尺寸、配筋三项必注内容，以及基础梁底面标高（与基础底面基准标高不同时）和必要的文字注解两项选注内容。具体规定如下。

① 注写基础梁编号（必注内容），见表 6-2。

② 注写基础梁截面尺寸（必注内容）。注写 $b \times h$，表示梁截面宽度与高度。当为竖向加腋梁时，用 $b \times h$ Y$c_1 \times c_2$表示，其中c_1为腋长，c_2为腋高。

③ 注写基础梁配筋（必注内容）

a. 注写基础梁箍筋

ⅰ. 当具体设计仅采用一种箍筋间距时，注写钢筋级别、直径、间距与肢数（箍筋肢数写在括号内，下同）。

ⅱ. 当具体设计采用两种箍筋时，用“/”分隔不同箍筋，按照从基础梁两端向跨中的顺序注写。先注写第 1 段箍筋（在前面加注箍筋道数），在斜线后再注写第 2 段箍筋（不再加注箍筋道数）。

施工时应注意：两向基础梁相交的柱下区域，应有一向截面较高的基础梁按梁端箍筋贯通设置；当两向基础梁高度相同时，任选一向基础梁箍筋贯通设置。

b. 注写基础梁底部、顶部及侧面纵向钢筋

ⅰ. 以 B 打头，注写梁底部贯通纵筋（不应少于梁底部受力钢筋总截面面积的 1/3）。当跨中所注根数少于箍筋肢数时，需要在跨中增设梁底部架立筋以固定箍筋，采用“＋”将贯通纵筋与架立筋相连，架立筋注写在加号后面的括号内。

ⅱ. 以 T 打头，注写梁顶部贯通纵筋。注写时用分号“;”将底部与顶部贯通纵筋分隔开。

ⅲ. 当梁底部或顶部贯通纵筋多于一排时，用“/”将各排纵筋自上而下分开。

ⅳ. 以大写字母 G 打头注写梁两侧面对称设置的纵向构造钢筋的总配筋值（当梁腹板净高 h_w 不小于 450mm 时，根据需要配置）。

当需要配置抗扭纵向钢筋时，梁两个侧面设置的抗扭纵向钢筋以 N 打头。

注：1. 当为梁侧面构造钢筋时，其搭接与锚固长度可取为 $15d$。

2. 当为梁侧面受扭纵向钢筋时，其锚固长度为 l_a，搭接长度为 l_l；其锚固方式同基础梁上部纵筋。

④ 注写基础梁底面标高（选注内容）。当条形基础的底面标高与基础底面基准标高不同时，将条形基础底面标高注写在“( )”内。

⑤ 必要的文字注解（选注内容）。当基础梁的设计有特殊要求时，宜增加必要的文字注解。

6.2.1.4 基础梁 JL 的原位标注规定

（1）基础梁支座的底部纵筋，系指包含贯通纵筋与非贯通纵筋在内的所有纵筋：

① 当底部纵筋多于一排时，用“/”将各排纵筋自上而下分开。

② 当同排纵筋有两种直径时，用“＋”将两种直径的纵筋相连。

③ 当梁支座两边的底部纵筋配置不同时，需在支座两边分别标注；当梁支座两边的底部纵筋相同时，可仅在支座的一边标注。

④ 当支座底部全部纵筋与集中注写过的底部贯通纵筋相同时，

可不再重复做原位标注。

⑤ 竖向加腋梁加腋部位钢筋，需在设置加腋的支座处以 Y 打头注写在括号内。

设计时应注意：对于底部一平梁的支座两边配筋值不同的底部非贯通纵筋（“底部一平”为“梁底部在同一个平面上”的缩略词），应先按较小一边的配筋值选配相同直径的纵筋贯穿支座，再将较大一边的配筋差值选配适当直径的钢筋锚入支座，避免造成支座两边大部分钢筋直径不相同的不合理配置结果。

施工及预算方面应注意：当底部贯通纵筋经原位注写修正，出现两种不同配置的底部贯通纵筋时，应在两毗邻跨中配置较小一跨的跨中连接区域进行连接（即配置较大一跨的底部贯通纵筋需伸出至毗邻跨的跨中连接区域。具体位置见标准构造详图）。

（2）原位注写基础梁的附加箍筋或（反扣）吊筋。当两向基础梁十字交叉，但交叉位置无柱时，应根据需要设置附加箍筋或（反扣）吊筋。

将附加箍筋或（反扣）吊筋直接画在平面图中条形基础主梁上，原位直接引注总配筋值（附加箍筋的肢数注在括号内）。当多数附加箍筋或（反扣）吊筋相同时，可在条形基础平法施工图上统一注明。少数与统一注明值不同时，再原位直接引注。

施工时应注意：附加箍筋或（反扣）吊筋的几何尺寸应按照标准构造详图，结合其所在位置的主梁和次梁的截面尺寸确定。

（3）原位注写基础梁外伸部位的变截面高度尺寸。当基础梁外伸部位采用变截面高度时，在该部位原位注写 $b\times h_1/h_2$，h_1 为根部截面高度，h_2 为尽端截面高度。

（4）原位注写修正内容。当在基础梁上集中标注的某项内容（如截面尺寸、箍筋、底部与顶部贯通纵筋或架立筋、梁侧面纵向构造钢筋、梁底面标高等）不适用于某跨或某外伸部位时，将其修正内容原位标注在该跨或该外伸部位，施工时原位标注取值优先。

当在多跨基础梁的集中标注中已注明竖向加腋，而该梁某跨根部不需要竖向加腋时，则应在该跨原位标注无 $Yc_1 \times c_2$ 的 $b \times h$，以修正集中标注中的竖向加腋要求。

6.2.1.5 基础梁底部非贯通纵筋的长度规定

(1) 为方便施工，对于基础梁柱下区域底部非贯通纵筋的伸出长度 a_0 值，当配置不多于两排时，在标准构造详图中统一取值为自柱边向跨内伸出至 $l_n/3$ 位置；当非贯通纵筋配置多于两排时，从第三排起向跨内的伸出长度值应由设计者注明。l_n 的取值规定为：边跨边支座的底部非贯通纵筋，l_n 取本边跨的净跨长度值；对于中间支座的底部非贯通纵筋，l_n 取支座两边较大一跨的净跨长度值。

(2) 基础梁外伸部位底部纵筋的伸出长度 a_0 值，在标准构造详图中统一取值为：第一排伸出至梁端头后，全部上弯 $12d$ 或 $15d$；其他排钢筋伸至梁端头后截断。

6.2.1.6 条形基础底板的平面注写方式

条形基础底板 TJB_P、TJB_J 的平面注写方式，分集中标注和原位标注两部分内容。

条形基础底板的集中标注内容为：条形基础底板编号、截面竖向尺寸、配筋三项必注内容，以及条形基础底板底面标高（与基础底面基准标高不同时）、必要的文字注解两项选注内容。

素混凝土条形基础底板的集中标注，除无底板配筋内容外与钢筋混凝土条形基础底板相同。具体规定如下。

① 注写条形基础底板编号（必注内容），见表 6-2。条形基础底板向两侧的截面形状通常有两种：

a. 阶形截面，编号加下标“J”，如 TJB_J××（××）；

b. 坡形截面，编号加下标“P”，如 TJB_P××（××）。

② 注写条形基础底板截面竖向尺寸（必注内容）。注写 $h_1/h_2/\cdots$，具体标注如下。

a. 当条形基础底板为坡形截面时，注写为 h_1/h_2，见图 6-16。

b. 当条形基础底板为阶形截面时，见图 6-17。

图 6-17 为单阶，当为多阶时各阶尺寸自下而上以“/”分割顺写。

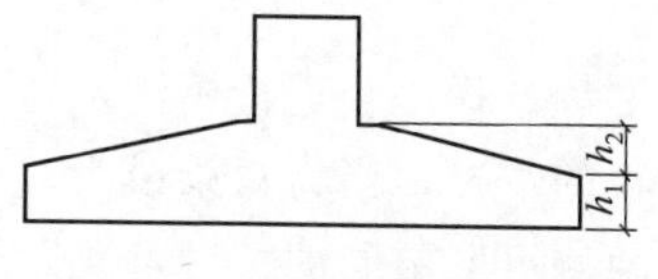

图 6-16 条形基础底板坡形截面竖向尺寸

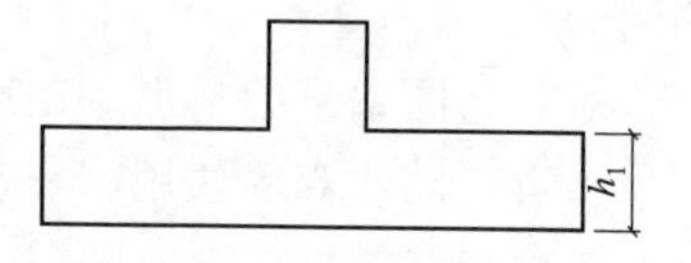

图 6-17 条形基础底板阶形截面竖向尺寸

③ 注写条形基础底板底部及顶部配筋（必注内容）。以 B 打头，注写条形基础底板底部的横向受力钢筋；以 T 打头，注写条形基础底板顶部的横向受力钢筋；注写时，用“/”分隔条形基础底板的横向受力钢筋与纵向分布钢筋。

④ 注写条形基础底板底面标高（选注内容）。当条形基础底板的底面标高与条形基础底面基准标高不同时，应将条形基础底板底面标高注写在“（ ）”内。

⑤ 必要的文字注解（选注内容）。当条形基础底板有特殊要求时，应增加必要的文字注解。

条形基础底板的原位标注规定如下。

① 原位注写条形基础底板的平面尺寸。原位标注 b、b_i，$i=1$，2，…。其中，b 为基础底板总宽度，b_i 为基础底板台阶的宽度。当基础底板采用对称于基础梁的坡形截面或单阶形截面时，b_i 可不注，见图 6-18。

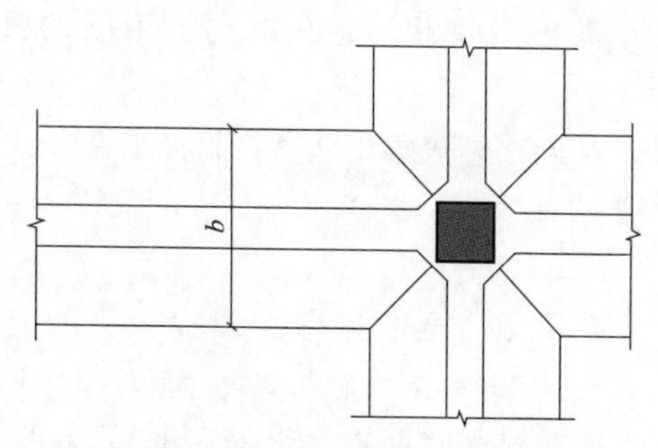

图 6-18 条形基础底板平面尺寸原位标注

素混凝土条形基础底板的原位标注与钢筋混凝土条形基础底板

相同。

对于相同编号的条形基础底板，可仅选择一个进行标注。

条形基础或双墙共用同一基础底板的情况，当为双梁或为双墙且梁或墙荷载差别较大时，条形基础两侧可取不同的宽度，实际宽度以原位标注的基础底板两侧非对称的不同台阶宽度 b_i 进行表达。

② 原位注写修正内容。当在条形基础底板上集中标注的某项内容，如底板截面竖向尺寸、底板配筋、底板底面标高等，不适用于条形基础底板的某跨或某外伸部分时，可将其修正内容原位标注在该跨或该外伸部位，施工时原位标注取值优先。

6.2.1.7 条形基础的截面注写方式

条形基础的截面注写方式，又可分为截面标注和列表注写（结合截面示意图）两种表达方式。

采用截面注写方式，应在基础平面布置图上对所有条形基础进行编号，见表 6-2。

对条形基础进行截面标注的内容和形式，与传统“单构件正投影表示方法”基本相同。对于已在基础平面布置图上原位标注清楚的该条形基础梁和条形基础底板的水平尺寸，可不在截面图上重复表达。

对多个条形基础可采用列表注写（结合截面示意图）的方式进行集中表达。表中内容为条形基础截面的几何数据和配筋，截面示意图上应标注与表中栏目相对应的代号。列表的具体内容规定如下。

① 基础梁。基础梁列表集中注写栏目如下。

a. 编号：注写 JL××（××）、JL××（××A）或 JL××（××B）。

b. 几何尺寸：梁截面宽度与高度 $b \times h$。当为竖向加腋梁时，注写 $b \times h$ Y$c_1 \times c_2$。其中 c_1 为腋长，c_2 为腋高。

c. 配筋：注写基础梁底部贯通纵筋＋非贯通纵筋、顶部贯通纵筋、箍筋。当设计为两种箍筋时，箍筋注写为：第一种箍筋/第二种箍筋，第一种箍筋为梁端部箍筋，注写内容包括箍筋的箍数、钢筋级别、直径、间距与肢数。

基础梁列表格式见表6-3。

表6-3 基础梁几何尺寸和配筋

基础梁编号/截面号	截面几何尺寸		配筋	
	$b\times h$	竖向加腋 $c_1\times c_2$	底部贯通纵筋+非贯通纵筋，顶部贯通纵筋	第一种箍筋/第二种箍筋

注：表中可根据实际情况增加栏目，如增加基础梁底面标高等。

② 条形基础底板。条形基础底板列表集中注写栏目如下。

a. 编号：坡形截面编号为 TJB_P××（××）、TJB_P××（××A）或 TJB_P××（××B），阶形截面编号为 TJB_J××（××）、TJB_J××（××A）或 TJB_J××（××B）。

b. 几何尺寸：水平尺寸 b、b_i，$i=1$，2，…；竖向尺寸 h_1/h_2。

c. 配筋：B：ф××@×××/ф××@×××。

条形基础底板列表格式见表6-4。

表6-4 条形基础底板几何尺寸和配筋

基础底板编号/截面号	截面几何尺寸			底部配筋(B)	
	b	b_i	h_1/h_2	横向受力钢筋	纵向分布钢筋

注：表中可根据实际情况增加栏目，如增加上部配筋、基础底板底面标高（与基础底板底面基准标高不一致时）等。

6.2.2 条形基础梁钢筋翻样方法

6.2.2.1 基础梁纵筋

（1）当基础梁无外伸时

上部贯通筋长度＝梁长－2×保护层厚度＋2×12d （6-59）

下部贯通筋长度＝梁长－2×保护层厚度＋2×15d （6-60）

（2）当基础梁外伸时

上部贯通筋长度＝梁长－2×保护层厚度＋左弯折 $12d$＋右弯折 $12d$ （6-61）

上部第二排纵筋长度＝净跨长度＋$2l_a$ （6-62）

下部贯通筋长度＝梁长－2×保护层厚度＋左弯折 $12d$＋右弯折 $12d$ （6-63）

6.2.2.2 基础梁非贯通筋

（1）当基础梁无外伸时

下部端支座非贯通钢筋长度＝$0.5h_c+L_1/3+15d$ （6-64）

下部中间支座非贯通钢筋长度＝$l_0/3\times2$ （6-65）

其中，l_0为左跨与右跨之较大值。

（2）当基础梁外伸时

下部端支座非贯通钢筋长度＝外伸长度 $L+L_1/3+12d$ （6-66）

下部中间支座非贯通钢筋长度＝$l_0/3\times2$ （6-67）

6.2.2.3 基础梁侧面纵筋翻样

梁侧面筋根数＝2×[（梁高 h－保护层厚度 c－筏板厚 b）/梁侧面筋间距－1] （6-68）

梁侧面构造纵筋长度＝梁净跨长 $l_{n1}+2\times15d$ （6-69）

6.2.2.4 基础梁架立筋翻样

当梁下部贯通筋的根数少于箍筋的肢数时，在梁的跨中 1/3 跨度范围内必须设置架立筋用来固定箍筋，架立筋与支座负筋搭接 150mm。

基础梁首跨架立筋长度＝$l_{n1}-l_0/3-\max(l_1/3,l_2/3)+2\times150$ （6-70）

基础梁中间跨架立筋长度＝$l_{n2}-\max(l_1/3,l_2/3)-\max(l_2/3,l_3/3)+2\times150$ （6-71）

式中 l_1——首跨轴线至轴线长度；

l_2——第二跨轴线至轴线长度；

l_3——第三跨轴线至轴线长度；

l_n——中间第 2 跨轴线至轴线长度。

6.2.2.5 基础梁拉筋翻样

梁侧面拉筋根数＝侧面筋道数 n×[(l_n－50×2)/(非加密区间距×2)＋1] (6-72)

梁侧面拉筋长度＝(梁宽 b－保护层厚度 c×2)＋$4d$＋2×11.9d (6-73)

6.2.2.6 基础梁箍筋翻样

(1) 当设计有多种箍筋并注明范围或根数时

箍筋根数＝∑根数 1＋根数 2＋[梁净长－2×50－(根数 1－1)×间距 1－(根数 2－1)×间距 2]/间距 3－1 (6-74)

(2) 当设计未注明加密箍筋范围时

箍筋加密区长度 L_1＝max(1.5×h_b,500) (6-75)

箍筋根数＝2×[(L_1－50)/加密区间距＋1]＋∑(梁宽－2×50)/加密区间距－1＋(l_n－2L_1)/非加密区间距－1 (6-76)

基础梁箍筋贯通布置时节点区内箍筋按第一种箍筋增加设置，不计入总数。

箍筋预算长度＝(b＋h)×2－8c＋2×11.9d＋8d (6-77)

箍筋下料长度＝(b＋h)×2－8c＋2×11.9d＋8d－3×1.75d (6-78)

内箍预算长度＝{[(b－2c－D)/n－1]×j＋d}×2＋2×(h－c)＋2×11.9d＋8d (6-79)

内箍下料长度＝{[(b－2c－D)/n－1]×j＋d}×2＋2×(h－c)＋2×11.9d＋8d－3×1.75d (6-80)

式中 b——梁宽度；

c——梁侧保护层厚度；

D——梁纵筋直径；

n——梁箍筋肢数；

j——内箍所包含的主箍孔数；

d——梁箍筋直径。

6.2.2.7 变截面基础梁钢筋翻样

梁变截面包括几种情况：上平下不平，下平上不平，上下均不平，左平右不平，右平左不平，左右无不平。

当基础梁下部有高差时低跨的基础梁必须做成45°或者60°梁底台阶或者斜坡。

当基础梁有高差时不能贯通的纵筋必须相互锚固。

当基础下平上不平时：低跨的基础梁上部纵筋伸入高跨内一个l_a；

高跨梁上部第一排纵筋弯折长度=高差值+l_a (6-81)

当基础上平下不平时：

高跨的基础梁下部纵筋伸入高跨内长度=l_a+高差值 (6-82)

低跨梁下部第一排纵筋斜弯折长度=高差值/sin45°(60°)+l_a (6-83)

当基础梁上下均不平时，低跨的基础梁上部纵筋伸入高跨内一个l_a：

高跨梁上部第一排纵筋弯折长度=高差值+l_a (6-84)

高跨的基础梁下部纵筋伸入高跨内长度=l_a+高差值 (6-85)

低跨梁下部第一排纵筋斜弯折长度=高差值/sin45°(60°)+l_a (6-86)

当支座两边基础梁宽不同或者梁不对齐时，将不能拉通的纵筋伸入支座对边后弯折15d，当支座两边纵筋根数不同时，可以将多出的纵筋伸入支座对边后弯折15d。

6.2.3 条形基础钢筋翻样方法

双梁或者双墙条基顶板尚需配置钢筋，锚固从梁内边缘起。

当独基底板X向或Y向宽度不小于2.5m时，钢筋长度可以减短10%，但是对偏心基础某边自中心至基础边缘不大于1.25m时，沿该方向钢筋长度=L−2×保护层厚度。条形基础边长小于

2500mm 时，不缩减。

T 形与十字形条形基础布进 1/4，L 形条形基础满布。

条形基础分布筋扣梁宽，离基础梁边 50mm 开始布置。

条形基础分布筋长度伸入与它垂直相交条形基础内 150mm。

进入底板交接处的受力钢筋与无交接底板时，端部第一根钢筋不减短。

条形基础端部钢筋长度＝边长－2×保护层厚度 (6-87)

条形基础缩减钢筋长度＝0.9×(边长－2×保护层厚度) (6-88)

6.3 独立基础钢筋翻样

6.3.1 独立基础钢筋识读

6.3.1.1 独立基础平法施工图的表示方法

独立基础平法施工图，有平面注写与截面注写两种表达方式，设计者可根据具体工程情况选择一种，或两种方式相结合进行独立基础的施工图设计。

当绘制独立基础平面布置图时，应将独立基础平面与基础所支撑的柱一起绘制。当设置基础联系梁时，可根据图面的疏密情况，将基础联系梁与基础平面布置图一起绘制，或将基础联系梁布置图单独绘制。

在独立基础平面布置图上应标注基础定位尺寸；当独立基础的柱中心线或杯口中心线与建筑轴线不重合时，应标注其定位尺寸。编号相同且定位尺寸相同的基础，可仅选择一个进行标注。

6.3.1.2 独立基础编号

各种独立基础编号按表 6-5 规定。

表 6-5　独立基础编号

类型	基础底板截面形状	代号	序号
普通独立基础	阶形	DJ_J	××
	坡形	DJ_P	××
杯口独立基础	阶形	BJ_J	××
	坡形	BJ_P	××

设计时应注意：当独立基础截面形状为坡形时，其坡面应采用能保证混凝土浇筑、振捣密实的较缓坡度；当采用较陡坡度时，应要求施工采用在基础顶部坡面加模板等措施，以确保独立基础的坡面浇筑成型、振捣密实。

6.3.1.3　独立基础的平面注写方式

（1）独立基础的平面注写方式。分为集中标注和原位标注两部分内容。

（2）普通独立基础和杯口独立基础的集中标注。系在基础平面图上集中引注：基础编号、截面竖向尺寸、配筋三项必注内容，以及基础底面标高（与基础底面基准标高不同时）和必要的文字注解两项选注内容。

素混凝土普通独立基础的集中标注，除无基础配筋内容外，均与钢筋混凝土普通独立基础相同。

独立基础集中标注的具体内容，规定如下。

① 注写独立基础编号（必注内容），见表 6-5。

独立基础底板的截面形状通常有两种：

a. 阶形截面编号加下标“J”，如 DJ_J××、BJ_J××；

b. 坡形截面编号加下标“P”，如 DJ_P××、BJ_P××。

② 注写独立基础截面竖向尺寸（必注内容）。下面按普通独立基础和杯口独立基础分别进行说明。

a. 普通独立基础。注写 $h_1/h_2/$……，具体标注如下。

ⅰ. 当基础为阶形截面时，如图 6-19 所示。

图 6-19 为三阶，当为更多阶时，各阶尺寸自下而上用“/”分隔

顺写。

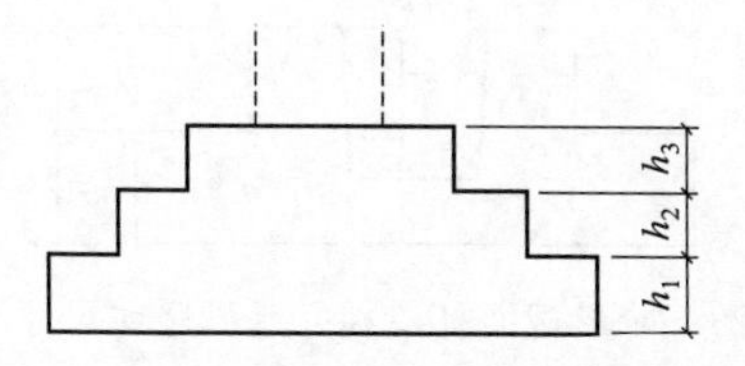

图 6-19　阶形截面普通独立基础竖向尺寸

当基础为单阶时，其竖向尺寸仅为一个，且为基础总厚度，见图 6-20。

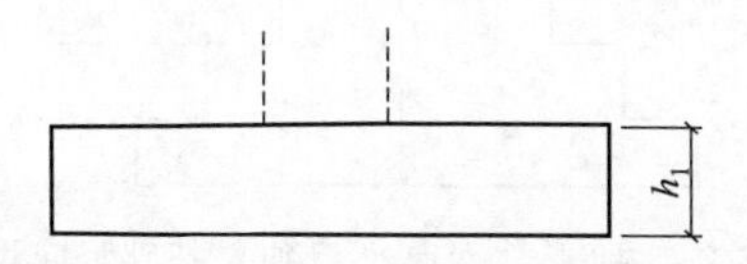

图 6-20　单阶普通独立基础竖向尺寸

ⅱ. 当基础为坡形截面时，注写为 h_1/h_2，见图 6-21。

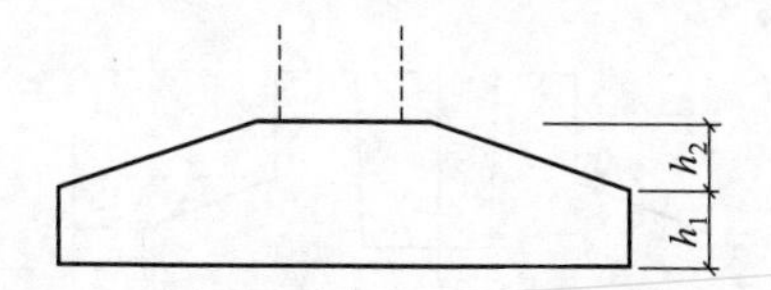

图 6-21　坡形截面普通独立基础竖向尺寸

b. 杯口独立基础

ⅰ. 当基础为阶形截面时，其竖向尺寸分两组，一组表达杯口内，另一组表达杯口外，两组尺寸以“,”分隔，注写为：$a_0/a_1/$，$h_1/h_2/\cdots$，其含义见图 6-22～图 6-24，其中杯口深度 a_0 为柱插入杯口的尺寸加 50mm。

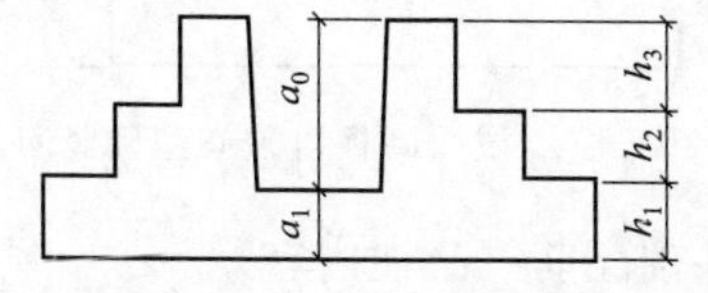

图 6-22　阶形截面杯口独立基础竖向尺寸（一）

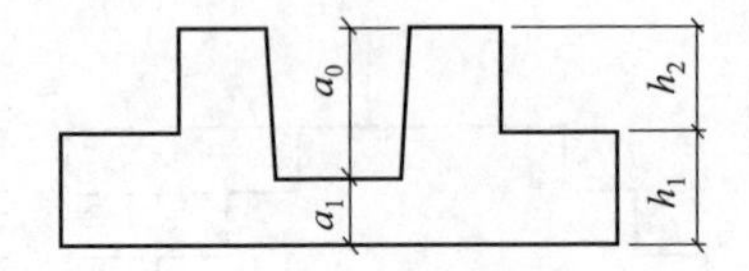

图 6-23　阶形截面杯口独立基础竖向尺寸（二）

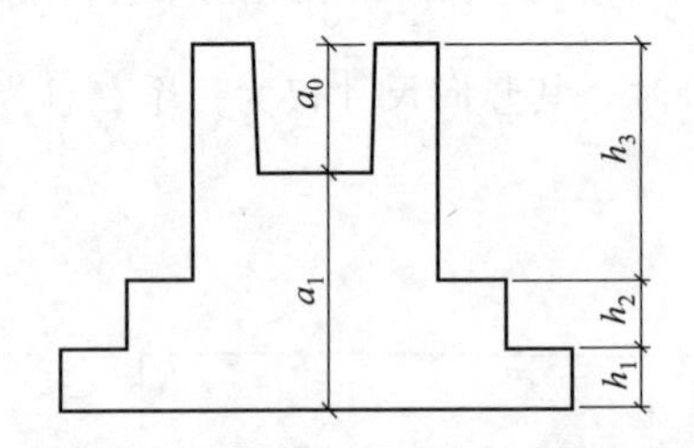

图 6-24　阶形截面高杯口独立基础竖向尺寸

ⅱ．当基础为坡形截面时，注写为：$a_0/a_1/$，$h_1/h_2/h_3/\cdots$，其含义见图 6-25 和图 6-26。

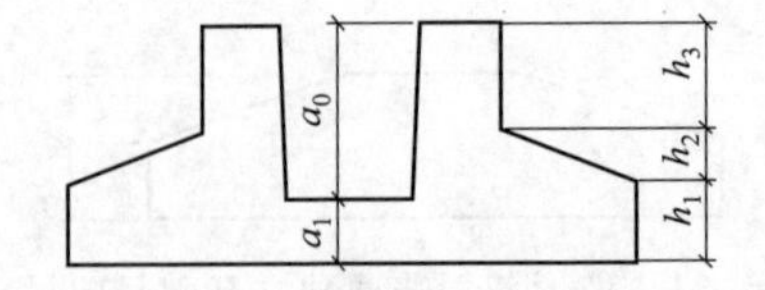

图 6-25　坡形截面杯口独立基础竖向尺寸

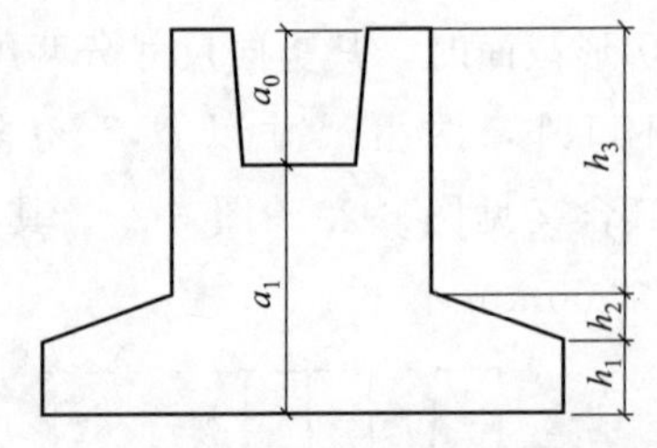

图 6-26　坡形截面高杯口独立基础竖向尺寸

③ 注写独立基础配筋（必注内容）

a. 注写独立基础底板配筋。普通独立基础和杯口独立基础的底部双向配筋注写规定如下。

ⅰ. 以 B 代表各种独立基础底板的底部配筋。

ⅱ. X 向配筋以 X 打头、Y 向配筋以 Y 打头注写；当两向配筋相同时，则以 X&Y 打头注写。

b. 注写杯口独立基础顶部焊接钢筋网。以 Sn 打头引注杯口顶部焊接钢筋网的各边钢筋。

当双杯口独立基础中间杯壁厚度小于 400mm 时，在中间杯壁中配置构造钢筋见相应标准构造详图，设计不注。

c. 注写高杯口独立基础的短柱配筋（亦适用于杯口独立基础杯壁有配筋的情况）。具体注写规定如下。

ⅰ. 以 O 代表短柱配筋。

ⅱ. 先注写杯壁外侧和短柱纵筋，再注写箍筋。注写为：角筋/长边中部筋/短边中部筋，箍筋（两种间距）；当短柱水平截面为正方形时，注写为：角筋/x 边中部筋/y 边中部筋，箍筋（两种间距，杯口范围内箍筋间距/短柱范围内箍筋间距）。

ⅲ. 对于双高杯口独立基础的短柱配筋，注写形式与单高杯口相同。当双高杯口独立基础中间杯壁厚度小于 400mm 时，在中间杯壁中配置构造钢筋见相应标准构造详图，设计不注。

d. 注写普通独立基础带短柱竖向尺寸及钢筋。当独立基础埋深较大，设置短柱时，短柱配筋应注写在独立基础中。具体注写规定如下。

ⅰ. 以 DZ 代表普通独立基础短柱。

ⅱ. 先注写短柱纵筋，再注写箍筋，最后注写短柱标高范围。注写为：角筋/长边中部筋/短边中部筋，箍筋，短柱标高范围；当短柱水平截面为正方形时，注写为：角筋/x 边中部筋/y 边中部筋，箍筋，短柱标高范围。

④ 注写基础底面标高（选注内容）。当独立基础的底面标高与基础底面基准标高不同时，应将独立基础底面标高直接注写在“（ ）”内。

⑤ 必要的文字注解（选注内容）。当独立基础的设计有特殊要

求时，宜增加必要的文字注解。例如，基础底板配筋长度是否采用减短方式等，可在该项内注明。

(3) 钢筋混凝土和素混凝土独立基础的原位标注，系在基础平面布置图上标注独立基础的平面尺寸。对相同编号的基础，可选择一个进行原位标注；当平面图形较小时，可将所选定进行原位标注的基础按比例适当放大；其他相同编号者仅注编号。

原位标注的具体内容规定如下。

① 普通独立基础。原位标注 x、y，x_c、y_c（或圆柱直径 d_c），x_i、y_i，$i=1, 2, 3, \cdots$。其中，x、y 为普通独立基础两向边长，x_c、y_c 为柱截面尺寸，x_i、y_i 为阶宽或坡形平面尺寸（当设置短柱时，尚应标注短柱的截面尺寸）。

对称阶形截面普通独立基础的原位标注，见图 6-27；非对称阶形截面普通独立基础的原位标注，见图 6-28；设置短柱独立基础的原位标注，见图 6-29。

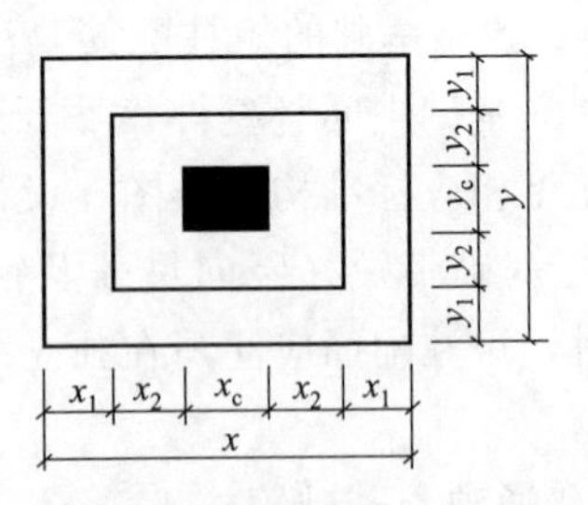

图 6-27　对称阶形截面普通独立基础原位标注

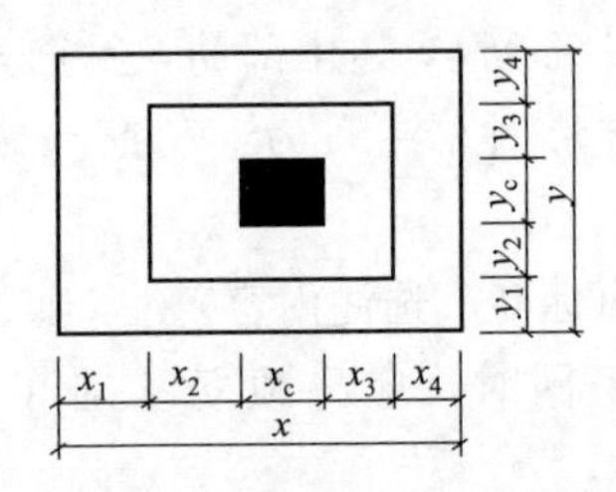

图 6-28　非对称阶形截面普通独立基础原位标注

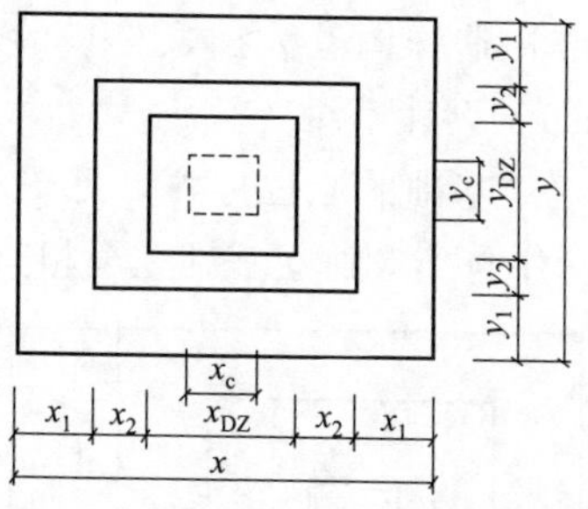

图 6-29 设置短柱独立基础的原位标注

对称坡形截面普通独立基础的原位标注，见图 6-30；非对称坡形截面普通独立基础的原位标注，见图 6-31。

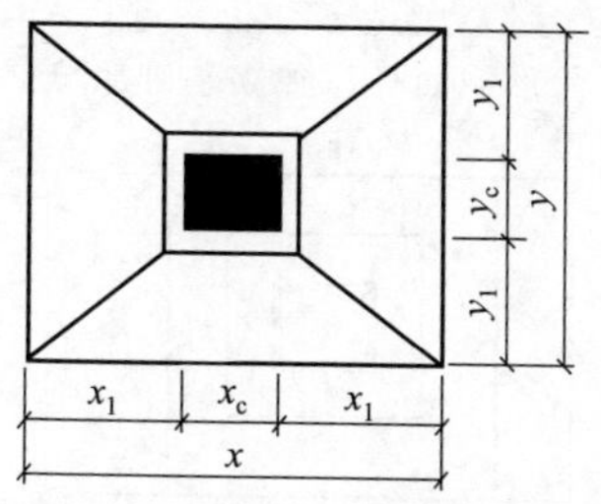

图 6-30 对称坡形截面普通独立基础原位标注

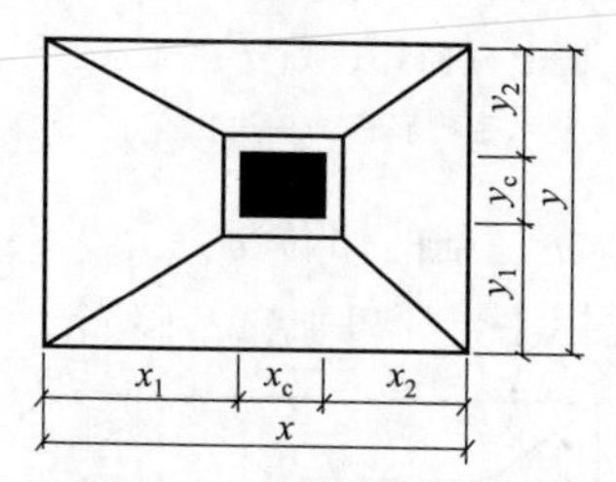

图 6-31 非对称坡形截面普通独立基础原位标注

② 杯口独立基础。原位标注 x、y，x_u、y_u，t_i，x_i、y_i，$i=1, 2, 3, \cdots$。其中，x、y 为杯口独立基础两向边长，x_u、y_u 为杯口上口尺寸，t_i 为杯壁上口厚度，下口厚度为 t_i+25mm，x_i、y_i 为阶宽或坡形截面尺寸。

杯口上口尺寸 x_u、y_u，按柱截面边长两侧双向各加 75mm；

杯口下口尺寸按标准构造详图（为插入杯口的相应柱截面边长尺寸，每边各加 50mm），设计不注。

阶形截面杯口独立基础的原位标注，见图 6-32 和图 6-33。高杯口独立基础原位标注与杯口独立基础完全相同。

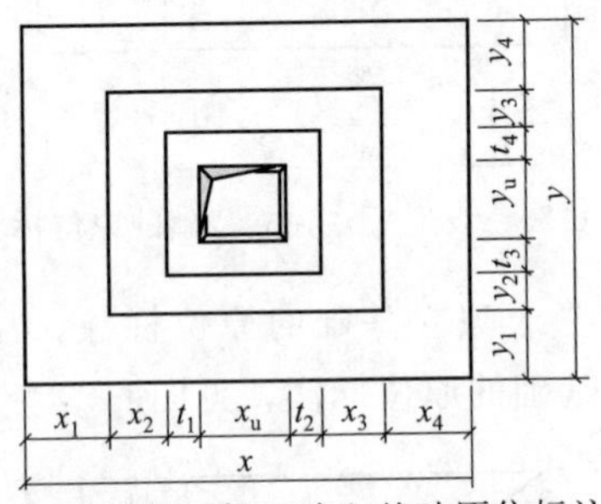

图 6-32　阶形截面杯口独立基础原位标注（一）

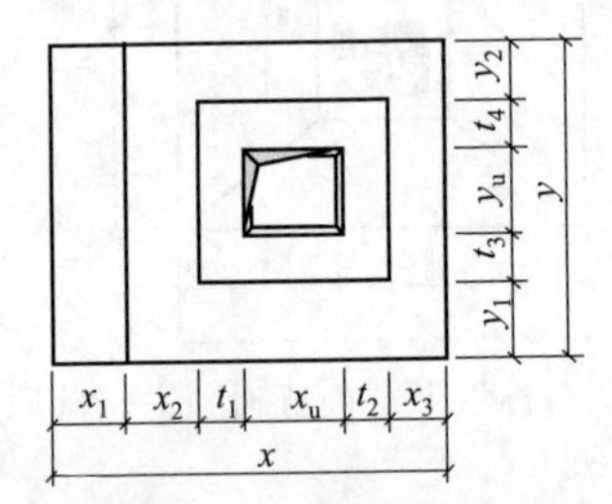

图 6-33　阶形截面杯口独立基础原位标注（二）

注：本图所示基础底板的一边比其他三边多一阶。

坡形截面杯口独立基础的原位标注，见图 6-34 和图 6-35。高杯口独立基础的原位标注与杯口独立基础完全相同。

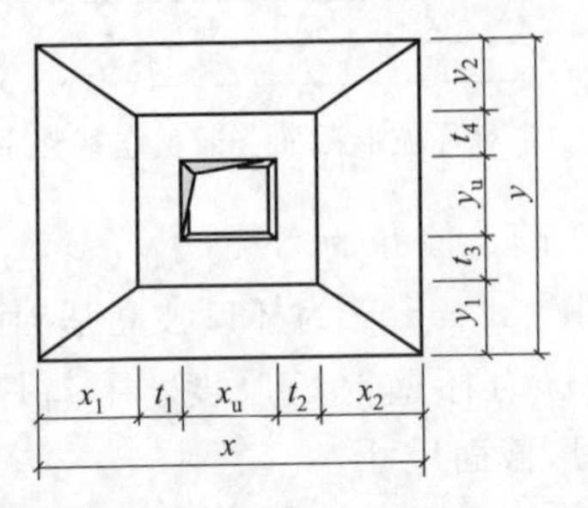

图 6-34　坡形截面杯口独立基础原位标注（一）

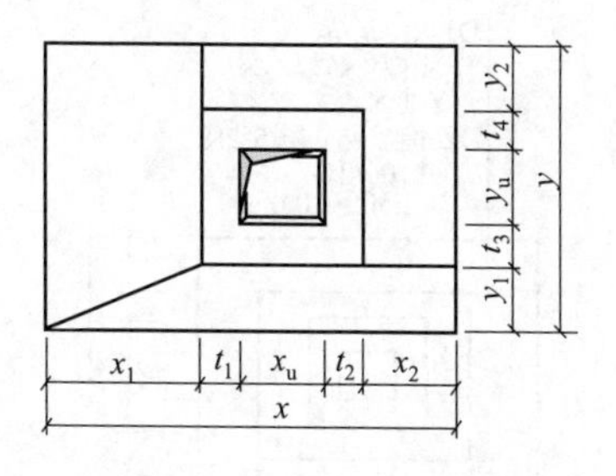

图 6-35　坡形截面杯口独立基础原位标注（二）

注：本图所示基础底板有两边不放坡。

设计时应注意：当设计为非对称坡形截面独立基础且基础底板的某边不放坡时，在原位放大绘制的基础平面图上，或在圈引出来放大绘制的基础平面图上，应按实际放坡情况绘制分坡线，见图 6-35。

（4）普通独立基础采用平面注写方式的集中标注和原位标注综合设计表达示意，见图 6-36。

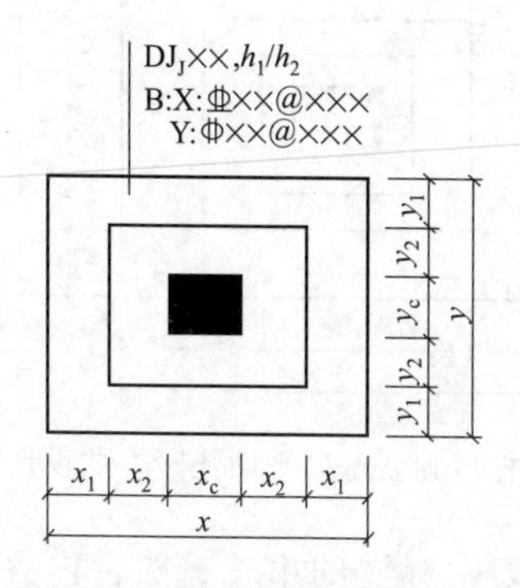

图 6-36　普通独立基础平面注写方式设计表达示意

带短柱独立基础采用平面注写方式的集中标注和原位标注综合设计表达示意，见图 6-37。

（5）杯口独立基础采用平面注写方式的集中标注和原位标注综合设计表达示意，见图 6-38。

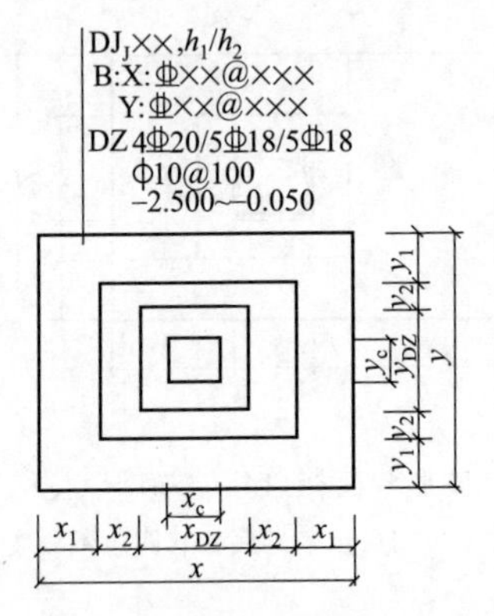

图 6-37　普通独立基础平面注写方式设计表达示意

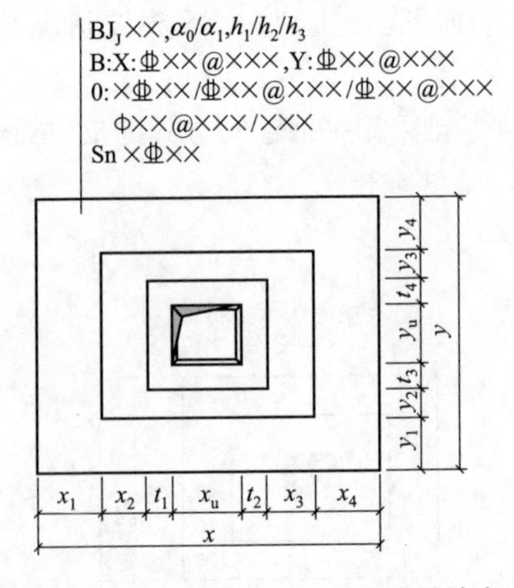

图 6-38　杯口独立基础平面注写方式设计表达示意

在图 6-38 中，集中标注的第三、四行内容，系表达高杯口独立基础短柱的竖向纵筋和横向纵筋；当为杯口独立基础时，集中标注通常为第一、二、五行的内容。

（6）独立基础通常为单柱独立基础，也可为多柱独立基础（双柱或四柱等）。多柱独立基础的编号、几何尺寸和配筋的标注方法与单柱独立基础相同。

当为双柱独立基础且柱距较小时，通常仅配置基础底部钢筋；当柱距较大时，除基础底部配筋外，尚需在两柱间配置基础顶部钢筋或设置基础梁；当为四柱独立基础时，通常可设置两道平行的基础梁，需要时可在两道基础梁之间配置基础顶部钢筋。

多柱独立基础顶部配筋和基础梁的注写方法规定如下。

① 注写双柱独立基础底板顶部配筋。双柱独立基础的顶部配筋，通常对称分布在双柱中心线两侧，注写为：双柱间纵向受力钢筋/分布钢筋。当纵向受力钢筋在基础底板顶面非满布时，应注明其总根数。

② 注写双柱独立基础的基础梁配筋。当双柱独立基础为基础底板与基础梁相结合时，注写基础梁的编号、几何尺寸和配筋。如JL××(1) 表示该基础梁为1跨，两端无外伸；JL××(1A) 表示该基础梁为1跨，一端有外伸；JL××(1B) 表示该基础梁为1跨，两端均有外伸。

通常情况下，双柱独立基础宜采用端部有外伸的基础梁，基础底板则采用受力明确、构造简单的单向受力配筋与分布筋。基础梁宽度宜比柱截面宽出不小于100mm（每边不小于50mm）。

基础梁的注写规定与条形基础的基础梁注写规定相同。注写示意图见图6-39。

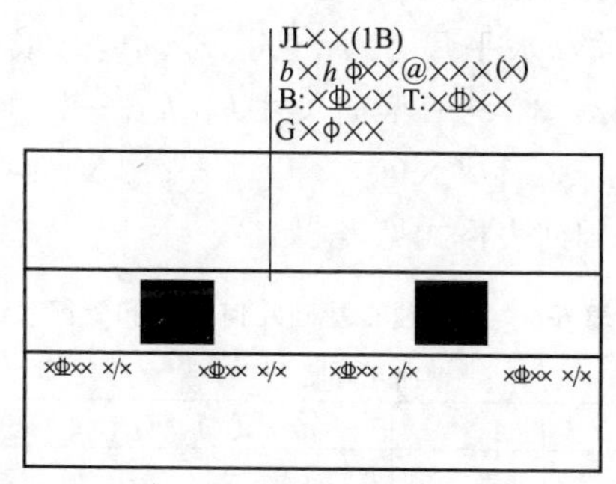

图6-39 双柱独立基础的基础梁配筋注写示意

③ 注写双柱独立基础的底板配筋。双柱独立基础底板配筋的注写，可以按条形基础底板的注写规定，也可以按独立基础底板的

注写规定。

④ 注写配置两道基础梁的四柱独立基础底板顶部配筋。当四柱独立基础已设置两道平行的基础梁时，根据内力需要可在双梁之间及梁的长度范围内配置基础顶部钢筋，注写为：梁间受力钢筋/分布钢筋。

平行设置两道基础梁的四柱独立基础底板配筋，也可按双梁条形基础底板配筋的注写规定。

6.3.1.4 独立基础的截面注写方式

(1) 独立基础的截面注写方式，又可分为截面标注和列表注写（结合截面示意图）两种表达方式。

采用截面注写方式，应在基础平面布置图上对所有基础进行编号。

(2) 对单个基础进行截面标注的内容和形式，与传统“单构件正投影表示方法”基本相同。对于已在基础平面布置图上原位标注清楚的该基础的平面几何尺寸，在截面图上可不再重复表达。

(3) 对多个同类基础，可采用列表注写（结合截面示意图）的方式进行集中表达。表中内容为基础截面的几何数据和配筋等，在截面示意图上应标注与表中栏目相对应的代号。列表的具体内容规定如下。

① 普通独立基础。普通独立基础列表集中注写栏目如下。

a. 编号：阶形截面编号为 DJ_J××，坡形截面编号 DJ_P××。

b. 几何尺寸：水平尺寸 x、y，x_c、y_c（或圆柱直径 d_c），x_i、y_i，$i=1, 2, 3, \cdots$；竖向尺寸 $h_1/h_2/\cdots$。

c. 配筋：B：X：⏀××@×××，Y：⏀××@×××。

普通独立基础列表格式见表 6-6。

表 6-6 普通独立基础几何尺寸和配筋表

基础编号/截面号	截面几何尺寸				底部配筋(B)	
	x、y	x_c、y_c	x_i、y_i	$h_1/h_2/\cdots\cdots$	X 向	Y 向

注：表中可根据实际情况增加栏目。例如：当基础底面标高与基础底面基准标高不同时，加注基础底面标高；当为双柱独立基础时，加注基础顶部配筋或基础梁几何尺寸和配筋；当设置短柱时增加短柱尺寸及配筋等。

② 杯口独立基础。杯口独立基础列表集中注写栏目如下。

a. 编号：阶形截面编号为 BJ_J××，坡形截面编号 BJ_P××。

b. 几何尺寸：水平尺寸 x、y，x_u、y_u，t_i，x_i、y_i，$i=1$，2,3,…；竖向尺寸 a_0、a_1、$h_1/h_2/h_3/\cdots$。

c. 配筋：B：X：ɸ××@×××，Y：ɸ××@×××，Sn×ɸ××，O：×ɸ××/ɸ××@×××/ɸ××@×××，ϕ××@×××/×××。

杯口独立基础列表格式见表 6-7。

表 6-7　杯口独立基础几何尺寸和配筋表

基础编号/截面号	截面几何尺寸				底部配筋(B)		杯口顶部钢筋网(Sn)	短柱配筋(O)	
	x、y	x_c、y_c	x_i、y_i	a_0、a_1，$h_1/h_2/h_3$……	X 向	Y 向		角筋/长边中部筋/短边中部筋	杯口壁箍筋/其他部位箍筋

注：1. 表中可根据实际情况增加栏目。如当基础底面标高与基础底面基准标高不同时，加注基础底面标高；或增加说明栏目等。

2. 短柱配筋适用于高杯口独立基础，并适用于杯口独立基石杯壁有配筋的情况。

6.3.2　独立基础构造

6.3.2.1　独立基础底板配筋构造要求

独立基础底板配筋如图 6-40 所示。

独立基础底板配筋构造适用于普通独立基础和杯口独立基础。几何尺寸和配筋按具体结构设计和本图构造确定。独立基础底板双向交叉钢筋长向设置在下，短向设置在上。

6.3.2.2　独立基础底板配筋长度减短 10%构造

关于独立基础底板配筋长度缩短 10%的规定：当独立基础底板长度≥2500mm 时，除外侧钢筋外，底板配筋长度可取相应方向底板长度的 0.9 倍，交错放置。当非对称独立基础底板长度≥2500mm，但该基础某侧从柱中心至基础底板边缘的距离<1250mm 时，钢筋在该侧不应减短。如图 6-41 所示。

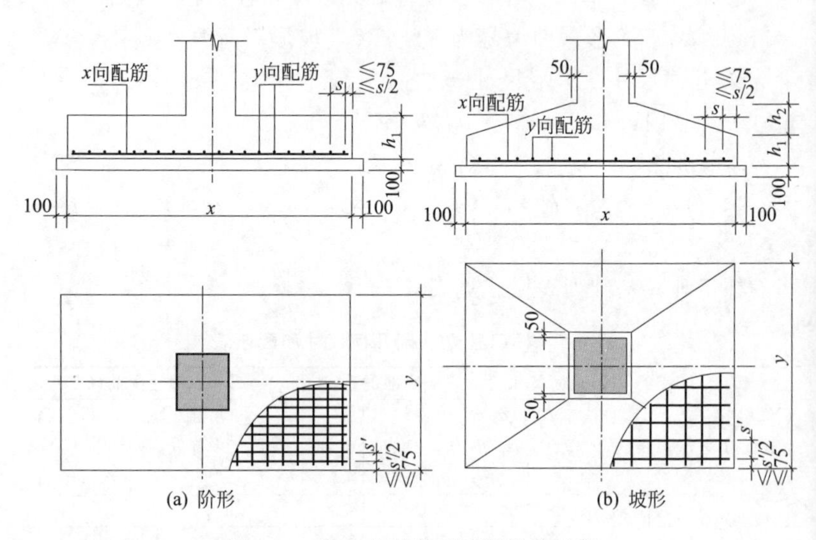

图 6-40　独立基础底板配筋构造示意

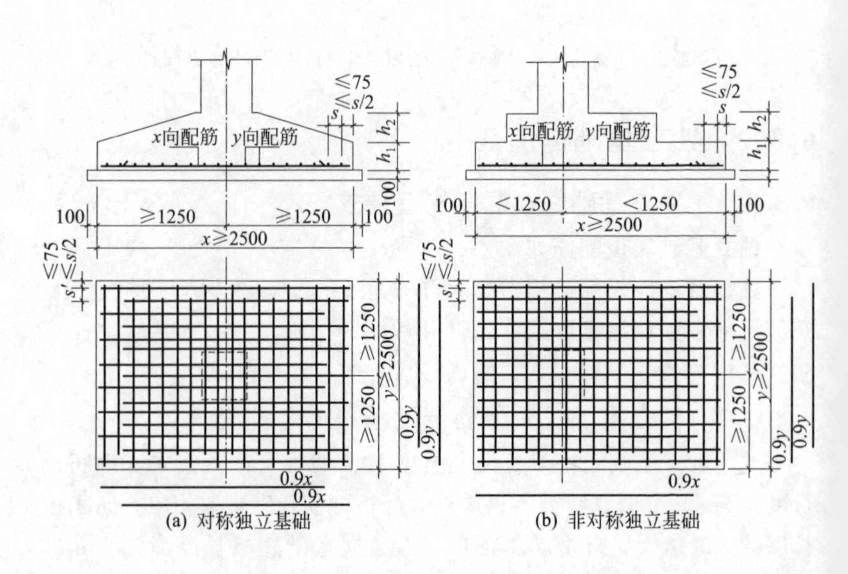

图 6-41　独立基础底板配筋长度减短 10%的构造示意

6.3.2.3　双柱普通独立基础底部与顶部配筋构造

双柱普通独立基础配筋构造，见图 6-42。

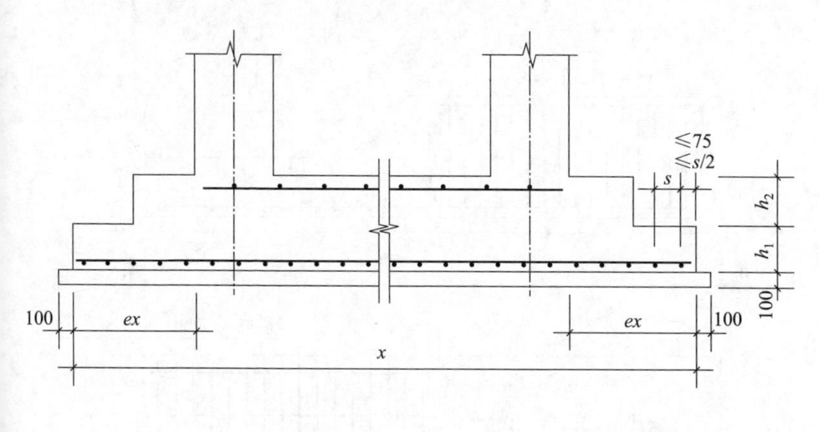

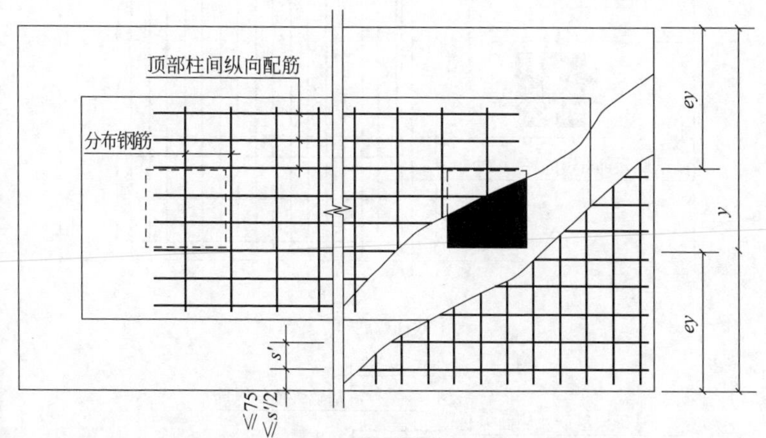

图 6-42　双柱普通独立基础配筋构造

双柱普通独立基础底板的截面形状，可为阶形截面 DJ_J 或坡形截面 DJ_P。几何尺寸和配筋按具体结构设计和本图构造确定。双柱普通独立基础底部双向交叉钢筋，根据基础两个方向从柱外缘至基础外缘的伸出长度 ex 和 ey 的大小，较大者方向的钢筋设置在下，较小者方向的钢筋设置在上。

6.3.2.4 设置基础梁的双柱普通独立基础配筋构造

设置基础梁的双柱普通独立基础配筋构造，见图 6-43。

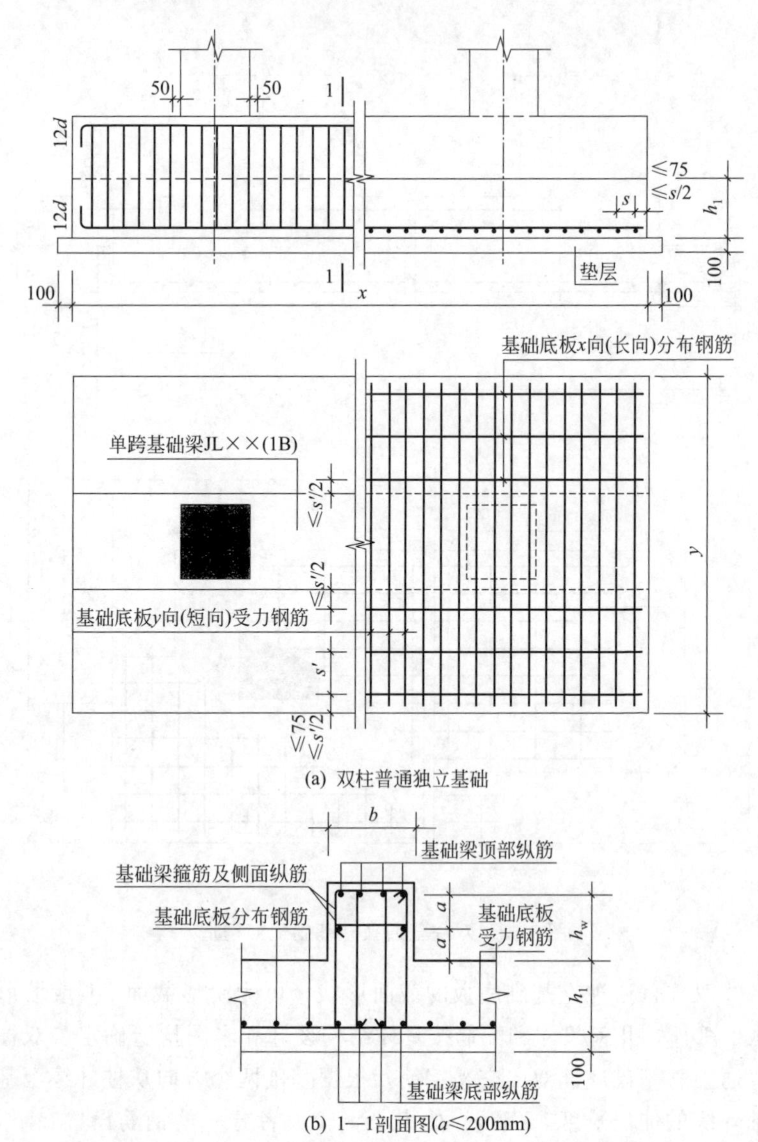

(a) 双柱普通独立基础

(b) 1—1剖面图(a≤200mm)

图 6-43 设置基础梁的双柱普通独立基础配筋构造

双柱独立基础底板的截面形状，可为阶形截面 DJ_J 或坡形截面 DJ_P。几何尺寸和配筋按具体结构设计和本图构造确定。双柱独立基础底部短向受力钢筋设置在基础梁纵筋之下，与基础梁箍筋的下水平段位于同一层面。双柱独立基础所设置的基础梁宽度，宜比柱截面宽度宽≥100mm（每边≥50mm）。当具体设计的基础梁宽度小于柱截面宽度时，施工时应按构造规定增设梁包柱侧腋。

6.3.2.5 杯口和双杯口独立基础构造

杯口和双杯口独立基础构造见图 6-44。

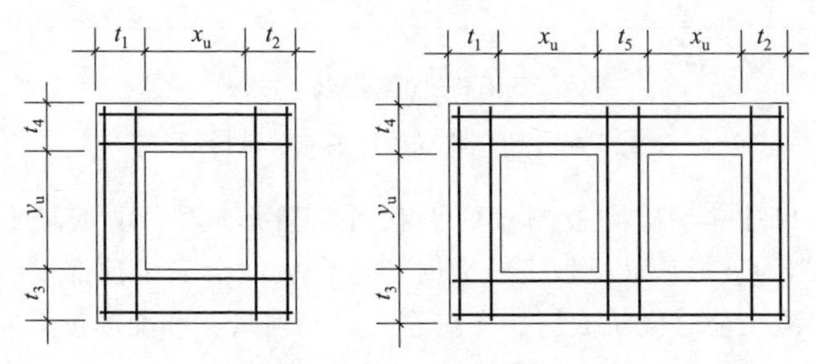

(a) 杯口顶部焊接钢筋网

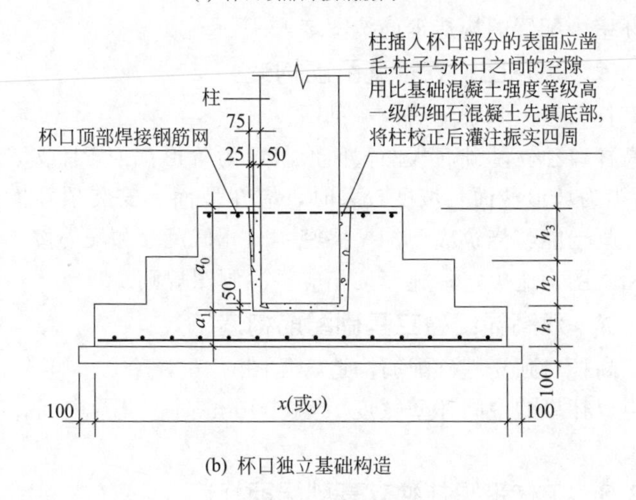

(b) 杯口独立基础构造

图 6-44

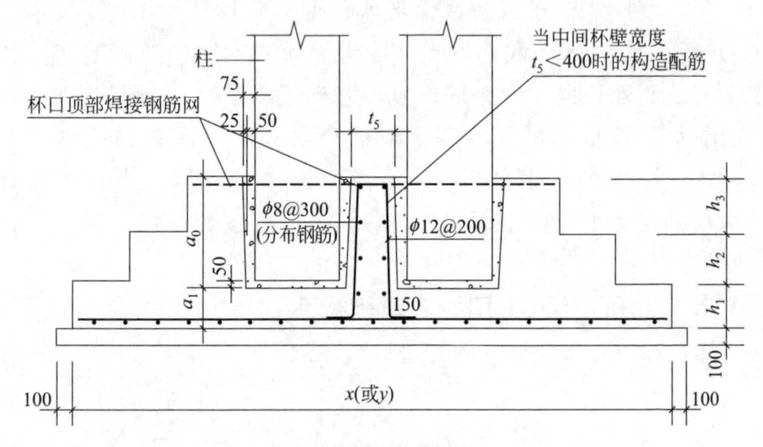

(c) 双杯口独立基础构造

图 6-44 杯口和双杯口独立基础构造

杯口独立基础底板的截面形状可为阶形截面 BJ_J 或坡形截面 BJ_P。当为坡形截面且坡度较大时，应在坡面上安装顶部模板，以确保混凝土能够浇筑成型、振捣密实。几何尺寸和配筋按具体结构设计和本图构造确定。当双杯口的中间杯壁宽度 t_5＜400mm 时，中间杯壁中配置的构造钢筋按图 6-44 所示施工。

6.3.2.6 高杯口独立基础配筋构造

高杯口独立基础配筋构造见图 6-45。

高杯口独立基础底板的截面形状可为阶形截面 BJ_J 或坡形截面 BJ_P。当为坡形截面且坡度较大时，应在坡面上安装顶部模板，以确保混凝土能够浇筑成型、振捣密实。几何尺寸和配筋按具体结构设计和本图构造确定，施工按相应平法制图规则。

6.3.2.7 双高杯口独立基础配筋构造

双高杯口独立基础配筋构造，见图 6-46。

当双杯口的中间杯壁宽度 t_5＜400mm 时，设置中间杯壁构造配筋。

6.3.2.8 单柱带短柱独立基础配筋构造

单柱带短柱独立基础配筋构造，见图 6-47。

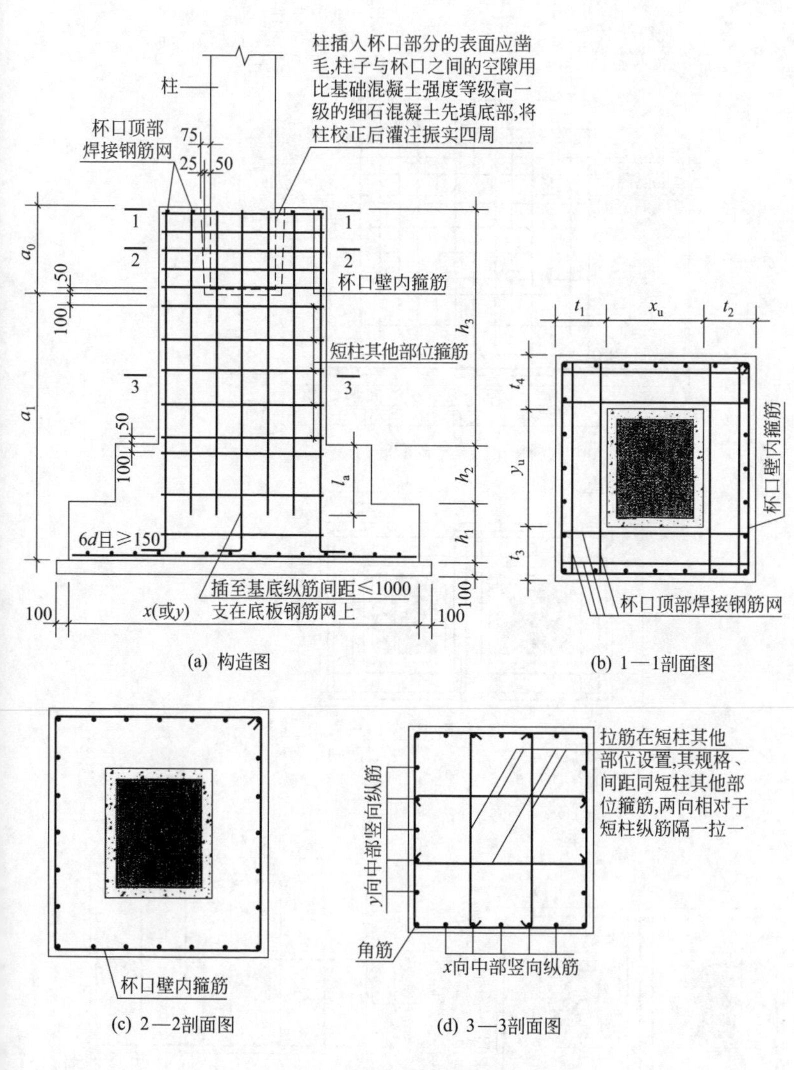

(a) 构造图　(b) 1—1剖面图

(c) 2—2剖面图　(d) 3—3剖面图

图 6-45　高杯口独立基础配筋构造

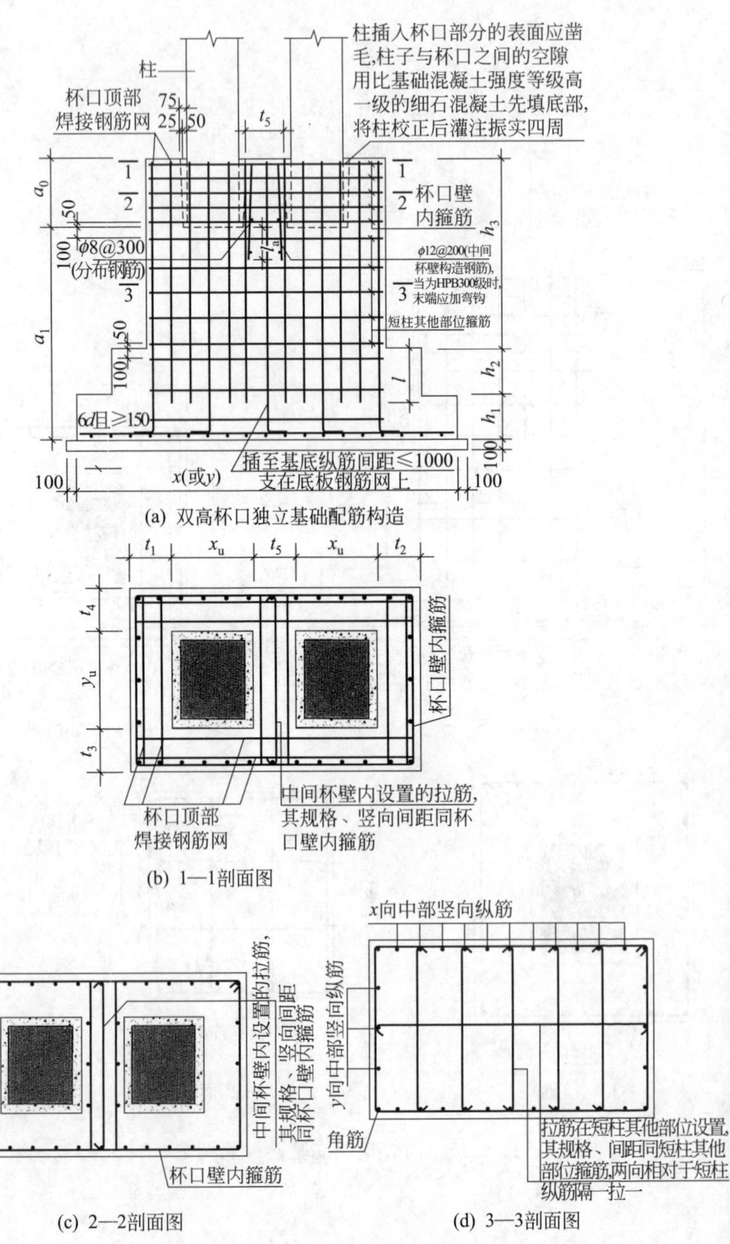

(a) 双高杯口独立基础配筋构造

(b) 1—1剖面图

(c) 2—2剖面图

(d) 3—3剖面图

图 6-46 双高杯口独立基础配筋构造

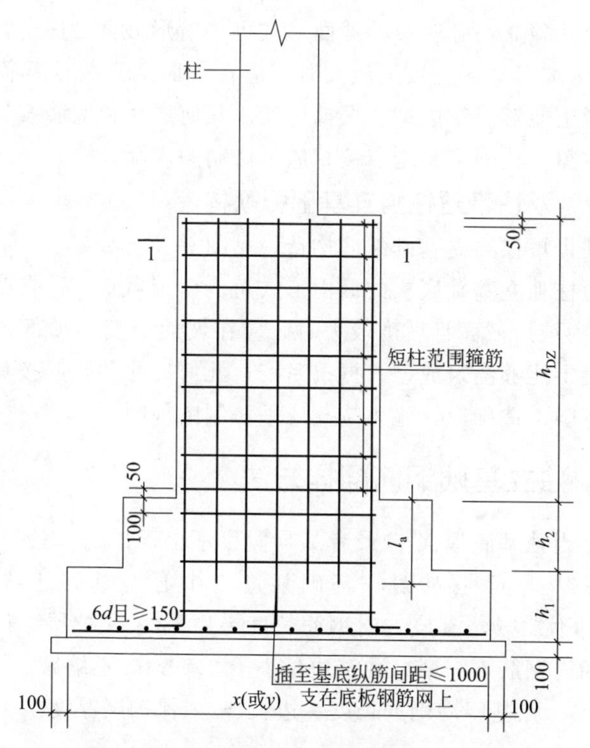

(a) 单柱带短柱独立基础配筋构造

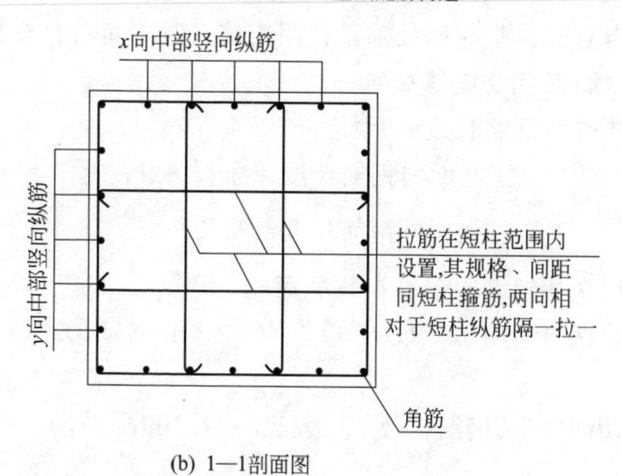

(b) 1—1剖面图

图 6-47　单柱带短柱独立基础配筋构造

带短柱独立基础底板的截面形式可为阶形截面 BJ_J 或坡形截面 BJ_P。当为坡形截面且坡度较大时，应在坡面上安装顶部模板，以确保混凝土能够浇筑成型、振捣密实。几何尺寸和配筋按具体结构设计和本图构造确定，施工按相应平法制图规则。

6.3.2.9 双柱带短柱独立基础配筋构造

双柱带短柱独立基础配筋构造，见图 6-48。

带短柱独立基础底板的截面形式可为阶形截面 BJ_J 或坡形截面 BJ_P。当为坡形截面且坡度较大时，应在坡面上安装顶部模板，以确保混凝土能够浇筑成型、振捣密实。几何尺寸和配筋按具体结构设计和本图构造确定，施工按相应平法制图规则。

6.3.3 独立基础钢筋翻样方法

（1）当独基底板 X 向或者 Y 向宽度不小于 2.5m，钢筋长度可以减短 10%，但是对偏心基础某边自中心至基础边缘不大于 1.25m 时不缩减，沿该方向钢筋长度 $=L-2\times$ 保护层。任何情况下独基四周钢筋不缩减。独基边长小于 2500mm 不缩减。

$$独基四周钢筋长度=边长-2\times保护层厚度 \tag{6-89}$$

$$独基缩减钢筋长度=0.9\times(边长-2\times保护层厚度) \tag{6-90}$$

（2）当双柱独基与四柱独基柱距离较大时，尚需在双柱间配置基础顶部钢筋或者设置基础梁。

（3）柱截面钢筋长度的翻样

$$柱截面内钢筋长度=净长+2l_a \tag{6-91}$$

$$柱截面外钢筋长度=跨长+2l_a \tag{6-92}$$

（4）独立基础纵向钢筋根数的翻样

$$独立基础纵向钢筋总根数=[边长\ x-2\times\min(75,0.5s)]/s+1 \tag{6-93}$$

$$独立基础纵向缩减钢筋根数=[边长\ x-2\times\min(75,0.5s)]/s-1 \tag{6-94}$$

式中　s——独基受力钢筋间距。

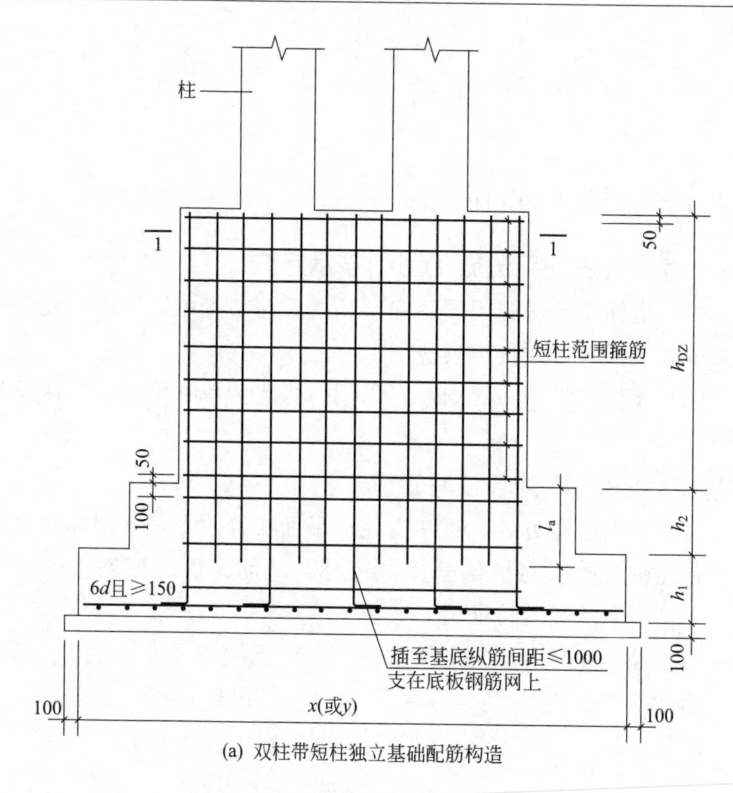

(a) 双柱带短柱独立基础配筋构造

x向中部竖向纵筋

y向中部竖向纵筋

角筋

拉筋在短柱范围内设置，其规格、间距同短柱箍筋，两向相对于短柱纵筋隔一拉一

(b) 1—1剖面图

图 6-48　双柱带短柱独立基础配筋构造

6.4 桩基础钢筋翻样

6.4.1 桩基础钢筋识读

6.4.1.1 灌注桩平法施工图的表示方法

（1）灌注桩平法施工图系在灌注桩平面布置图上采用列表注写方式或平面注写方式进行表达。

（2）灌注桩平面布置图，可采用适当比例单独绘制，并标注其定位尺寸。

6.4.1.2 灌注桩列表注写方式

（1）列表注写方式，系在灌注桩平面布置图上，分别标注定位尺寸；在桩表中注写桩编号、桩尺寸、纵筋、螺旋箍筋、桩项标高、单桩竖向承载力特征值。

（2）桩表注写内容规定如下：

① 注写桩编号，桩编号由类型和序号组成，应符合表 6-8 的规定。

表 6-8 桩编号

类型	代号	序号
灌注桩	GZH	××
扩底灌注桩	GZH_K	××

② 注写桩尺寸，包括桩径 D×桩长 L，当为扩底灌注桩时，还应在括号内注写扩底端尺寸 $D_0/h_b/h_c$ 或 $D_0/h_b/h_{c1}/h_{c2}$。其中 D_0 表示扩底端直径，h_b 表示扩底端锅底形矢高，h_c 表示扩底端高度，见图 6-49。

③ 注写桩纵筋，包括桩周均布的纵筋根数、钢筋强度级别、从桩顶起算的纵筋配置长度。

a. 通长等截面配筋：注写全部纵筋如××C××。

b. 部分长度配筋：注写桩纵筋如××C××/$L1$，其中 $L1$ 表

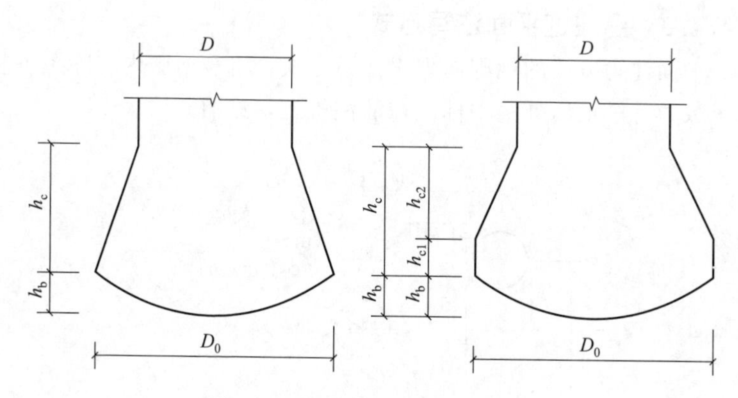

图 6-49 扩底灌注桩扩底端示意

示从桩顶起算的入桩长度。

c. 通长变截面配筋：注写桩纵筋包括通长纵筋××C××；非通长纵筋××C××/$L1$，其中 $L1$ 表示从桩顶起算的入桩长度。通长纵筋与非通长纵筋沿桩周间隔均匀布置。

④ 以大写字母 L 打头，注写桩螺旋箍筋，包括钢筋强度级别、直径与间距。

a. 用斜线“/”区分桩顶箍筋加密区与桩身箍筋非加密区长度范围内箍筋的间距。16G101—3 图集中箍筋加密区为桩顶以下 5D（D 为桩身直径），若与实际工程情况不同，需设计者在图中注明。

b. 当桩身位于液化土层范围内时，箍筋加密区长度应由设计者根据具体工程情况注明，或者箍筋全长加密。

⑤ 注写桩顶标高。

⑥ 注写单桩竖向承载力特征值。

设计时应注意：当考虑箍筋受力作用时，箍筋配置应符合《混凝土结构设计规范》（GB 50010—2010）的有关规定，并另行注明。

设计未注明时，16G101—3 图集规定：当钢筋笼长度超过 4m 时，应每隔 2m 设一道直径 12mm 焊接加劲箍；焊接加劲箍亦可由设计另行注明。桩顶进入承台高度 h，桩径＜800mm 时取 50mm，桩径≥800mm 时取 100mm。

6.4.1.3 灌注桩平面注写方式

平面注写方式的规则同列表注写方式，将表格中内容除单桩竖向承载力特征值以外集中标注在灌注桩上，见图 6-50。

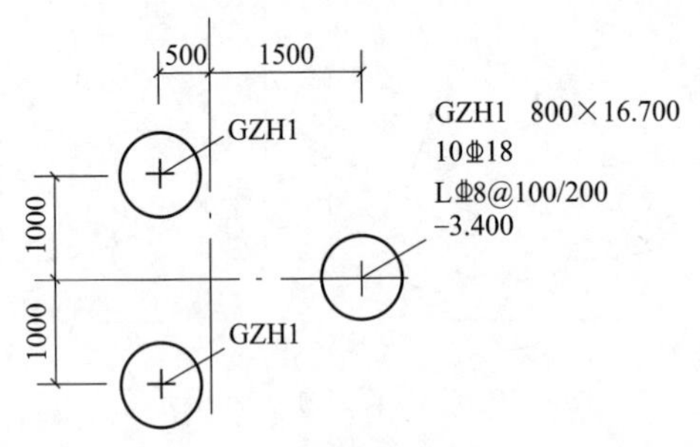

图 6-50 灌注桩平面注写

6.4.1.4 桩基承台平法施工图的表示方法

（1）桩基承台平法施工图，有平面注写与截面注写两种表达方式，设计者可根据具体工程情况选择一种，或将两种方式相结合进行桩基承台施工图设计。

（2）当绘制桩基承台平面布置图时，应将承台下的桩位和承台所支承的柱、墙一起绘制。当设置基础联系梁时，可根据图面的疏密情况，将基础联系梁与基础平面布置图一起绘制，或将基础联系梁布置图单独绘制。

（3）当桩基承台的柱中心线或墙中心线与建筑定位轴线不重合时，应标注其定位尺寸；编号相同的桩基承台，可仅选择一个进行标注。

6.4.1.5 桩基承台编号

桩基承台分为独立承台和承台梁，分别按表 6-9 和表 6-10 的规定编号。

表 6-9 独立承台编号表

类型	独立承台截面形状	代号	序号	说明
独立承台	阶形	CT_J	××	单阶截面即为平板式独立承台
	坡形	CT_P	××	

注：杯口独立承台代号可为 BCT_J 和 BCT_P，设计注写方式可参照杯口独立基础，施工详图应由设计者提供。

表 6-10　承台梁编号

类型	代号	序号	跨数及有无外伸
承台梁	CTL	××	(××)端部无外伸 (××A)一端有外伸 (××B)两端有外伸

6.4.1.6　独立承台的平面注写方式

(1) 独立承台的平面注写方式，分为集中标注和原位标注两部分内容。

(2) 独立承台的集中标注，系在承台平面上集中引注：独立承台编号、截面竖向尺寸、配筋三项必注内容，以及承台板底面标高(与承台底面基准标高不同时) 和必要的文字注解两项选注内容。具体规定如下：

① 注写独立承台编号 (必注内容)，见表 6-9。

独立承台的截面形式通常有两种：

a. 阶形截面，编号加下标“J”，如 CT_J××；

b. 坡形截面，编号加下标“P”，如 CT_P××。

② 注写独立承台截面竖向尺寸 (必注内容)。即注写 $h_1/h_2/\cdots$，具体标注为：

a. 当独立承台为阶形截面时，见图 6-51 和图 6-52。图 6-51 为两阶，当为多阶时各阶尺寸自下而上用“/”分隔顺写。当阶形截面独立承台为单阶时，截面竖向尺寸仅为一个，且为独立承台总高度见图 6-52。

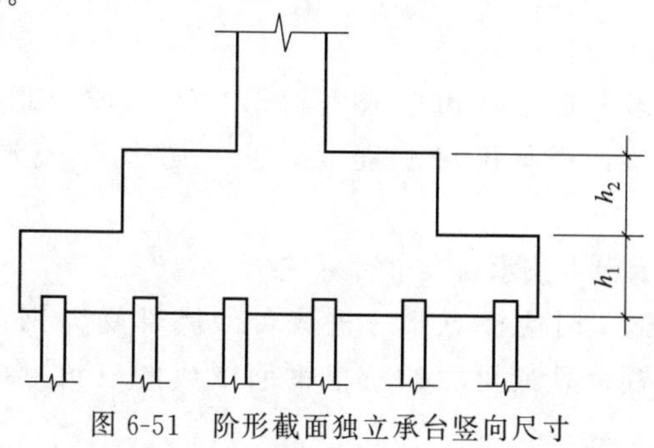

图 6-51　阶形截面独立承台竖向尺寸

b. 当独立承台为坡形截面时，截面竖向尺寸注写为 h_1/h_2，见图 6-53。

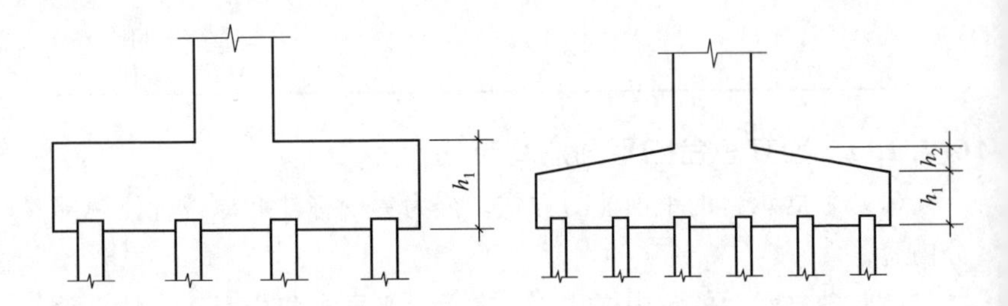

图 6-52　单阶截面独立承台竖向尺寸　图 6-53　坡形截面独立承台竖向尺寸

③ 注写独立承台配筋（必注内容）。底部与顶部双向配筋应分别注写，顶部配筋仅用于双柱或四柱等独立承台。当独立承台顶部无配筋时则不注顶部。注写规定如下：

a. 以 B 打头注写底部配筋，以 T 打头注写顶部配筋。

b. 矩形承台 *X* 向配筋以 X 打头，*Y* 向配筋以 Y 打头；当两向配筋相同时，则以 X & Y 打头。

c. 当为等边三桩承台时，以“△”打头，注写三角布置的各边受力钢筋（注明根数并在配筋值后注写“×3”），在“/”后注写分布钢筋，不设分布钢筋时可不注写。

d. 当为等腰三桩承台时，以“△”打头注写等腰三角形底边的受力钢筋十两对称斜边的受力钢筋（注明根数并在两对称配筋值后注写“×2”），在“/”后注写分布钢筋，不设分布钢筋时可不注写。

e. 当为多边形（五边形或六边形）承台或异形独立承台，且采用 *X* 向和 *Y* 向正交配筋时，注写方式与矩形独立承台相同。

f. 两桩承台可按承台梁进行标注。

设计和施工时应注意：三桩承台的底部受力钢筋应按三向板带均匀布置，且最里面的三根钢筋围成的三角形应在柱截面范围内。

④ 注写基础底面标高（选注内容）。当独立承台的底面标高与桩基承台底面基准标高不同时，应将独立承台底面标高注写在括号内。

⑤ 必要的文字注解（选注内容）。当独立承台的设计有特殊要求时，宜增加必要的文字注解。

(3) 独立承台的原位标注，系在桩基承台平面布置图上标注独立承台平面尺寸，相同编号的独立承台，可仅选择一个进行标注，其他仅注编号。注写规定如下。

① 矩形独立承台。原位标注 x、y，x_c、y_c（或圆柱直径 d_c），x_i、y_i，a_i、b_i，$i=1$，2，3，…。其中，x、y 为独立承台两向边长，x_c、y_c 为柱截面尺寸，x_i、y_i 为阶宽或坡形平面尺寸，a_i、b_i 为桩的中心距及边距（a_i、b_i 根据具体情况可不注）。见图 6-54。

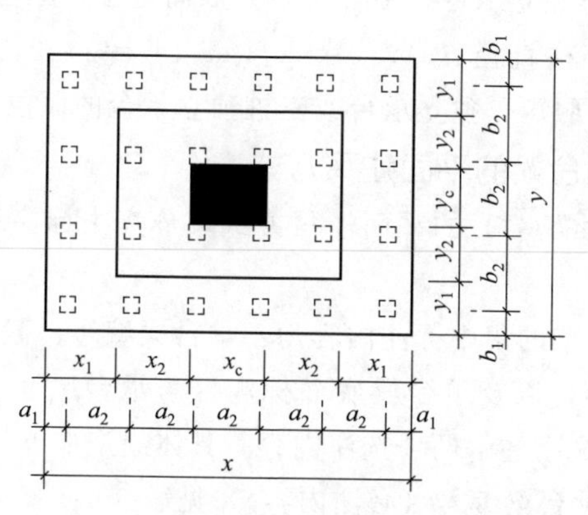

图 6-54 矩形独立承台平面原位标注

② 三桩承台。结合 X、Y 双向定位，原位标注 x 或 y，x_c、y_c（或圆柱直径 d_c），x_i、y_i，$i=-1$，2，3，…，a。其中，x 或 y 为三桩独立承台平面垂直于底边的高度，x_c、y_c 为柱截面尺寸，x_i、y_i 为承台分尺寸和定位尺寸，a 为桩中心距切角边缘的距离。等边三桩独立承台平面原位标注，见图 6-55。

等腰三桩独立承台平面原位标注，见图 6-56。

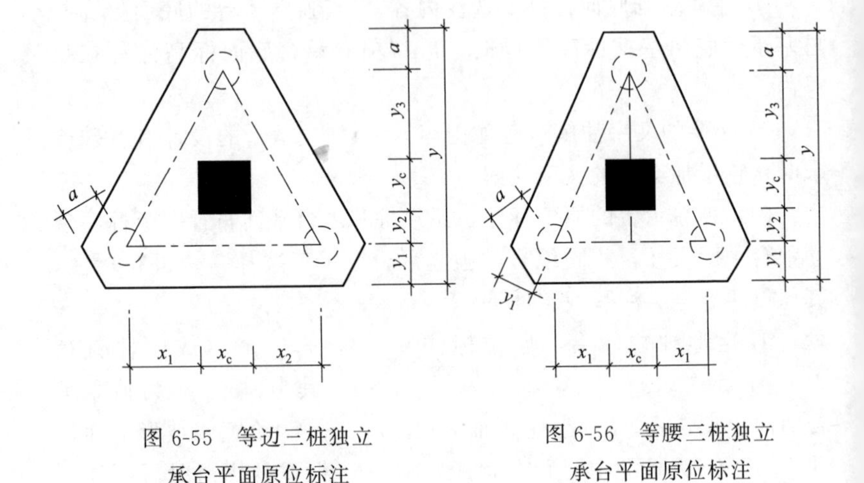

图 6-55　等边三桩独立承台平面原位标注

图 6-56　等腰三桩独立承台平面原位标注

③ 多边形独立承台。结合 X、Y 双向定位，原位标注 x 或 y，x_c、y_c（或圆柱直径 d_c），x_i、y_i，a_i，$i=1$，2，3，…。具体设计时，可参照矩形独立承台或三桩独立承台的原位标注规定。

6.4.1.7　承台梁的平面注写方式

(1) 承台梁 CTL 的平面注写方式，分集中标注和原位标注两部分内容。

(2) 承台梁的集中标注内容为：承台梁编号、截面尺寸、配筋三项必注内容，以及承台梁底面标高（与承台底面基准标高不同时）、必要的文字注解两项选注内容。具体规定如下：

① 注写承台梁编号（必注内容），见表 6-9。

② 注写承台梁截面尺寸（必注内容）。即注写 $b\times h$，表示梁截面宽度与高度。

③ 注写承台梁配筋（必注内容）。

a. 注写承台梁箍筋：

ⅰ. 当具体设计仅采用一种箍筋间距时，注写钢筋级别、直径、间距与肢数（箍筋肢数写在括号内，下同）。

ⅱ. 当具体设计采用两种箍筋间距时，用“/”分隔不同箍筋的间距。此时，设计应指定其中一种箍筋间距的布置范围。

施工时应注意：在两向承台梁相交位置，应有一向截面较高的承台梁箍筋贯通设置；当两向承台梁等高时，可任选一向承台梁的箍筋贯通设置。

b. 注写承台梁底部、顶部及侧面纵向钢筋：

ⅰ. 以 B 打头，注写承台梁底部贯通纵筋。

ⅱ. 以 T 打头，注写承台梁顶部贯通纵筋。

ⅲ. 当梁底部或顶部贯遂纵筋多于一排时，用“/”将各排纵筋自上而下分开。

ⅳ. 以大写字母 G 打头注写承台梁侧面对称设置的纵向构造钢筋的总配筋值（当梁腹板高度 $h_w \geqslant 450$mm 时，根据需要配置）。

④ 注写承台梁底面标高（选注内容）。当承台梁底面标高与桩基承台底面基准标高不同时，将承台梁底面标高注写在括号内。

⑤ 必要的文字注解（选注内容）。当承台梁的设计有特殊要求时，宜增加必要的文字注解。

（3）承台梁的原位标注规定

承台梁的原位标注规定如下：

① 原位标注承台梁的附加箍筋或（反扣）吊筋。当需要设置附加箍筋或（反扣）吊筋时，将附加箍筋或（反扣）吊筋直接画在平面图中的承台梁上，原位直接引注总配筋值（附加箍筋的肢数注在括号内）。当多数梁的附加箍筋或（反扣）吊筋相同时，可在桩基承台平法施工图上统一注明，少数与统一注明值不同时，再原位直接引注。

施工时应注意：附加箍筋或（反扣）吊筋的几何尺寸应参照标准构造详图，结合其所在位置的主梁和次梁的截面尺寸而定。

② 原位注写修正内容。当在承台梁上集中标注的某项内容（如截面尺寸、箍筋、底部与顶部贯通纵筋或架立筋、梁侧面纵向构造钢筋、梁底面标高等）不适用于某跨或某外伸部位时，将其修正内容原位标注在该跨或该外伸部位，施工时原位标注取值优先。

6.4.1.8 桩基承台的截面注写方式

(1) 桩基承台的截面注写方式，可分为截面标注和列表注写（结合截面示意图）两种表达方式。

采用截面注写方式，应在桩基平面布置图上对所有桩基承台进行编号。

(2) 桩基承台的截面注写方式，可参照独立基础及条形基础的截面注写方式，进行设计施工图的表达。

6.4.2 桩基础构造

6.4.2.1 矩形承台 CT_J 和 CT_P 配筋构造

矩形承台 CT_J 和 CT_P 配筋构造，见图 6-57。

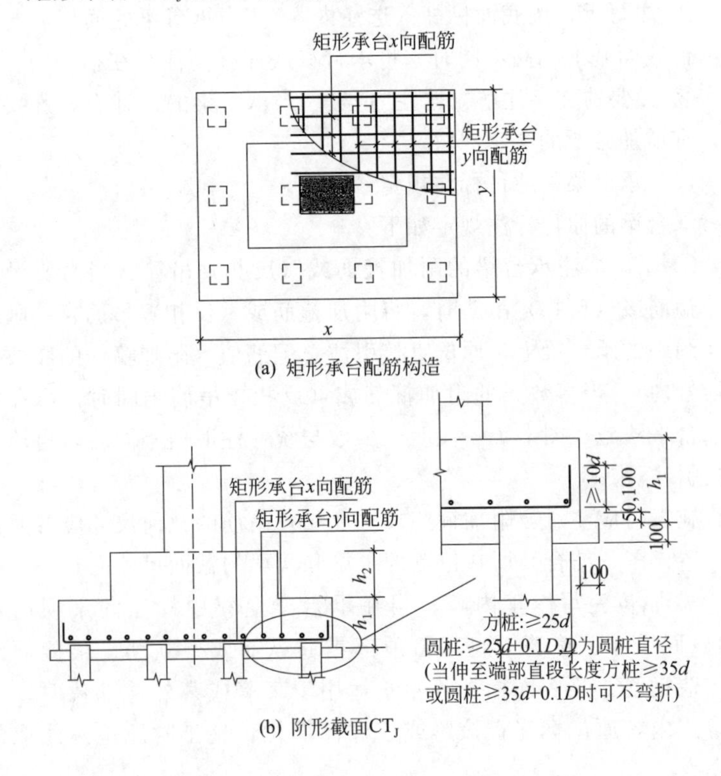

(b) 阶形截面CT_J

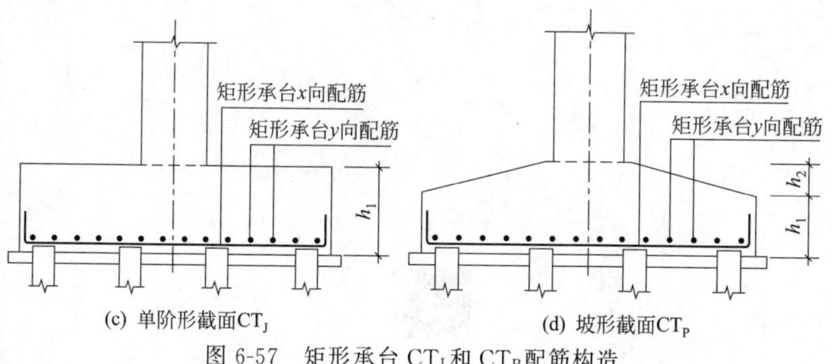

(c) 单阶形截面CT_J　　(d) 坡形截面CT_P

图 6-57　矩形承台 CT_J 和 CT_P 配筋构造

当桩直径或桩截面边长＜800mm 时，桩顶嵌入承台 50mm；当桩径或桩截面边长≥800mm 时，桩顶嵌入承台 100mm。

6.4.2.2　等边三桩承台 CT_J 配筋构造

等边三桩承台 CT_J 配筋构造，见图 6-58。

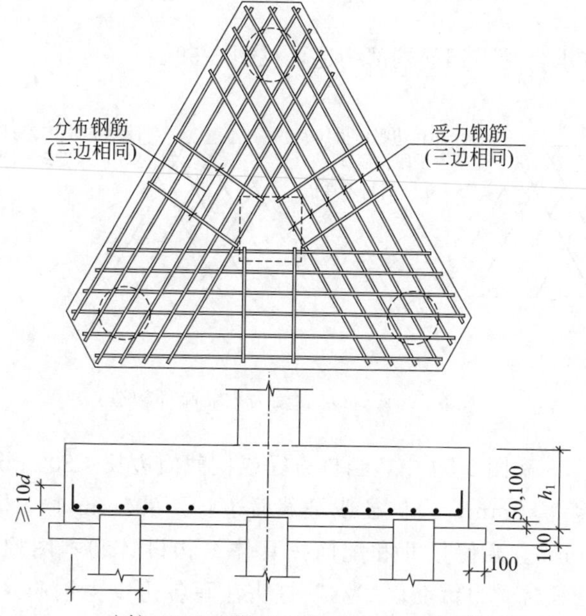

方桩:≥25d；圆柱:≥25d+0.1D，D为圆柱直径
(当伸至端部直段长度方柱≥35d或圆桩≥35d+0.1D时可不弯折)

图 6-58

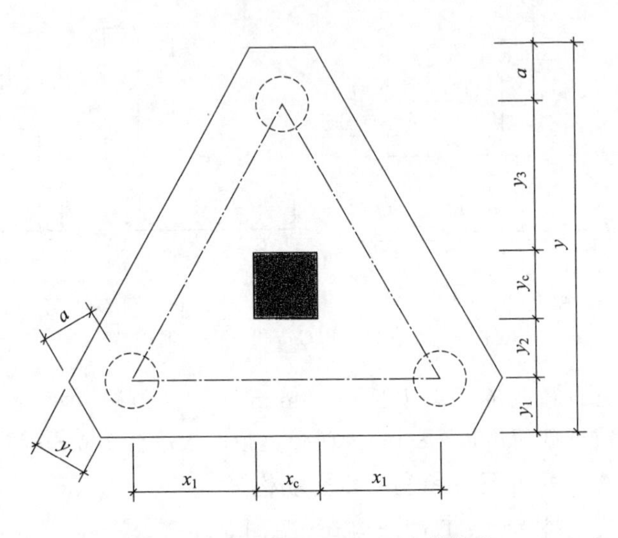

图 6-58　等边三桩承台 CT_J 配筋构造

三桩承台受力钢筋端部构造，见图 6-59。

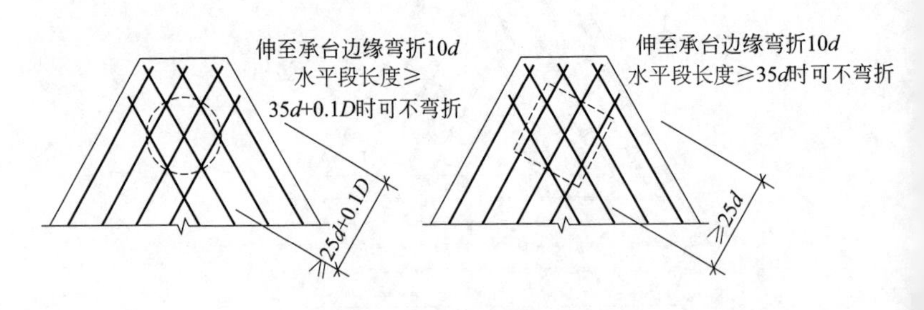

图 6-59　三桩承台受力钢筋端部构造

图 6-58 和图 6-59 中，当桩直径或桩截面边长＜800mm 时，桩顶嵌入承台 50mm；当桩径或桩截面边长≥800mm 时，桩顶嵌入承台 100mm。几何尺寸和配筋按具体结构设计和本图构造确定。等边三桩承台受力钢筋以“△”打头注写各边受力钢筋×3。最里面的三根钢筋应在柱截面范围内。设计时应注意：承台纵向受力钢筋直径不宜小于 12mm，间距不宜大于 200mm，其最小配筋

率≥0.15%，板带上宜布置分布钢筋。施工按设计文件标注的钢筋进行施工。

6.4.2.3　等腰三桩承台 CT_J 配筋构造

等腰三桩承台 CT_J 配筋构造，见图 6-60。

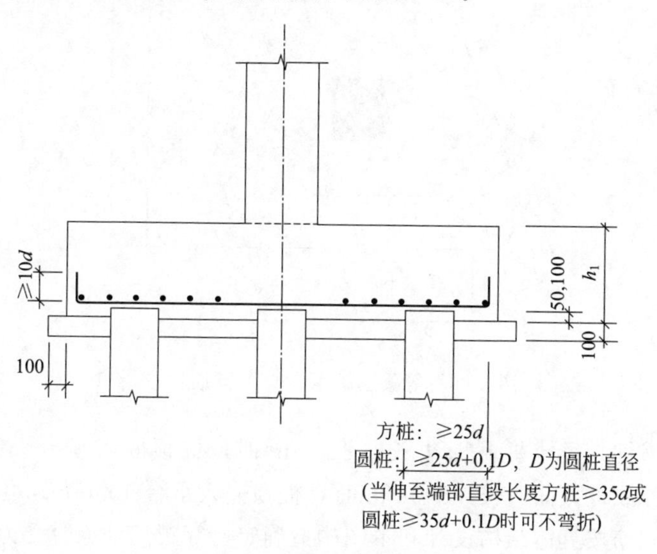

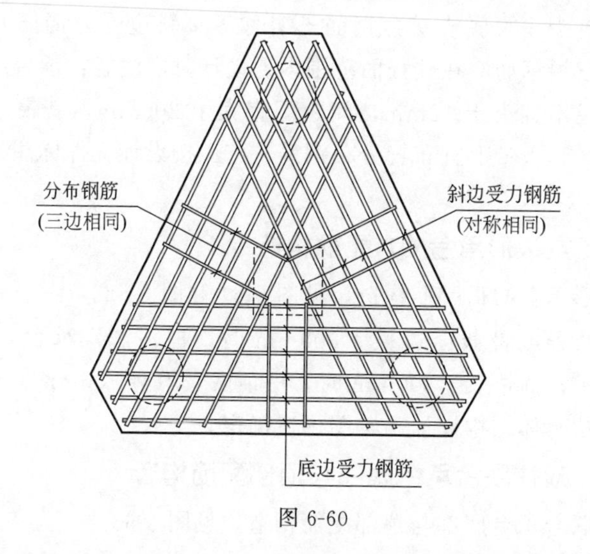

图 6-60

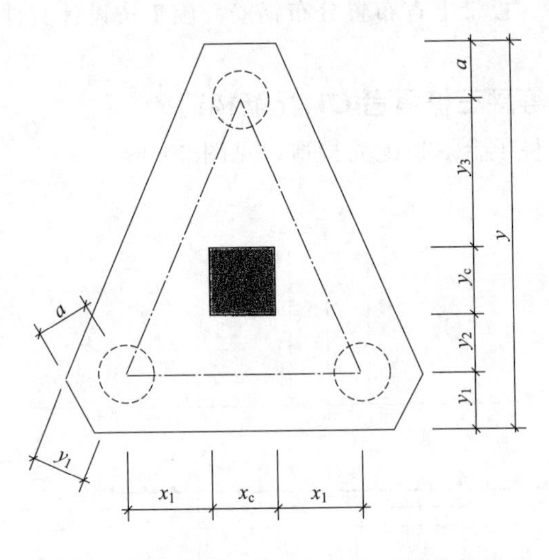

图 6-60 等腰三桩承台 CT_J 配筋构造

当桩直径或桩截面边长＜800mm 时，桩顶嵌入承台 50mm；当桩径或桩截面边长≥800mm 时，桩顶嵌入承台 100mm。几何尺寸和配筋按具体结构设计和本图构造确定。等腰三桩承台受力钢筋以“△”打头注写底边受力钢筋＋对称等腰斜边受力钢筋并×2。最里面的三根钢筋应在柱截面范围内。设计时应注意：承台纵向受力钢筋直径不宜小于 12mm，间距不宜大于 200mm，其最小配筋率≥0.15%，板带上宜布置分布钢筋。施工按设计文件标注的钢筋进行施工。

6.4.2.4 六边形承台 CT_J 配筋构造

六边形承台 CT_J 配筋构造，见图 6-61 和图 6-62。

当桩直径或桩截面边长＜800mm 时，桩顶嵌入承台 50mm；当桩径或桩截面边长≥800mm 时，桩顶嵌入承台 100mm。几何尺寸和配筋按具体结构设计和本图构造确定。

6.4.2.5 双柱联合承台底部与顶部配筋构造

双柱联合承台底部与顶部配筋构造，见图 6-63。

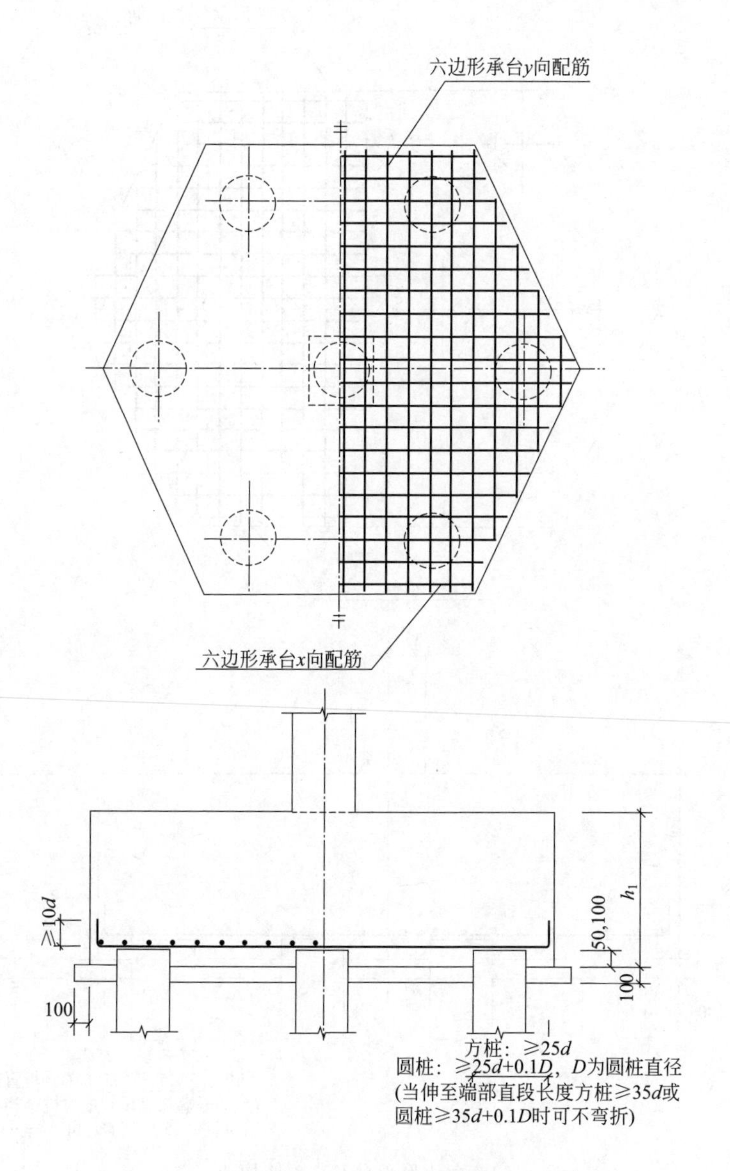

图 6-61　六边形承台 CT_J 配筋构造（一）

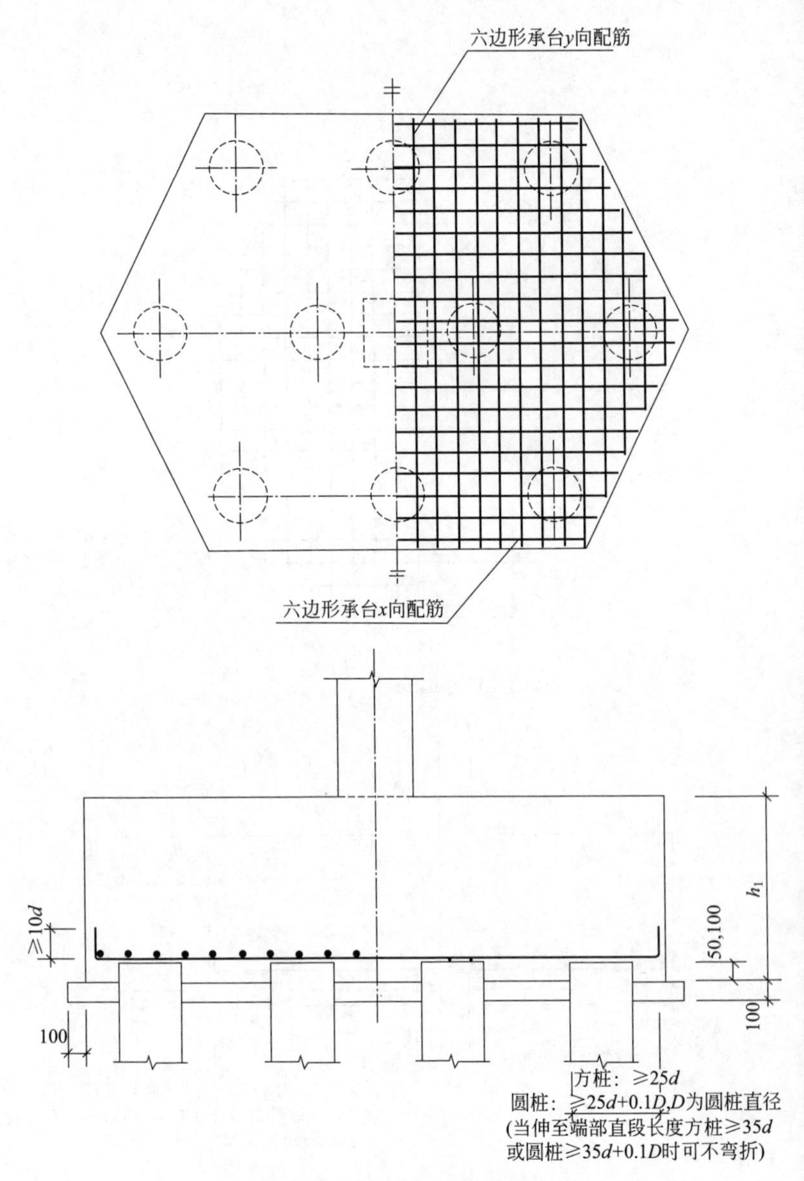

图 6-62　六边形承台 CT_J 配筋构造（二）

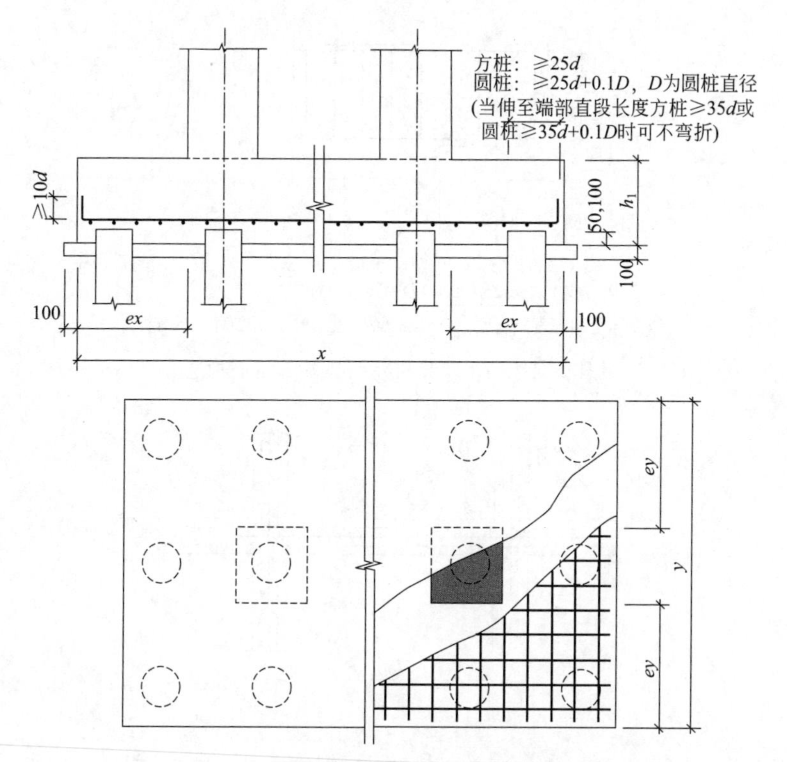

图 6-63 双柱联合承台底部与顶部配筋构造

当桩直径或桩截面边长＜800mm 时，桩顶嵌入承台 50mm；当桩径或柱截面边长≥800mm 时，桩顶嵌入承台 100mm。几何尺寸和配筋按具体结构设计和本图构造确定。需设置上层钢筋网片时，由设计指定。

6.4.2.6 墙下单排桩承台梁 CTL 配筋构造

墙下单排桩承台梁端部钢筋构造见图 6-64。

墙下单排桩承台梁 CTL 配筋构造见图 6-65。

图 6-64 和图 6-65 中，当桩直径或桩截面边长＜800mm 时，桩顶嵌入承台 50mm；当桩径或桩截面边长≥800mm 时，桩顶嵌入承台 100mm。拉筋直径为 8mm，间距为箍筋的 2 倍。当设有多排拉筋时，上下两排拉筋竖向错开设置。

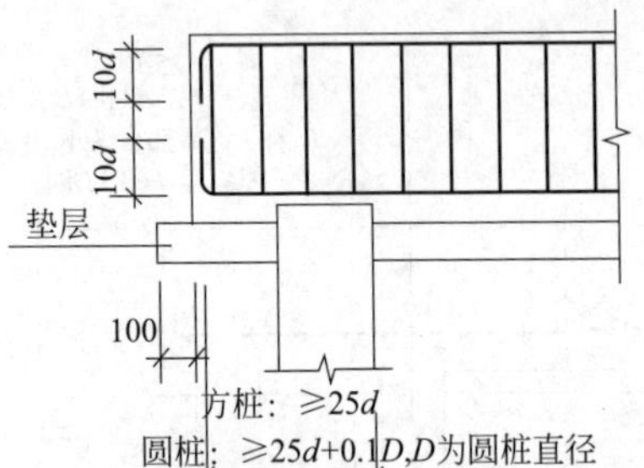

图 6-64　墙下单排桩承台梁端部钢筋构造

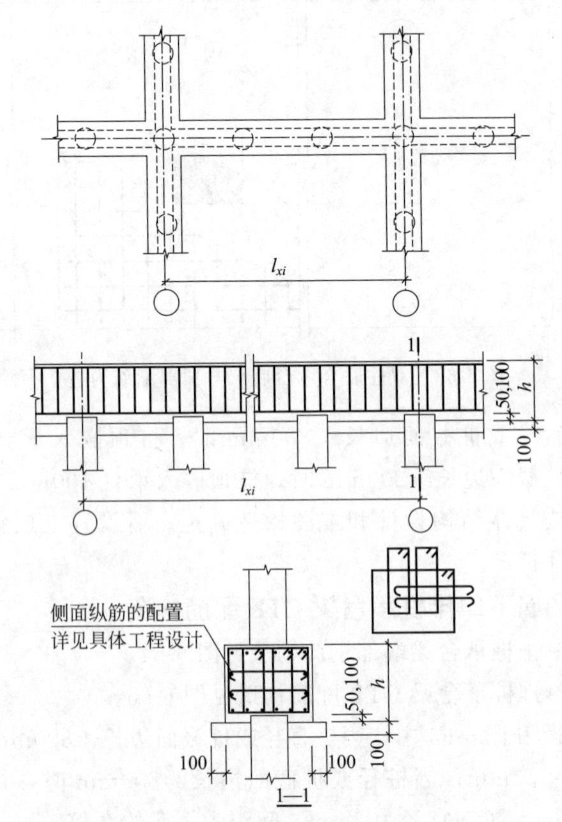

图 6-65　墙下单排桩承台梁 CTL 配筋构造

6.4.2.7　墙下双排桩承台梁 CTL 配筋构造

墙下双排桩承台梁端部钢筋构造见图 6-66。

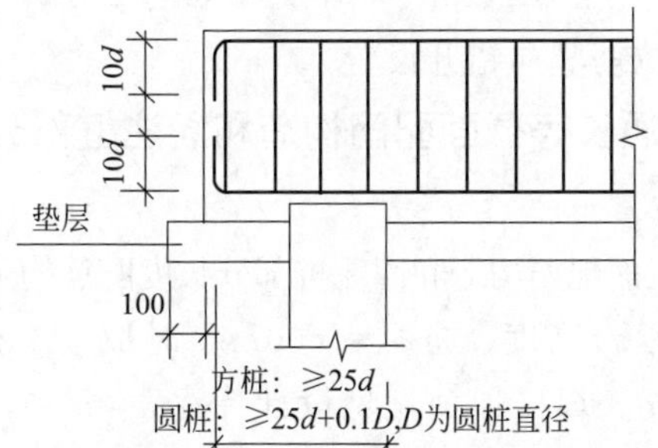

图 6-66　墙下双排桩承台梁端部钢筋构造

墙下双排桩承台梁 CTL 配筋构造见图 6-67。

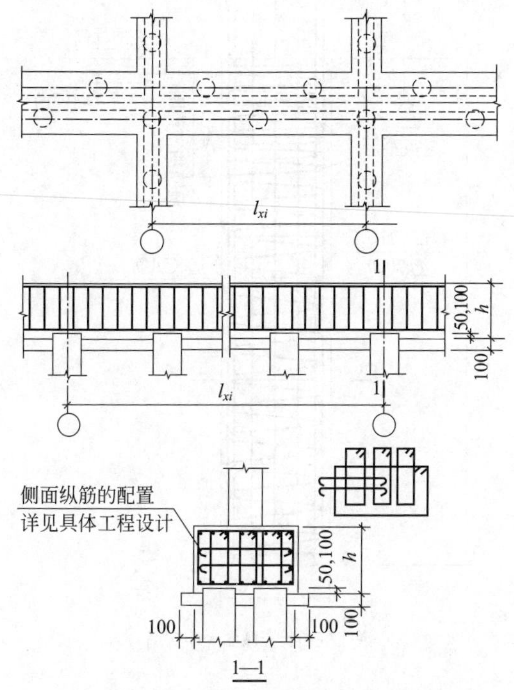

图 6-67　墙下双排桩承台梁 CTL 配筋构造

图 6-66 和图 6-67 中，当桩直径或桩截面边长<800mm 时，桩顶嵌入承台 50mm；当桩径或桩截面边长≥800mm 时，桩顶嵌入承台 100mm。拉筋直径为 8mm，间距为箍筋的 2 倍。当设有多排拉筋时，上下两排拉筋竖向错开设置。

6.4.2.8 灌注桩通长等截面配筋构造和灌注桩部分长度配筋构造

灌注桩通长等截面配筋构造和灌注桩部分长度配筋构造见图 6-68。

h 为桩顶进入承台高度，桩径<800mm 时取 50mm，桩径≥800mm 时取 100mm。焊接加劲箍见设计标注，当设计未注明时，加劲箍直径为 12mm，强度等级不低于 HRB400。c 为保护层厚度。

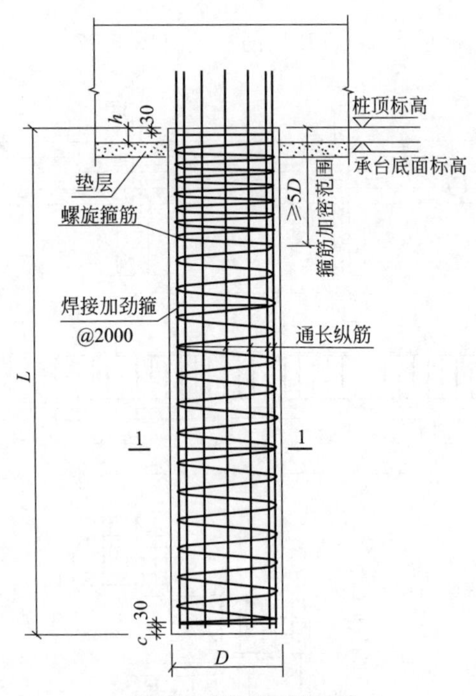

(a) 灌注桩通长等截面配筋构造

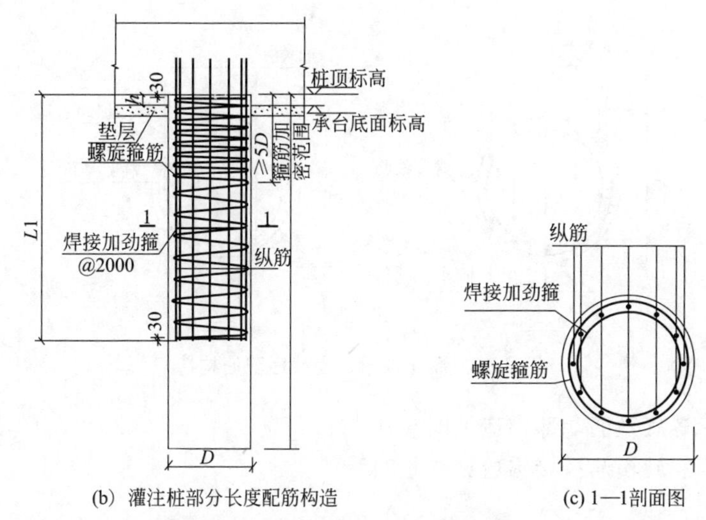

(b) 灌注桩部分长度配筋构造　　(c) 1—1剖面图

图 6-68　灌注桩通长等截面配筋构造和灌注桩部分长度配筋构造

6.4.2.9　灌注桩通长变截面配筋构造和螺旋箍筋构造

灌注桩通长变截面配筋构造见图 6-69。

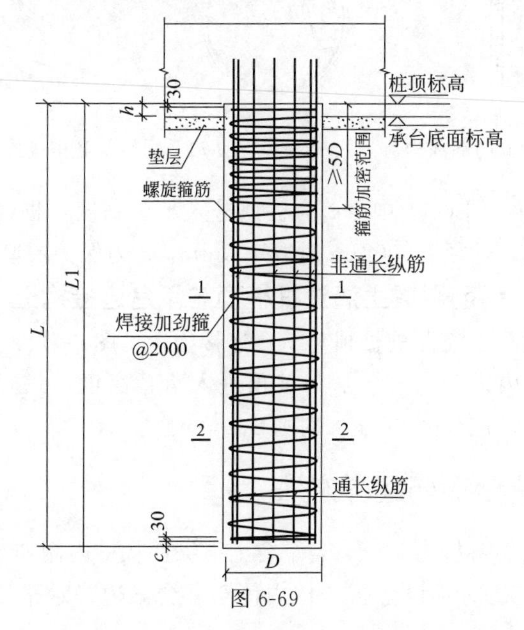

图 6-69

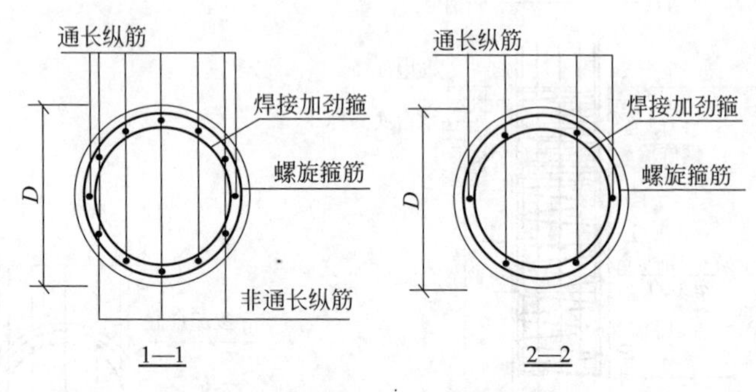

图 6-69　灌注桩通长变截面配筋构造

螺旋箍筋端部构造见图 6-70。

螺旋箍筋搭接构造见图 6-71。

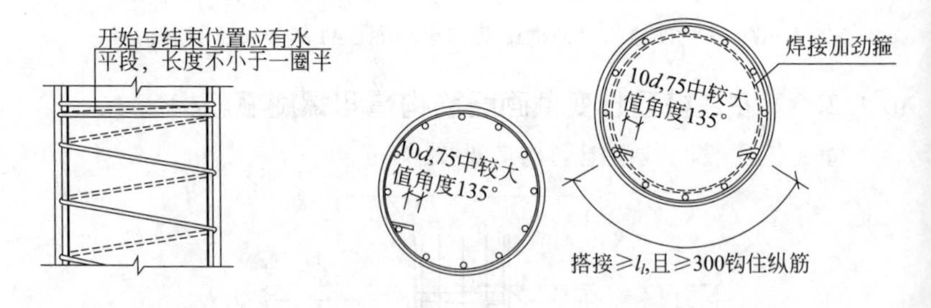

图 6-70　螺旋箍筋端部构造　　　　图 6-71　螺旋箍筋搭接构造

图 6-69～图 6-71 中，h 为桩顶进入承台高度，桩径＜800mm 时取 50mm，桩径≥800mm 时取 100mm。c 为保护层厚度。

6.4.2.10　钢筋混凝土灌注桩桩顶与承台连接构造

钢筋混凝土灌注桩桩顶与承台连接构造见图 6-72。

d 为桩内纵筋直径。h 为桩顶进入承台高度，桩径＜800mm 时取 50mm，桩径≥800mm 时取 100mm。

6.4.3　承台钢筋翻样方法

承台钢筋弯折为 10d。当承台上下纵筋从桩内侧伸至端部直段长度大于 35d 时不设弯折。桩内侧至承台梁边缘水平段长度方桩

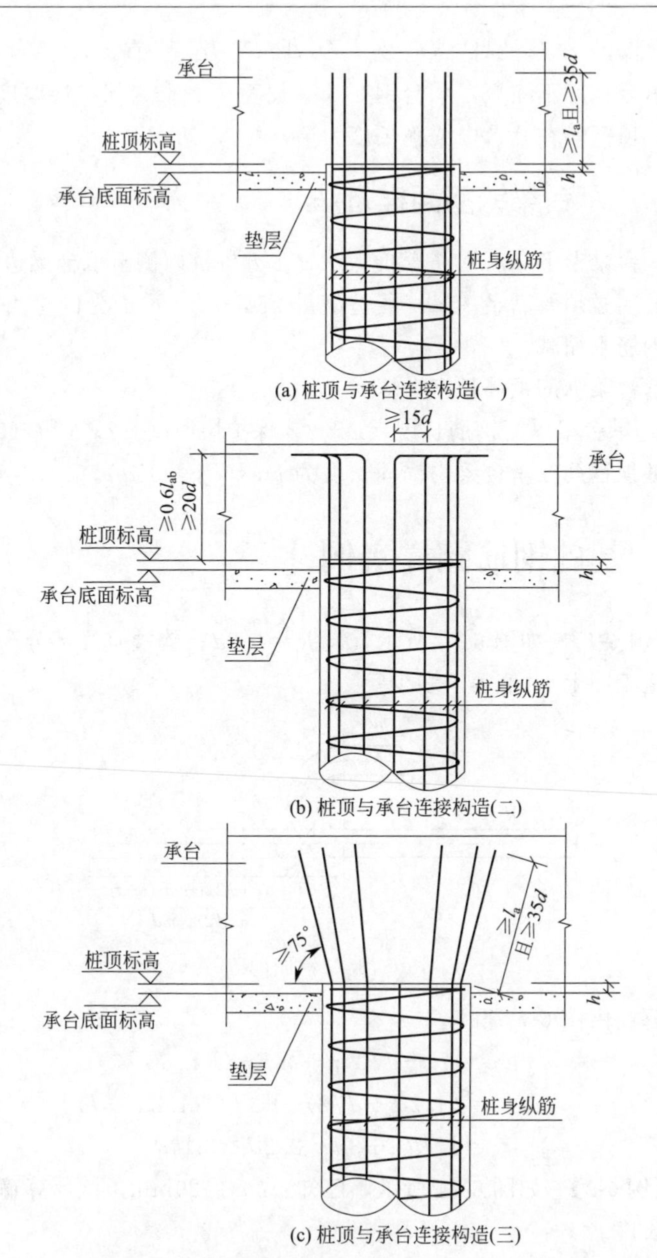

图 6-72　钢筋混凝土灌注桩桩顶与承台连接构造

必须要满足 $25d$，圆桩满足 $25d+0.1d$（d 为圆桩直径）。

承台钢筋不缩短，承台钢筋水平长度＝$L-2\times$保护层厚度 c。

桩顶钢筋在承台内锚固长度为 $\max(l_a,\ 35d)$。

6.4.4 承台梁钢筋翻样方法

承台梁上下纵筋钢筋弯折为 $10d$。方桩桩内侧至承台梁边缘水平段长度必须要满足 $25d$，圆桩满足 $25d+0.1d$（d 为圆桩直径）。承台钢筋不缩减。

承台梁纵筋钢筋长度计算：

$$承台梁纵筋钢筋长度=L-2\times保护层厚度+2\times10d \tag{6-95}$$

桩顶钢筋在承台梁内锚固长度为 $\max(l_{aE},\ 35d)$。

6.5 基础钢筋翻样实例

【例 6-1】 如图 6-73 所示，设 $R=1.2d$；钩端直线部分为 $3d$，计算施工图上 L_2 值等于多少？

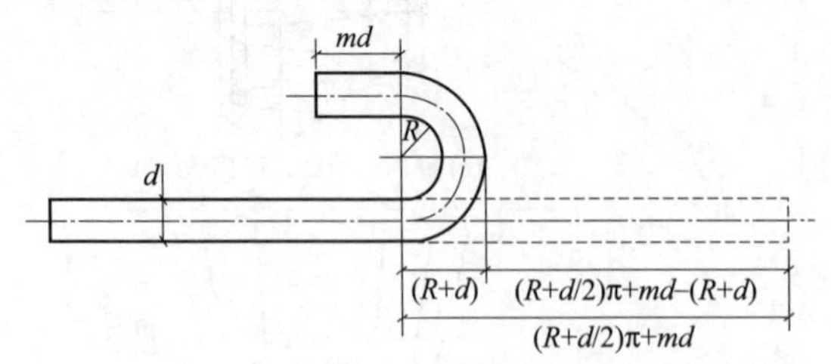

图 6-73 L_2 的计算

解 由图 6-73 得

$$
\begin{aligned}
L_2&=(R+d/2)\pi+md-(R+d)\\
&=(1.2d+d/2)\pi+3d-(1.2d+d)\\
&=1.7d\pi+3d-2.2d\approx6.14d
\end{aligned}
$$

【例 6-2】 如图 6-74 所示，已知：$bh_c=20\text{mm}$，试计算箍筋的下料长度。

解 已知，箍筋弯钩平直段长度 $10d=10\times6=60(\text{mm})<75\text{mm}$

所以箍筋的下料长度应采用如下公式：

$$L=2(H+B)-8bh_c+13.266d+150$$
$$=2\times(0.4+0.2)-8\times0.02+13.266\times0.006+0.015$$
$$\approx1.1(m)$$

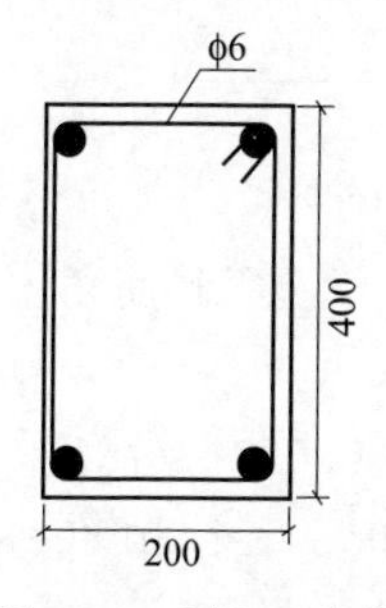

图 6-74　【例 6-2】图

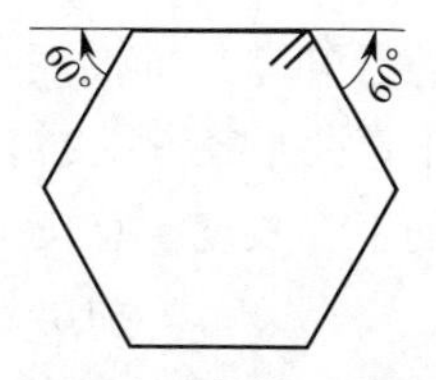

图 6-75　六边形箍筋下料长度计算

【例 6-3】　如图 6-75 所示，已知图 6-75 中标注的尺寸是内皮尺寸，每边的内皮尺寸为 300mm，钢筋直径为 $d=12$mm，试计算六边形箍筋的下料长度。

解　要求（正）多边形的箍筋下料长度，首先要知道钢筋的弯起角度。大家知道，多边形的内角和$=(n-2)\times180°(n\geqslant3)$，所以六边形的内角和$=(6-2)\times180°=720°$，每个内角度数即为 $720°\div6=120°$，所以每个角的钢筋弯起角度$=180°-120°=60°$；还要知道弯钩长度 $10d$ 是否大于 75mm，本例 $10d=10\times12=120$mm$>$75mm，所以 2 个 135°弯钩长度即为 $14.13d+20d=34.13d$。

箍筋的下料长度＝直段长度之和－5 个 60°角内皮差值之和＋2 个 135°弯钩长度

60°内皮差值为$-0.255d$，弯钩长度为 $34.13d$。

箍筋的下料长度$=0.3\times6+5\times0.255d+34.13d$
$=0.3\times6+5\times0.255\times0.012+34.13\times0.012$
$=2.22(m)$

在这里需要特别注意的是，60°角内皮差值系数为$-0.255d$，所以减去一个负数，等于加一个正数，所以式中为加。

【例 6-4】　某混凝土单梁的弯起钢筋如图 6-76 所示，已知钢筋为 HRB335 级钢筋，钢筋直径 $d=22$mm，混凝土保护层厚度为 20mm，试求该钢筋的下料长度。

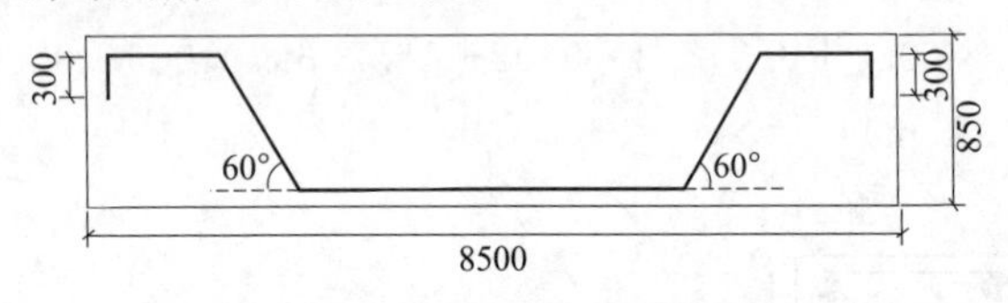

图 6-76　单梁 60°弯起钢筋示意

解　已知单梁的高度为 850mm>800mm，弯起筋角度为 60°，钢筋加工弯曲半径 $R=2d$，因此

钢筋下料长度=总长−2 个保护层+2×0.577×(高度−2 个保护层)+两个直弯钩长度−4 个 60°角外皮差值系数−2 个 90°外皮差值系数

将已知条件代入得

钢筋下料长度=8.5−2×0.02+2×0.577×(0.85−2×0.02)+0.3×2−4×0.846×0.022−2×2.073×0.022
=9.83(m)

从以上例子可以看出，无需知道钢筋的很多尺寸，便能计算出钢筋的下料长度，该种方法非常科学。

【例 6-5】 某混凝土板的弯起钢筋如图 6-77 所示，已知钢筋为 HRB335 级钢筋，钢筋直径 $d=12$mm，混凝土保护层厚度为 20mm，试计算钢筋的下料长度。

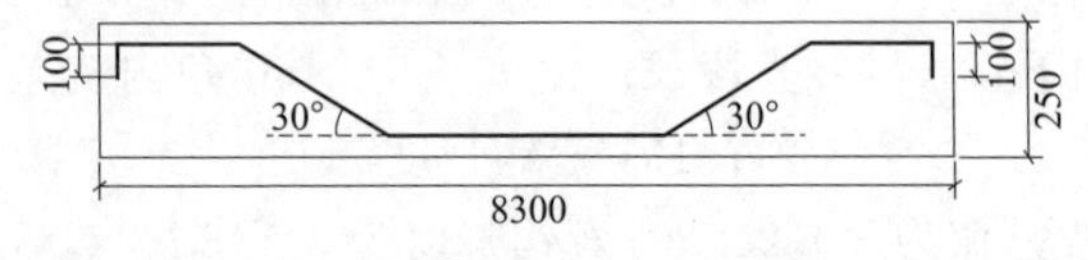

图 6-77　板 30°弯起钢筋示意

解　根据题意，钢筋下料长度为

钢筋下料长度=总长−2 个保护层+2×0.268×(高度−2×保护层)+2 个直弯钩长度−4 个 30°角外皮差值系数−2 个 90°角外皮差值系数

将已知条件代入得

$$\begin{aligned}钢筋下料长度 &= 8.3-2\times0.02+2\times0.268\times(0.25-2\times0.02)+\\ &\quad 2\times0.1-4\times0.299\times0.012-2\times2.073\times0.012\\ &=8.5(\mathrm{m})\end{aligned}$$

【例 6-6】 某工程的平面图是轴线 5000mm 的正方形，四角为 KZ1（500mm × 500mm）轴线正中，基础梁 JZL1 截面尺寸为 600mm×900mm，混凝土强度等级为 C20。

基础梁纵筋：底部和顶部贯通纵筋均为 7Φ25，侧面构造钢筋为 8Φ12。

基础梁箍筋：11ϕ10@100/200(4)。

求框架梁纵筋长度及基础主梁纵筋长度。

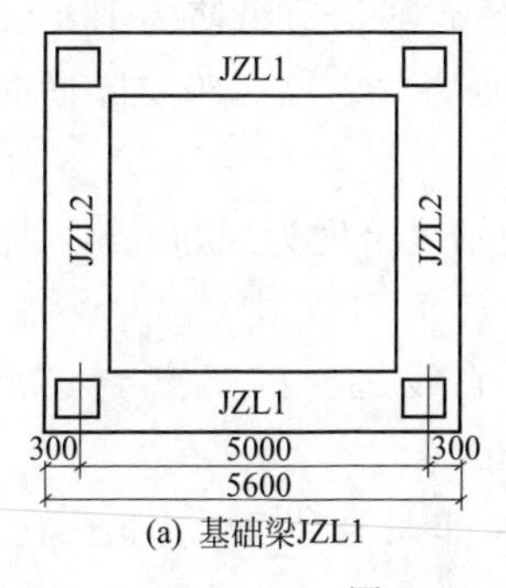

(a) 基础梁JZL1

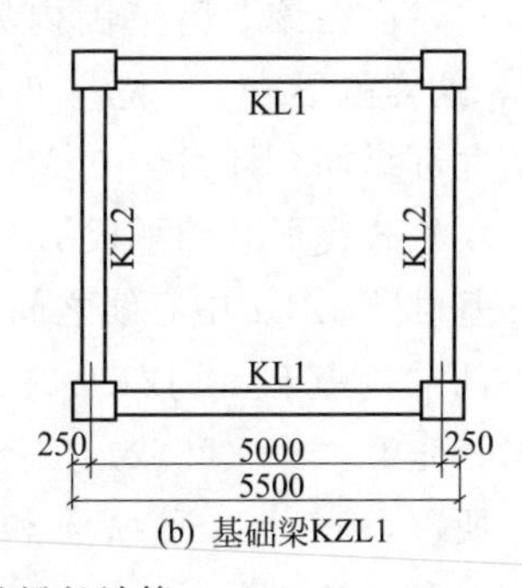

(b) 基础梁KZL1

图 6-78　基础主梁的梁长计算

解　按图 6-78(b) 计算框架梁，梁两端框架外皮尺寸为 5000＋250×2＝5500(mm)，则框架梁纵筋长度为 5500－30×2＝5440(mm)。按基础梁 JZL1 图 6-78(a) 计算，基础主梁的长度计算到相交的基础主梁的外皮为 5000＋300×2＝5600(mm)，则基础主梁纵筋长度为 5600－30×2＝5540(mm)。

【例 6-7】 梁板式筏形基础平板 LPB1 每跨的轴线跨度为 4500mm，该方向布置的底部贯通纵筋为ϕ14@150，两端的基础梁 JZL1 的截面尺寸为 500mm×900mm，纵筋直径为 22mm，基础梁的混凝土强度等级为 C25。求基础平板 LPB1 每跨的底部贯通纵筋根数。

解　梁板式筏形基础平板 LPB1 每跨的轴线跨度为 4500mm，即两端的基础梁 JZL1 的中心线之间的距离是 4500mm。

两端的基础梁 JZL1 的梁角筋中心线之间的距离为

$$4500-250\times 2+22\times 2+(22/2)\times 2=4066(\text{mm})$$

所以底部贯通纵筋根数为：4066/150＝28（根）。

【例 6-8】 梁板式筏形基础平板 LPB2 每跨的轴线跨度为 4500mm，该方向原位标注的基础平板底部附加非贯通纵筋为 BΦ20@300（3），而在该 3 跨范围内集中标注的底部贯通纵筋为 BΦ20@300；两端的基础梁 JZL1 的截面尺寸为 500mm×900mm，纵筋直径为 22mm，基础梁的混凝土强度等级为 C25。求基础平板 LPB2 每跨的底部贯通纵筋和底部附加非贯通纵筋的根数。

解 原位标注的基础平板底部附加非贯通纵筋为：BΦ20@300(3)，而在该 3 跨范围内集中标注的底部贯通纵筋为 BΦ20@300，这样就形成了"隔一布一"的布筋方式。该 3 跨实际横向设置的底部纵筋合计为Φ20@150。

梁板式筏形基础平板 LPB2 每跨的轴线跨度为 4500mm，即两端的基础梁 JZL1 中心线之间的距离为 4500mm，则

两端的基础梁 JZL1 的梁角筋中心线之间的距离＝4500－250×2＋22×2＋(22/2)×2＝4066(mm)

所以，底部贯通纵筋和底部附加非贯通纵筋的总根数为：4066/150＝28（根）。

【例 6-9】 梁板式筏形基础平板 LPB1 每跨的轴线跨度为 4500mm，该方向布置的顶部贯通纵筋为ϕ14@150，两端的基础梁 JZL1 的截面尺寸为 500mm×900mm，纵筋直径为 22mm，基础梁的混凝土强度等级为 C25。求基础平板 LPB1 顶部贯通纵筋的长度。

解 梁板式筏形基础平板 LPB1 每跨的轴线跨度为 4500mm，即两端的基础梁 JZL1 的中心线之间的距离为 4500mm。

基础梁 JZL1 的半个梁的宽度为：500/2＝250(mm)。

而基础平板 LPB1 顶部贯通纵筋直径 d 的 12 倍为：$12d$＝12×14＝168(mm)，显然，$12d$＜250mm。

所以，基础平板 LPB1 的顶部贯通纵筋按跨布置，而顶部贯通纵筋的长度为 4500mm。

参 考 文 献

［1］ 中国建筑标准设计研究院. 16G101-1混凝土结构施工图平面整体表示方法制图规则和构造详图（现浇混凝土框架、剪力墙、梁、板）［S］. 北京：中国计划出版社，2016.

［2］ 中国建筑标准设计研究院. 16G101-2混凝土结构施工图平面整体表示方法制图规则和构造详图（现浇混凝土板式楼梯）［S］. 北京：中国计划出版社，2016.

［3］ 中国建筑标准设计研究院. 16G101-3混凝土结构施工图平面整体表示方法制图规则和构造详图（独立基础、条形基础、筏形基础及桩基承台）［S］. 北京：中国计划出版社，2016.

［4］ 中国建筑标准设计研究院. 12G901-1混凝土结构施工钢筋排布规则与构造详图（现浇混凝土框架、剪力墙、框架-剪力墙）［S］. 北京：中国计划出版社，2012.

［5］ 中华人民共和国住房和城乡建设部，中华人民共和国国家质量监督检验检疫总局. 建筑抗震设计规范（GB 50011—2010）［S］. 北京：中国建筑工业出版社，2010.

［6］ 中华人民共和国住房和城乡建设部. 高层建筑混凝土结构技术规程（JGJ 3—2010）［S］. 北京：中国建筑工业出版社，2011.

［7］ 中华人民共和国住房和城乡建设部. 混凝土结构设计规范（GB 50010—2010）［S］. 北京：中国建筑工业出版社，2010.

［8］ 中华人民共和国建设部. 房屋建筑制图统一标准（GB 50001—2010）［S］. 北京：中国建筑工业出版社，2011.

［9］ 中华人民共和国建设部. 房屋结构制图标准（GB 50105—2010）［S］. 北京：中国建筑工业出版社，2011.

［10］ 陈青来. 钢筋混凝土结构平法设计与施工规则［M］. 北京：中国建筑工业出版社，2007.

［11］ 王武齐. 钢筋工程量计算［M］. 北京：中国建筑工业出版社，2010.